Christophe Clanet • Caroline Cohen
Marc Fermigier • David Quéré

Avec la collaboration de Rémi Carmigniani

PHYSIQUE OLYMPIQUE

ALBIN MICHEL

MODE D'EMPLOI

Une recherche constante de la perfection anime les athlètes de haut niveau et en fait des virtuoses raffinés de leur discipline, voire des créateurs quand l'un ou l'une d'entre eux, par un geste nouveau, modifie son sport et l'image qu'on en a. En plaçant une loupe sur cette quête et sur quelques-uns de ces gestes, nous avons cherché à rendre hommage à l'abnégation des sportifs et à la beauté de leurs exploits.

Il s'agit donc ici d'observer le sport avec un œil scientifique, dans l'esprit de « Sciences2024 », une action de grande ampleur engendrée par la perspective des Jeux de Paris. Dans ce cadre, les chercheurs d'une vingtaine d'instituts de recherche français ont rencontré fédérations et athlètes et construit avec eux un forum où échanger et œuvrer ensemble sur les questions de performance. Cet ouvrage témoigne de ce dialogue et des travaux qui en sont issus.

Il se veut, plus largement, un traité de physique accessible. On y relate un certain nombre d'expériences menées dans des stades

L'image séquencée

Cette *chronophotographie* de 1906 de Georges Demenÿ, principal collaborateur d'Étienne-Jules Marey à la fin du XIXe siècle, est une superposition d'images séparées par un même intervalle de temps. Cet outil, inventé par Marey et toujours précieux de nos jours, a très tôt été appliqué au sport. On voit ici que la vitesse du gymnaste n'est pas constante : à cause de la pesanteur, il passe plus de temps en haut qu'en bas.

devenus laboratoires à ciel ouvert, et on cherche à comprendre les observations qui en ont résulté : d'abord pour la satisfaction que cela procure, mais aussi pour offrir aux athlètes de nouvelles pistes, en exprimant ce qui détermine, et de quelle façon, une vitesse, une force ou un degré de précision. On relèvera même dans ces pages des conjectures que le lecteur saura identifier par l'usage prudent du conditionnel – manière de souligner que le livre s'est élaboré autour de recherches toujours actives.

Enfin, comme le dit Francis Ponge, *perlent quelques formules*; elles ne doivent pas intimider le lecteur, qui y verra l'équivalent des citations latines dans *Astérix* : il peut glisser dessus et continuer; ou les comprendre d'emblée; ou encore s'y arrêter, considérant ces embryons mathématiques comme des sortes d'exercices à pratiquer, crayon à la main – mais d'exercices pour lesquels, contrairement à *Astérix*, la solution est toujours donnée dans le texte. En résulte, idéalement, un ouvrage à deux niveaux de lecture, celui de la description des gestes sportifs et celui de leur compréhension par les lois de la physique.

Les circonstances de la naissance de cette *Physique olympique* ont plusieurs conséquences. La première est que ce livre n'est

Art et science

Les formules ou les équations sont un motif dans la peinture conceptuelle de Bernar Venet des années 1970. On n'est pas obligé de les lire ni de les comprendre pour aimer, ou ne pas aimer, ces peintures – où elles jouent un rôle comparable aux formules dans ce livre. « Je cherche à faire un art sans ambiguïté », déclarait l'artiste, phrase que nous pourrions faire nôtre : superposées au discours, formules et équations lèvent en effet de possibles ambiguïtés, rendant compte des observations, et autorisant même des prédictions.

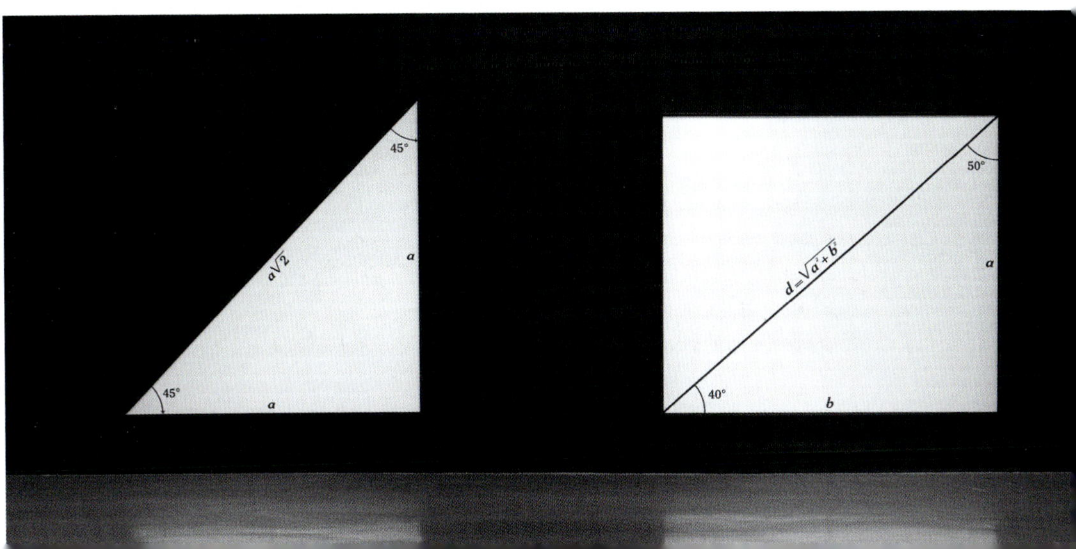

ni généraliste ni exhaustif. Comme pour toute recherche, il part du détail qu'il circonscrit et sonde, avec la conviction que cette exploration peut conduire à quelque chose de général. *L'universel, c'est le local moins les murs*, a écrit le poète portugais Miguel Torga – et il s'agit exactement de cela : s'enfermer dans un espace réduit pour l'ouvrir ensuite à un champ plus vaste. Une recherche limitant pour ces raisons de focale le nombre de ses sujets d'étude, on ne cherchera donc pas à couvrir l'ensemble des disciplines. Comme en art, approfondir un regard l'intensifie, et nous espérons que nos textes renforceront l'étonnement et l'admiration que l'on ressent face aux prouesses sportives.

Lié à la science expérimentale, le texte reflète les spécialités de ses auteurs, qui travaillent principalement autour de questions d'hydrodynamique et d'aérodynamique. On plonge, on nage ou on fend l'air aux Jeux olympiques, et il est donc naturel de discuter ces sujets de dynamique des fluides. On s'intéressera tout spécialement aux questions de friction : nos muscles nous permettent de nager à 7 km/h, de courir à 40 km/h et de pédaler à 80 km/h. Or ce sont en gros les mêmes muscles, donc la même force motrice – mais la résistance au mouvement, qui limite la vitesse atteinte, diffère considérablement selon les sports : résistance énorme dans l'eau, où il faut déplacer un liquide très dense, résistance moindre des pieds sur le tartan d'une piste, et plus faible encore pour le roulement d'un pneu, où c'est l'air qui entrave notre mouvement : en comprenant ces différentes résistances, ou frictions, on comprend la hiérarchie des vitesses dans les différents sports.

Autre ambition de l'entreprise : nous souhaitons parler à tous dans un livre savant. La contradiction est flagrante,

La recherche de l'absolu

Tension des jambes et des pieds, souplesse des mains, port de la tête – même un instantané témoigne de la quête de perfection de Simone Biles, ici aux Jeux de Rio en 2016. Non seulement la gymnaste américaine est à l'envers, mais c'est une simple poutre de 10 centimètres de large qui doit la recevoir…

et nous avons tenté de la dénouer de deux manières : en premier lieu, en alternant des textes descriptifs avec d'autres plus techniques; mais aussi, pour ces derniers, en utilisant le langage dit des « lois d'échelle ». C'est une sorte d'idiome élémentaire où l'opaque discours mathématique, colonne vertébrale du raisonnement en physique, est réduit à une ligne matissienne, qui dit l'essence de cette colonne. La seule opération autorisée y est la multiplication (et sa sœur, la division), apprise tôt à l'école et supposée ancrée en nous au même titre que les contes de fées, dont les lois d'échelle se rapprochent d'ailleurs par l'espèce de coup de baguette purificateur qu'elles donnent sur la chose scientifique. La méthode consiste à traiter les principes appris de quelques grands anciens (Galilée, Newton, Bernoulli, etc.) à l'aide de moyennes, un peu comme si on décrivait un tableau par ses seules lignes de force : on gagne en vue synthétique ce qu'on perd en « détail ».

On reviendra à plusieurs reprises dans ces pages sur ce qu'est l'esprit de ces lois. Plus de six siècles avant les cyclistes, Pétrarque montait sur le Ventoux un viatique à la main, qui était les *Confessions* de saint Augustin. La lecture d'un livre scientifique s'apparentant à une marche en montagne, on vous propose un guide intitulé *Fiche technique* et placé en fin de volume (p. 285), où sont définis unités, symboles et des mots clés tels que force, énergie, puissance et friction. On peut lire ce viatique d'emblée, ou plus tard, ou pas du tout : les voyageurs ont le droit de préférer se passer de guide – et peut-être même y gagner, eux en qui Virginia Woolf voyait « les plus grands raseurs ».

Notre programme serait-il chimérique ? Le lecteur savant pourra s'offusquer de nos simplifications et le novice en science être étourdi par l'abstraction des formules et, pire, déprimé par l'annonce que l'on ne peut pas vraiment (ou vraiment pas) faire plus simple. Nous sommes conscients de ces chausse-trappes, et notre dessein est inverse : que les experts apprécient la vision panoramique offerte du haut de l'échelle et que les novices puissent en escalader les barreaux en profitant de l'ascension.

DES CHIFFRES ET DES ÊTRES

La lecture de *L'Équipe* du 5 décembre 2023 nous apprend que la handballeuse slovène Lazovic a joué la veille contre la France pendant 38 minutes, qu'elle a marqué 2 buts pour 4 tentatives, délivré 2 passes décisives et obtenu de la rédaction du journal la note de 5, tout près de la moyenne de son équipe, qui était de 5,1.

La présence des chiffres dans le sport est massive, et même impérieuse. En comptant laborieusement tous les nombres, à l'exception des dates, imprimés ce jour-là dans *Le Monde* et dans *L'Équipe*, nous avons abouti à un résultat sans appel : 10 par page en moyenne pour le premier quotidien contre 87 pour le second aux feuillets à la surface pourtant 50 % moindre... Dans le journal sportif, des nombres entiers (comme 31 et 27 pour le score de France-Slovénie, page 22) ou décimaux (56,18, record national du 100 m dos féminin exprimé en secondes, page 18), tous positifs – alors que *Le Monde*, plus généraliste, en proposait un négatif (– 5), en page 21.

Pour des scientifiques, dont les nombres sont le matériau de base, c'est le rêve : un territoire où professionnels et bénévoles consacrent une partie de leur temps à rassembler des données, à les consigner, à les publier, ce qui pose trois questions fondamentales : comment les comprendre ? quelles lois en tirer ? quelles statistiques construire ?

Commençons par les nombres absolus. Ils mesurent en général une performance : un score dans un match, un temps dans une course. Ils servent à désigner un vainqueur, mais aussi à le comparer aux autres concurrents et aux données plus anciennes, souvent en exprimant des écarts relatifs, donnés en pourcents. Certains de ces nombres sont célèbres : le passionné saura que le record du 100 m masculin, propriété du Jamaïcain Usain Bolt depuis 2009, est de 9,58 s. Il est donc capable d'exprimer cette durée avec une précision relative de l'ordre du pour mille (un centième de seconde divisé par les 10 s du sprint), qu'il n'aurait sans doute pas sur son propre salaire, où le pour mille correspond

C'est le pied !

La *photo-finish* de la *mass-start* olympique de PyeongChang en 2018 a établi que Martin Fourcade, au premier plan, l'emportait de 20 cm à peine sur son rival allemand Simon Schempp. *Je me suis vu second quand je jette le pied, je sais que j'ai bien fait, mais j'ai l'impression d'être derrière*, a dit Fourcade après la course ; car c'est le pied qui compte, et son buste, lui, se classe second...

à quelques euros à peine, et encore moins sur sa taille, qu'il ne connaît sûrement pas en millimètres.

Or, l'ultraprécision en sport a un sens : alors que les écarts entre les meilleurs dans les compétitions régionales, voire nationales, sont banalement de quelques pourcents, cette valeur dans l'élite mondiale devient en général plus petite que ce pourcent : une course d'aviron (2 000 m) se gagne le plus souvent de moins d'une longueur de bateau (20 m), un écart en effet inférieur à 1 % ; on remporte parfois un 100 m à la nage d'une seule main, de 20 cm environ, qui font 2 pour mille ; on peut citer quelques cas plus extrêmes encore, comme la *mass start* olympique de biathlon à PyeongChang en 2018 où, après 15 km de course, une chaussure a séparé Martin Fourcade du malheureux Simon Schempp, un rapport d'environ 1 sur 100 000, mille fois inférieur au pourcent pourtant déjà si petit…

Les cas inverses sont d'autant plus remarquables. Ils traduisent parfois un état de grâce, celui de Bob Beamon à Mexico en 1968, qui relégua le deuxième du saut en longueur à près de 9 %, ou de Jonathan Edwards aux championnats du monde de 1995, qui triple-sauta 4 % plus loin que son dauphin, que 2 pour mille séparaient du troisième. Ces situations correspondent parfois aux athlètes qui dominent nettement leur discipline : Usain Bolt gagna le 100 m à Pékin en 2008 en étant 2 % plus rapide que le médaillé d'argent ; et le perchiste Sergueï Bubka gagna avec un même écart de 2 % aux championnats du monde de 1993. On remarque au passage l'intérêt de raisonner en valeurs relatives : on peut comparer des disciplines très différentes et voir émerger des phénomènes communs.

Les données doivent être également examinées pour leur cohérence : des lois les sous-tendent, et nous chercherons dans ces pages à mettre en évidence certaines d'entre elles – ce qui souvent ouvre les yeux sur la raison d'être de tel ou tel geste sportif et aide à améliorer la performance. Un premier exemple éclaire

Seul au monde

Usain Bolt battant le record du 100 m *indoor* (une course rare) à Varsovie en 2014. Il y a un monde entre ses 9,98 s et les poursuivants, 3 % de différence en vitesse. En revanche, le deuxième, le troisième et le quatrième arrivent dans le même centième de seconde, ce qui implique des différences relatives de vitesse de l'ordre du pour mille.

cette démarche. Il y a vingt ans, Peter McGinnis, de l'université Cortland, aux États-Unis, évalue sur un groupe de 140 athlètes de l'élite de la discipline (90 garçons et 50 filles) comment la hauteur atteinte à la perche dépend de la vitesse de la course d'élan. Filles et garçons suivent une même courbe qui, si on l'observe avec attention, nous apprend deux points d'égale importance.

1) La course d'élan est primordiale : plus on court vite, plus on saute haut. Quand on augmente la vitesse de 6,6 m/s à 10 m/s (de 24 km/h à 36 km/h), c'est-à-dire d'un facteur 1,5 environ, la hauteur franchie passe de 3 m à 6 m : ce doublement est plus rapide que la simple proportionnalité, qui ferait monter de 3 m à 4,5 m. La loi, vue d'un œil mathématique, semble plutôt indiquer une variation en carré (puissance 2), où multiplier la vitesse par environ 1,5 conduit à un accroissement de la hauteur d'un facteur 1,5 × 1,5, soit en effet à peu près 2. Cette forte dépendance exprime à la fois l'extrême importance de la course d'élan (point de vue pratique) et le succès d'une conversion d'énergie en une autre, la cinétique vers celle de pesanteur (point de vue scientifique).

On appelle « loi » la relation mathématique qui exprime ce comportement et identifie tous les paramètres qui la constituent : une hauteur (en mètres) ne peut être égale à une vitesse au carré (en mètres carrés par secondes carrées), il manque encore des ingrédients à cette recette, ce que nous discuterons plus loin.

2) Les points de la courbe sont dispersés par rapport aux valeurs moyennes que nous venons de commenter : pour une vitesse de course donnée, la hauteur de la barre franchie par les athlètes peut différer de 20 % environ. Ces athlètes n'ont pas tous le même niveau, et chacun ne sera pas complètement régulier dans ses tentatives. Le détail des différentes phases du saut va expliquer et corriger la loi simple qui donne la hauteur en fonction de la vitesse ; quant au champion, disséquant avec son entraîneur chaque détail de son envol, il tentera, certes, de se hisser le plus haut possible, mais aussi de réduire l'incertitude sur son saut.

Disposer d'une masse de données sert aussi à établir des statistiques. Un match de football, de rugby ou de tennis

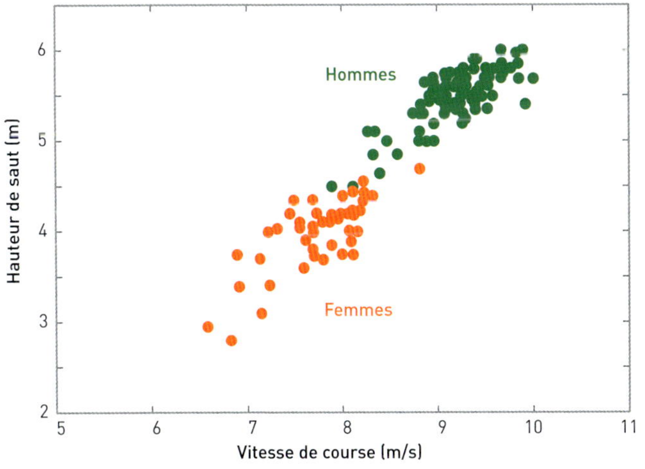

Citius, altius

Hauteur franchie à la perche en fonction de la vitesse d'élan. Ces données ont été rassemblées par Peter McGinnis en 2004 avec des athlètes « élite » masculins (données vertes) ou féminins (données rouges).

s'accompagne sur nos écrans de pourcentages et de moyennes, qui nous apprennent quelle proportion de points a été gagnée après un premier service (dont on nous précise la vitesse au kilomètre par heure près) ou quelle fraction des passes a trouvé un partenaire. Ces statistiques ont de multiples intérêts. Elles impliquent le spectateur, heureux d'y trouver matière à synthèse (on transforme un pur spectacle en données analysables) et un carburant à son désir de commentaire : nous nous transformons volontiers en *coach* quand nous voyons un match, et voilà qu'on apporte de l'eau à notre moulin (à paroles). Plus finement, on comprend par les statistiques que le résultat des matchs n'est pas aléatoire (même s'il comporte de l'aléa), un point essentiel quand des paris sont en jeu.

Mais les statistiques vont surtout servir aux sportifs eux-mêmes et à leurs entraîneurs, de deux manières au moins. En premier lieu, pour fortifier l'analyse *a posteriori* : expliquer par les déplacements, les vitesses, les accélérations pourquoi l'équipe a failli ou dominé, quels défauts ont été mis en évidence, comment les corriger. Tout joueur de rugby du top 14 est équipé de capteurs multiples et d'un GPS intégré à son maillot, qui visent à recueillir des données traduisibles en points faibles et points forts, mais aussi à prévenir des blessures quand les capteurs, par exemple, indiquent que les efforts sur ses jambes deviennent trop asymétriques. En second lieu, les chiffres fournissent un outil de travail *a priori*. En analysant le jeu de l'adversaire, le pourcentage de chandelles qu'il met en œuvre, d'attaques sur l'aile, de stratégies à la touche, etc., on pourra anticiper certaines phases de jeu, ayant identifié à l'avance les actions les plus vraisemblables.

Les statistiques peuvent enfin être plus générales. Considérons seulement deux exemples, là où un vertige nous saisit tant les données abondent. En Ligue 1 de football, ce sont en moyenne un peu plus de 2 buts qui sont marqués par match, 68 % d'entre eux se concluant par un score de 1-1 ou de 2-0 (qu'il faut compléter du 0-2), une information de tout premier intérêt pour les parieurs. Au tennis de table et au badminton, on a établi que le nombre moyen d'échanges (service compris) est respectivement de 3,5 et de 13,6, ce qui montre à quel point ces deux sports de raquette sont dissemblables : le petit nombre de coups dans le premier traduit l'importance de l'engagement, si bien qu'une phase banale de jeu comportera un service sournois, un retour un peu incertain et une conclusion punitive (trois coups). Il vaut donc mieux s'entraîner à ces phases initiales, plutôt qu'aux échanges spectaculaires où un joueur smashe opiniâtrement tandis que l'autre, à 5 m de la table, renvoie dix ou quinze fois de suite la balle avec de grandes cloches superbement ajustées.

La mesure en sport engendre donc quantité de chiffres, y compris subjectifs (songeons aux notes en gymnastique), ce qui permet de classer les athlètes avec la froide efficacité des mathématiques – condition nécessaire pour dramatiser le spectacle, la simple contemplation ne suffisant pas à infuser la passion qu'on connaît. Mais les chiffres favorisent aussi l'analyse et la prédiction – nous conduisant de façon inattendue dans un territoire comme celui de la physique, où une expérience assortie de mesures est souvent le préalable à la compréhension d'un phénomène : l'exact programme qu'on se donne dans les pages qui suivent.

Des chiffres et un être
Les chiffres sont la matière première des scientifiques mais aussi des sportifs – pour quantifier une performance, indiquer un score, désigner un couloir, donner le temps qu'il reste… Ici, un scribe soigneux complète un tableau, au célèbre concours hippique de Badminton, près de Bristol, en Angleterre.

ATHLÉTISME

LA PARABOLE DU CHAMPION

Le 18 octobre 1968, un peu avant 16 heures, Bob Beamon se présente face au sautoir, dans la finale du concours de saut en longueur des Jeux de Mexico.

Le jeune athlète (22 ans) est l'un des hommes en forme du moment, même si sa qualification, la veille, s'est faite dans la douleur : il a mordu la planche lors des deux premiers essais et ce n'est qu'à sa troisième et ultime tentative qu'il a réussi le saut l'autorisant à concourir le lendemain. Est-ce d'avoir été miraculé ? Toujours est-il, comme il l'avouera ensuite, qu'il a un peu forcé sur la tequila le soir qui a suivi sa qualification, préparant bien peu canoniquement la finale olympique.

C'est d'ailleurs dans l'indifférence générale que le sportif commence l'épreuve, devant un public plutôt absorbé par la finale du 400 m. Il s'élance : dix-neuf foulées graciles, une impulsion, et hop ! il s'élève dans le ciel mexicain à une hauteur d'environ 1,80 m, une

Un saut de 20 m

Comme le montre cette représentation antique, qui date de – 500 environ, une forme de saut en longueur constituait aux Jeux d'Olympie une des épreuves du pentathlon. Le sauteur portait des haltères et effectuait un quintuple saut (fait de cinq pas successifs), lui permettant de franchir une vingtaine de mètres, contre un peu moins de 9 mètres pour le simple saut aujourd'hui. On remarque la nudité de l'athlète, ce qu'on pense aujourd'hui être une représentation héroïque plutôt qu'un témoignage de la réalité.

vingtaine de centimètres plus haut qu'à son habitude. Quand il retombe, il est loin, très loin dans le sable, rendant inopérant le système de visée optique installé au bord du sautoir, avec sa butée à 8,60 m, sagement réglée 25 cm au-dessus du record du monde de la discipline. Pendant vingt minutes, les juges désorientés s'agitent, se concertent, vérifient et revérifient que l'essai est valide, que le vent est légal (à 2 m/s, il est à la limite de ce qui est permis), tout en cherchant à savoir comment établir cette performance hors-champ. Ils en reviennent finalement au bon vieux ruban décamétrique et procèdent donc, à l'ancienne, à une mesure manuelle avant d'annoncer l'impensable, après plusieurs contrôles supplémentaires : Bob Beamon a franchi 8,90 m, pulvérisant le record mondial de 55 cm. Un exploit dont l'athlète lui-même ne prendra pleinement conscience qu'une fois le résultat converti en pieds et en pouces, les unités qui lui sont familières.

En un seul saut, Bob Beamon a tué le concours, découragé ses adversaires, dès lors incapables de sauter à leur meilleur niveau. Il reléguera le médaillé d'argent à plus de 70 cm, battant également le record, à ce jour inviolé, de l'écart entre un champion et son dauphin.

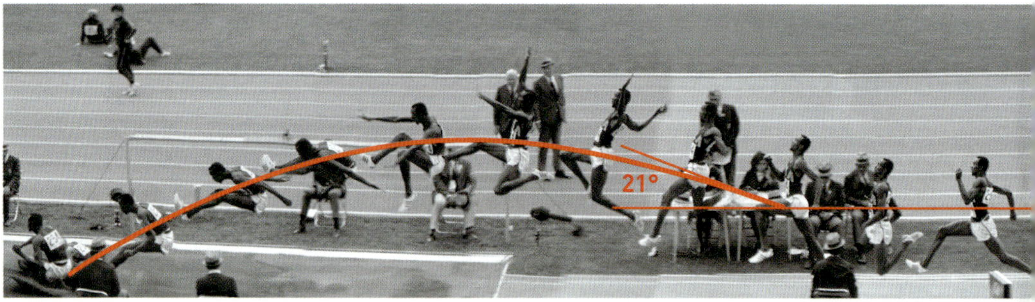

On a souvent invoqué l'air raréfié de Mexico pour expliquer l'exploit de Beamon : l'air est une source de résistance au mouvement, et limite de ce fait la portée du saut. Mais cet effet dépend de la masse du projectile : si une balle de ping-pong envoyée à l'oblique ralentit en effet après quelques mètres avant de retomber presque verticalement, une boule de pétanque aura une trajectoire parabolique, qui est établie, calculée, tabulée sans la moindre hypothèse de résistance aérodynamique. Or, le centre de gravité d'un sauteur en longueur suit également une portion de parabole (en rouge sur la figure), ce qui démontre que l'air a une influence négligeable sur sa trajectoire.

Deux paramètres déterminent la portée de ces vols paraboliques : la vitesse à laquelle on décolle, et l'angle que l'on fait alors avec l'horizontale. Les lois sont connues, et même célèbres depuis Galilée : la distance atteinte, à angle donné, est proportionnelle au carré de la vitesse; et on la maximise si l'angle vaut 45°. Les formules permettent de prédire la longueur du saut : un sauteur décollant avec un angle de 45° à 11 m/s, soit la vitesse d'un excellent sprinteur, atteindrait une distance de l'ordre de 13,5 m – une fois et demie supérieure à celle, pourtant déjà irréelle, de Bob Beamon.

Angle et vitesse

Le saut exceptionnel de l'Américain Bob Beamon. L'athlète (1,90 m, 72 kg) arrive à 10,3 m/s sur la planche et décolle avec un angle de 21°. En rouge, la trajectoire de son centre de gravité, qui suit une portion de parabole. L'angle de saut est loin des 45° qui maximisent la portée de la parabole, c'est-à-dire la distance franchie à vitesse de saut donnée. La raison de cet écart est physiologique : le sauteur arrive à pleine vitesse, et il lui est impossible de quitter subitement l'horizontale de sa course avec un angle aussi élevé que 45°. Autour des 20° dont il lui faut se contenter, les formules classiques montrent que la distante atteinte est quasi proportionnelle à l'angle de saut, si bien qu'une petite différence d'angle (disons, 2°, soit 10 % de l'angle lui-même) suffit à accroître la performance de 10 %, c'est-à-dire de 80 cm : de quoi pulvériser le record du monde. La performance dépend ainsi de la capacité de l'athlète à optimiser simultanément vitesse et angle de saut.

C'est qu'un homme qui court très vite ne parvient pas à redresser sa trajectoire : l'angle avec lequel il saute dépend lui-même de la vitesse, au contraire d'une boule de pétanque dont on peut choisir indépendamment angle et vitesse de lancer. Plus le sauteur va vite, plus l'impulsion est horizontale et plus la distance atteinte en pâtit. Il s'agit donc non seulement d'être rapide, comme l'étaient Jesse Owens et Carl Lewis, célèbres sprinteurs et remarquables sauteurs, mais aussi de contrôler la direction au moment de l'envol.

Quand on analyse la trajectoire, on constate que les athlètes ralentissent avant de sauter et se tassent légèrement, pour mieux amplifier l'angle de départ – qui plafonne néanmoins à environ 20°, très loin de l'optimum de 45°. Puisque l'angle maximal dépend de la vitesse, le champion est celui qui trouve le meilleur compromis angle-vitesse. Beamon, en montant plus haut qu'il ne l'avait jamais fait, ce 18 octobre 1968, a su augmenter un peu l'angle du saut, lui permettant de voler jusqu'à ces désormais fameux 8,90 m, qui vont résister 23 ans avant d'être améliorés à leur tour – de 5 petits centimètres seulement…

Le vol lui-même n'est pas passif. L'essor engendre une rotation du corps qu'il importe de corriger, sans quoi le sauteur risque d'arriver tête en avant et pieds en arrière. Pour faire pivoter son corps, l'athlète crée un mouvement qui ressemble presque à une nage, où les jambes continuent à battre et les bras à tourner, ce qui contribue à donner au spectateur une impression d'apesanteur – le rêve, en effet, pour un sauteur en réalité condamné à retomber au sol sous l'action de son poids. La rotation des bras entraîne le corps dans un basculement contraire, si bien que l'athlète touche le sable les pieds en avant, lui faisant gagner une distance à peu près égale à la moitié de sa taille, par rapport au cas où, restant passif, il aurait laissé les lois de l'inertie faire basculer son corps.

Élan, envol, chute – telle est donc la parabole du champion.

TENDRE LA PERCHE

Les disciplines d'athlétisme ont souvent pour origine d'immémoriales pratiques de défense ou de chasse.

Courir pour fuir un prédateur, sauter pour passer un obstacle, combiner les deux, témoignent d'un passé très lointain, et les épreuves de course, de saut ou de haies nous fascinent sans doute aussi pour cette raison. Si l'on s'en tient au saut, la longueur peut nous faire traverser une rivière et la hauteur franchir une clôture ; et une troisième variété se distingue, parce qu'elle s'accompagne d'un outil : une perche. Outil au plein sens du terme, « objet fabriqué pour une opération déterminée », ou plus simplement encore, « instrument de travail » – expression où nous sommes tentés de considérer l'acception scientifique du mot *travail*, et son unité, le joule.

On aurait pu imaginer user de l'outil pour sauter plus loin, tel Nestor, roi de Pylos, bondissant au-dessus d'une crevasse à l'aide d'une longue canne pour échapper à un mythologique taureau enragé. Mais c'est plus haut qui a été choisi et inscrit aux Jeux dès 1896, peut-être parce qu'échapper à la pesanteur est l'une de nos aspirations les plus constantes.

Le perchiste se présente face au sautoir et commence par courir une quarantaine de mètres, ce qui l'amène à une vitesse *V* de l'ordre de 35 km/h, environ 10 m/s. Le bout de la lance qu'il tient s'abaisse au fur et à mesure de sa course, tandis que lui fonce sur un mur : un butoir, sorte d'auge en acier enfoncée de 20 cm dans le sol et large de 15 cm à son extrémité. Il la vise, y plante le bout de la perche qui s'y bloque, puis l'athlète s'envole, porté par un arc long et gracieux qui se redresse pour le propulser à la hauteur d'un deuxième étage. Il faut beaucoup de qualités pour enchaîner une telle séquence et s'il fallait n'en retenir que trois, ce serait courage, vitesse et agilité.

« Oh, le pénible moment pour le lecteur d'un ouvrage populaire [...] que celui où l'auteur, après vous avoir plaisamment amorcé par quelques paragraphes bien causants, bien carrés, laisse échapper tout à trac une pétarade de formules mathématiques qui vous obnubilent aussitôt l'entendement » – comme Nabokov nous tend la perche dans *Ada* !

Cambrure, courbure
Armand Duplantis, recordman du monde, au moment de son envol, lors du meeting de Düsseldorf en 2020. La perche est fortement fléchie, donc porteuse d'une énergie qu'elle restituera un peu plus tard au sportif. En 2024, l'athlète suédo-américain, qui mesure 1,81 m et pèse 80 kg, a porté le record de la spécialité à 6,24 m. La perche a une longueur d'environ 5 m et une masse de 2,5 kg.

Pour établir, donc, la formule du saut, au risque peut-être d'obnubiler notre entendement, nous allons appliquer un grand principe de physique : la conservation de l'énergie. C'est le plus simple que nous puissions faire, au risque de l'être trop. On note M la masse de l'athlète et h la hauteur de son centre de gravité, environ 1 m tant qu'il est sur le sol. Comme on l'apprend au lycée, l'énergie mécanique totale E est la somme d'un terme cinétique et d'un terme de gravitation. Juste avant le saut, elle s'écrit $1/2MV^2 + Mgh$, où $g \approx 10$ m/s^2 désigne l'accélération adverse, celle de la pesanteur. Au sommet de la trajectoire, à la hauteur H que nous cherchons à déterminer, le sauteur est quasi à l'arrêt, si bien que E se réduit à sa composante gravitaire MgH.

S'il n'y a pas eu de frottements, l'énergie s'est conservée, dit le principe. On en déduit une formule (idéale) du saut, $H = h + V^2/2g$. Elle est indépendante de la masse M et fortement croissante avec la vitesse V (p.17), ce qui explique pourquoi un perchiste est d'abord un excellent sprinteur. Des valeurs usuelles de h (~1 m) et de V (~10 m/s) pour les hommes, on calcule une hauteur de saut $H \approx 6$ m. L'accélération g intervient également, nous laissant espérer de spectaculaires compétitions sur la Lune ($g \approx 1{,}6$ m/s²) où H devrait atteindre environ 32 m.

Incroyable ! s'enthousiasme le pétaradant scientifique simplificateur, j'ai trouvé la hauteur du saut (sur Terre). De fait, l'ordre de grandeur est le bon : 6 m est ce qu'atteignent les meilleurs, nous démontrant que le transfert de vitesse en hauteur est bien le principal mécanisme à l'œuvre. Mais plusieurs bémols inquiètent l'apprenti-physicien, qui pourraient le faire se transformer en savant tatillon : frottements et choc absorbent de l'énergie et ces pertes doivent abaisser la hauteur. Ainsi, notre premier raisonnement donne plutôt la hauteur *maximale* absolue et on attend que les perchistes ne fassent au mieux que l'approcher. Or le record du monde actuel, établi le 20 avril 2024 par le Suédois Armand Duplantis, est de 6,24 m, nettement supérieur à ce que dit la théorie – sans compter le fait que la hauteur réelle est nécessairement supérieure à celle de la barre... Le scientifique simplificateur ricane, tel le Milou diabolique dans *Tintin*, et proteste qu'on ne va pas se fatiguer pour quelques centimètres. Mais l'angélique savant tatillon lui rétorque que des centimètres font toute la différence dans un concours ; surtout, il a l'intuition que la beauté de la chose est dans ce petit hiatus.

La profuse figure qui suit le confirme amplement. On filme avec plusieurs caméras le saut d'un athlète, ce qui permet d'extraire sa vitesse, sa hauteur et la flexion de sa perche. On condense ces observations en établissant ce que sont les diverses formes d'énergie à chaque instant. En vert et en bleu, on distingue les termes cinétiques $\frac{1}{2}MV^2$ et de gravitation Mgh que nous venons

Les énergies de la perche

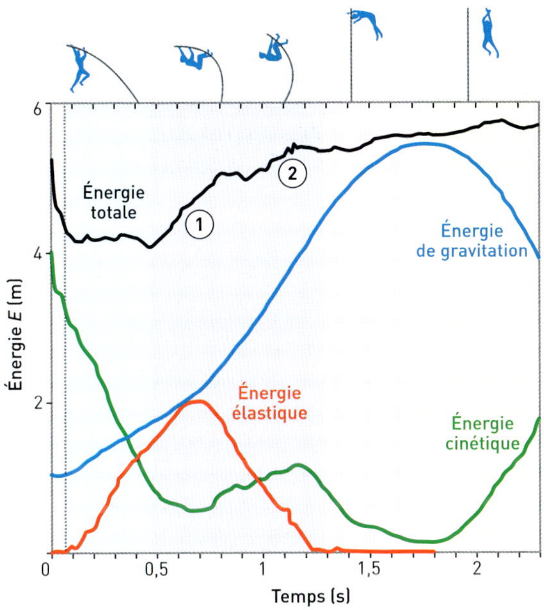

Énergies cinétiques (vert), de gravitation (bleu) et élastique (rouge) du perchiste Alioune Sène passant à l'entraînement une barre à 5,40 m. Toutes les mesures sont faites pendant le saut, en fonction du temps : on détermine la hauteur h et la vitesse V du centre de gravité de l'athlète de masse $M = 78$ kg ; puis on calcule ses énergies cinétiques $\frac{1}{2} MV^2$ et de gravitation Mgh. On suit aussi la flexion de la perche, ce qui permet de déduire son énergie élastique $\frac{1}{2} KC^2$, en notant K la raideur (connue) de la perche et C sa courbure (filmée). En additionnant ces trois contributions, on obtient l'énergie totale, tracée en noir. Ne vous étonnez pas de l'unité de l'énergie en ordonnée : dans tous les cas, on a divisé les données par Mg, le poids de l'athlète, ce qui traduit chaque énergie en une hauteur équivalente, un choix spécialement adapté au contexte. La perche frappe le butoir au temps 0, et le perchiste quitte le sol à la ligne pointillée. Le saut culmine après 1,8 s, au sommet de la courbe d'énergie gravitaire, qui est aussi le minimum de l'énergie cinétique – après quoi le perchiste retombe.

d'évoquer ; en rouge, on isole la contribution élastique de la perche, qui se tord pendant le saut : l'énergie élastique d'un solide est proportionnelle au carré de sa déformation, donc ici de sa courbure. La perche est droite au début, sans énergie élastique, et elle le redevient au bout d'une grosse seconde ; entre ces deux moments, sa courbure augmente, passe par un maximum, avant de décroître puis de s'annuler – il en va de même de l'énergie élastique sur la figure. En additionnant ces trois termes, on obtient l'énergie mécanique totale du sauteur et de sa perche pendant le saut, figurée en noir. Toutes les quantités sont données en mètres, unité peu canonique mais parlante dans ce contexte : l'équivalence est obtenue en divisant les valeurs obtenues en joules par le poids Mg de l'athlète.

Le graphe nous révèle deux points essentiels : d'abord, le saut occupe près de deux secondes, à peu près le double de ce qu'il dure à la longueur ou à la hauteur. C'est ce temps que l'athlète va exploiter pour se hisser plus haut que prévu par les formules. On le voit par le fait que l'énergie totale (trait noir) n'est pas constante, contredisant notre principe de base : elle décroît d'abord fortement, puis marque un plateau, avant d'augmenter entre 0,5 et 1,3 s – un paysage montagneux qui mérite qu'on s'y arrête…

Penchons-nous sur les 100 premières millisecondes, jusqu'à l'envol de l'athlète : la courbe noire montre que l'équivalent de 50 cm disparaît durant cette phase. Cette perte sèche est due au choc de la perche dans le butoir. Un choc dissipe toujours de l'énergie et la surprise vient de l'amplitude de l'effet. Il faut donc revoir à la baisse notre formule idéale : les 6 m calculés se ramènent à 5,50 m, nettement au-dessous des sauts qui font monter sur un podium olympique. Le savant tatillon exulte : le modèle simplificateur se révèle finalement simpliste…

Revenant au graphe, on observe ensuite un plateau qui dure jusqu'à la demi-seconde : là, le principe de conservation est vérifié et les transferts s'effectuent de façon idéale. L'énergie cinétique, abondante dans ces premiers moments, se transforme en énergies de gravitation pour l'athlète et élastique pour son outil. La réserve de joules est ainsi partagée, la perche emmagasinant par sa flexion jusqu'à l'équivalent de 2 m de saut (le maximum de la courbe rouge), ce que l'athlète récupérera ensuite quasiment sans perte : dans cette phase, la courbe bleue croît à l'allure à laquelle la courbe rouge décroît.

C'est un point essentiel, comme le prouve l'Histoire : on sautait autrefois avec des longs bambous rigides et les records plafonnaient autour des 4,80 m. On ne peut pas dire qu'on tenait le bambou pour aller très haut… L'avènement à la fin des années 1950 de perches flexibles, qui conjuguent un matériau alors nouveau, la fibre de verre, avec un caractère élancé, 5 m de long pour 3 cm de diamètre, a fait bondir le record de 40 cm en moins de trois ans. La perche doit être suffisamment souple pour assurer le stockage d'énergie ; mais trop tendre, elle risque de s'affaisser sous le poids de l'athlète : la raideur qu'on lui donne résulte donc d'un compromis.

La flexion de la perche permet de stocker les joules, pas d'en créer – de fait, le demi-mètre abandonné au départ n'est pas récupéré dans cette phase. Si le système entier était passif, comme pour un paresseux accroché avec ses griffes à cette longue branche, le principe de conservation s'appliquerait et l'énergie mécanique totale resterait constante. Or, passé la demi-seconde, on constate au contraire qu'elle augmente ① : on grignote la hauteur perdue initialement et, après une courte pause, on va même au-delà, d'une trentaine de centimètres ②. Le savant tatillon avait raison de vouloir creuser : certes, l'ordre de grandeur donné par la formule initiale était le bon, mais il ne permettait pas de comprendre le détail du saut.

C'est la durée qui permet au perchiste d'agir : pendant presque 2 secondes, une éternité, son outil reste lié au sol, l'autorisant à le « travailler », au contraire de celui qui serait sur une perche ayant décollé, « travailleur isolé » qui ne pourrait rien en tirer. L'opération s'effectue en deux temps (p. suivante) : d'abord en se regroupant, par une traction, tirant donc sur la perche plantée au sol avec ses abdominaux ①, puis en se dépliant vers le haut à la force des bras ②. La puissance des muscles concernés est de l'ordre de 300 W. Or, l'énergie que notre travailleur injecte dans le saut est le produit de cette puissance par le temps, qui vaut environ une seconde : cela donne quelques centaines de joules qui, divisés par son poids, correspondent en effet à plusieurs dizaines de centimètres. Si l'énergie mécanique n'est pas conservée, c'est parce que l'athlète s'active le long de la perche.

Il est donc crucial que le saut soit assez long pour que l'effet soit substantiel; d'un autre côté, une seconde, c'est peu pour un enchaînement aussi raffiné : le perchiste doit alors faire preuve d'explosivité et de souplesse, et le sprinteur qu'il était dans un premier temps se muer en gymnaste! Ce sont des états presque

Trois gestes qui comptent

Les trois moments où un perchiste semble contredire le principe de conservation de l'énergie. Dans les deux premiers, il injecte de l'énergie au système qu'il forme avec la perche. D'abord, à la force des abdominaux, il se regroupe, faisant remonter ses jambes au-dessus de sa tête ; ensuite, il tire avec ses bras, et se met en extension, tête en bas. Son centre de gravité remonte ainsi, indépendamment du mouvement de la perche, d'une cinquantaine de centimètres d'abord et d'une trentaine ensuite (phases marquées ① et ① sur le graphe qui précède). Enfin, il s'enroule autour de la barre, lui permettant de passer une barre qui est au-dessus de son centre de gravité – un artifice qui lui permet de « gagner » environ 30 cm supplémentaires.

contradictoires, qui exigent d'être assez grand pour courir vite et assez petit pour les acrobaties. Cela explique sans doute pourquoi les perchistes font 10 cm de moins que les sauteurs en hauteur : 1,83 m contre 1,92 m, deux moyennes établies sur les podiums de Londres, Rio et Tokyo.

Reste à l'athlète à s'enrouler autour de la barre, peut-être le geste qui symbolise le mieux son art. Sa vitesse est alors quasi nulle, tandis que la perche, verticale, n'a plus d'énergie élastique à lui offrir – on a le sentiment que tout est joué. Or, ce n'est pas le cas, le perchiste ayant un dernier tour dans son sac pour mystifier la pesanteur. Tous nos raisonnements ont en effet porté sur le centre de gravité du sportif, par exemple pour représenter les variations de son énergie de gravitation. Or la barre franchie sera plus haute que la hauteur maximale *H* de ce point. Comment une chose pareille est-elle possible ?

Pour le comprendre, on considère sur le schéma ci-après une corde passant autour d'un bâton horizontal. Le centre de gravité de la corde, représenté par un rond rouge, monte puis descend,

La plus haute

Yelena Isinbayeva, 1,74 m et 65 kg, recordwoman à la perche avec un saut à 5,06 m depuis 2009. Cette hauteur est 20 % moindre que la performance d'Armand Duplantis à 6,24 m – un écart inhabituellement élevé entre hommes et femmes, qui s'éclaire si l'on se souvient que la hauteur franchie dépend fortement de la vitesse de course. Les femmes courent 10 % moins vite que les hommes, et la loi du saut, sensible au carré de cette vitesse, induit cette différence de 20 %.

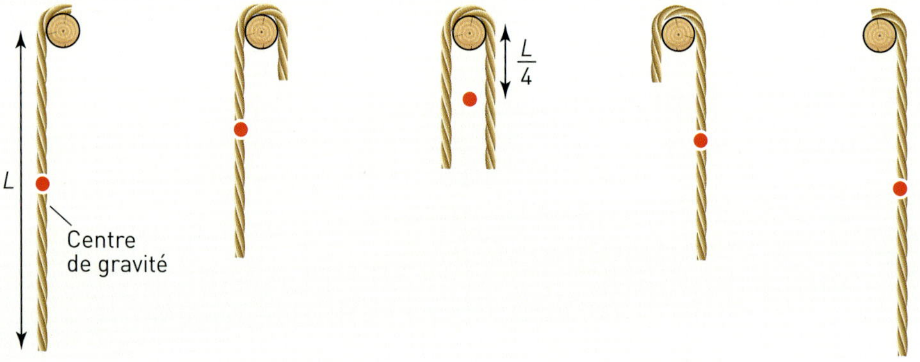

L'effet tunnel

Une corde glissant autour d'un bâton horizontal a son centre de gravité (représenté par un rond rouge) constamment sous la barre. Si sa longueur est *L*, le centre de gravité est initialement à une distance *L*/2 sous le bâton ; cette distance décroît jusqu'à atteindre un minimum à *L*/4, quand les deux brins ont la même longueur, avant d'augmenter : la corde a franchi l'obstacle, mais pas son centre de gravité. Les perchistes s'enroulent autour de la barre à la façon de cette corde, une astuce parfois qualifiée de manière plaisante d'*effet tunnel*, propriété des objets quantiques leur permettant de passer de l'autre côté d'un mur même si leur énergie est inférieure à celle du seuil à franchir.

mais sa position la plus haute, quand les deux brins font la même taille, reste en dessous de l'obstacle, à une distance égale au quart de la longueur de la corde. De la même façon, le sauteur qui a su travailler en fakir la corde raide de sa perche est lui-même devenu corde souple, s'enroulant puis se déroulant au-dessus de la barre en prenant soin de laisser son centre de gravité en dessous d'elle – gagnant ainsi une nouvelle trentaine de centimètres par rapport aux formules théoriques où il était réduit à son centre de gravité…

Le perchiste en a fini, et il ne lui reste plus qu'à se laisser choir, ce qui se traduit sur notre graphe par une augmentation de son énergie cinétique (il prend de la vitesse) et une baisse symétrique de son énergie de gravitation (il tombe). Plus douce sera la chute, est-on tenté de conclure : son saut réussi, il s'abandonne enfin à celle qu'il a défiée et subjuguée, la pesanteur – savourant ce moment, sachant faire d'une chute un triomphe…

NOTRE ANGLE D'ATTAQUE

L'histoire de Dick Fosbury est édifiante : sauteur médiocre (au sens olympique), plafonnant autour des 1,80 m, il remarqua, encore adolescent, qu'il gagnait 20 cm en se présentant dos à la barre.

Fort de ce progrès, il participa à des compétitions lycéennes, puis nationales, progressa encore. Un de ses entraîneurs, jugeant ses résultats prometteurs, le convainquit de revenir au raisonnable et canonique rouleau ventral, et Fosbury retomba au 1,80 m de ses années de lycée, incapable de faire mieux : son mentor dut se résigner à le laisser sauter incongrûment, et c'est ainsi qu'il se qualifia (avec difficulté) pour les Jeux de Mexico de 1968, après de nouvelles et multiples vérifications des juges devant lesquels il concourait.

Un saut de légende

Un saut de Dick Fosbury à Mexico en 1968, photographié par Raymond Depardon. Sous le regard impassible des juges, Fosbury réalise le saut inversé qui le rendra célèbre et champion. On remarque que ses deux chaussures diffèrent, comme souvent au saut en hauteur, les pointes sous les semelles n'étant pas disposées de la même manière.

La tentation était grande en effet d'invalider ces sauts, mais rien n'y faisait, puisque, aussi absurde que fût sa manière de sauter, Fosbury respectait la règle principale qui est de partir d'un seul pied. Puis on s'élève en s'incurvant, le corps trouvant sa courbure maximale au passage de la barre. Le centre de gravité de l'athlète est alors abaissé par rapport à ce qu'il serait pour un saut ventral, où le corps est souvent parallèle à la barre. La cambrure du corps permet à l'athlète de « gagner » ainsi un peu plus de 15 cm, un bonus d'à peu près 7 % sur la hauteur sautée.

C'est donc confiant dans la légitimité de sa cabriole que Fosbury se présente à Mexico face à Valentin Gavrilov, le favori russe, et à Ed Caruthers, qui l'a battu aux sélections américaines. Ses cinq premières tentatives montrent son extrême régularité : il passe du premier coup 2,03 m, 2,09 m, 2,14 m, 2,18 m et 2,20 m. Les spectateurs se prennent peu à peu de passion pour l'épreuve, tant le comportement de Fosbury semble délirant : les autres athlètes exécutant le traditionnel rouleau ventral, on peut vraiment dire qu'il fait le contraire de tous…

Chacun de ses sauts est ainsi accompagné de bruyants *Olé !* et l'enthousiasme ne cesse de grandir quand on constate que l'iconoclaste fait mieux que résister à ses adversaires. À 2,20 m, ils ne sont plus que trois, et seuls Gavrilov et lui n'ont encore raté aucun essai. Or, on est très haut et le record olympique sera battu à huit reprises par les athlètes qui monteront sur le podium. Las, Gavrilov est éliminé, calant à trois reprises à 2,22 m que Caruthers passe à son second essai et Fosbury dès le premier.

La barre est alors placée à 2,24 m et c'est à Caruthers d'échouer tandis que Fosbury, qui n'est jamais monté aussi haut en compétition, l'efface après huit foulées aériennes, à sa troisième et dernière tentative. Il est champion olympique dans une liesse tout aussi générale que l'indifférence qu'a le public pour les marathoniens entrant dans le stade : ce soir-là, on n'aura eu d'yeux que pour l'homme qui sautait à l'envers.

Fosbury est devenu célèbre, mais lui qui a toujours considéré le sport comme une sorte de hobby ne gagnera plus de compétitions internationales, se consacrant dès lors (*sic*) à des études en génie civil. Le saut ventral perdura néanmoins une dizaine d'années après les Jeux de Mexico : le podium masculin de Munich, 4 ans après Mexico, fut entièrement ventral et sur les sept records du monde battus entre 1969 et 1978, quatre le furent avec cette technique à l'obsolescence programmée. Tous les athlètes sautent aujourd'hui en fosbury, chez les hommes comme chez les femmes – femmes qui, d'ailleurs, à l'exemple précoce de la Canadienne Debbie Brill, adoptèrent très vite le rouleau dorsal, comme en témoigne l'or gagné à Munich par l'Allemande Ulrike Meyfarth, âgée de seulement 16 ans, et qui établit à cette occasion un nouveau record du monde, à 1,92 m.

0,7 s & 2,25 m

Décomposition d'un saut Fosbury : après avoir pris son appel sur un pied, l'athlète s'élève en se cambrant dos à la barre, ce qui l'aide à passer cette dernière. Le trait vertical montre sa hauteur, qui est de 2,25 m. La durée totale de la séquence est de 0,7 s.

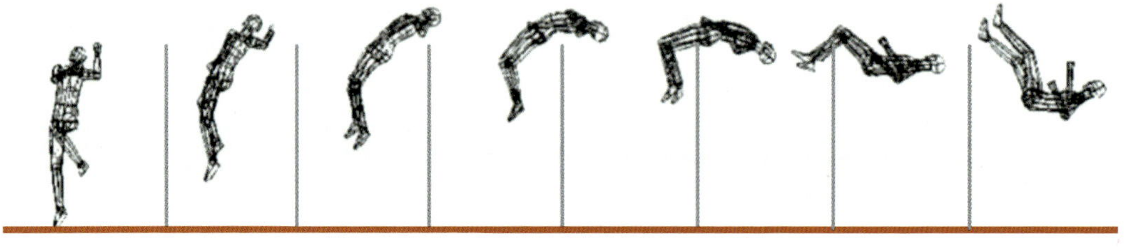

D'une façon générale, on court avant de sauter : l'élan est nécessaire pour monter plus haut ou bondir plus loin. Mais il faut savoir modifier sa trajectoire, bifurquant de l'horizontale de la course pour l'oblique de l'envol, avec un angle d'attaque dont la maîtrise est cruciale pour la performance. Pour la hauteur, l'idéal serait que cet angle approche 90°, mais c'est loin d'être le cas – faisant des êtres humains d'assez piètres sauteurs relativement à leur taille : plus petit que l'homme, le puma ne s'élève-t-il pas à 4 ou 5 m de haut ? Et que dire de la puce qui saute à plus de 100 fois sa taille ?

Commençons par rediscuter quelques formules théoriques, qui fixent le problème. Comme les frottements de l'air sont négligeables, le principe de conservation de l'énergie nous donne, avec l'aplomb des arguments naïfs, ce que doit être la performance idéale pour chacun des sauts. Comme le perchiste, le sauteur en hauteur (de masse M) que son élan a amené à une vitesse V, part de la hauteur h de son centre de gravité (proche du nombril) pour aboutir à celle de son saut, notée H. Si l'énergie mécanique se conserve, la somme des termes cinétique et de gravitation juste avant l'envol, $\frac{1}{2} MV^2 + Mgh$, est égale à la seule énergie de pesanteur MgH quand le sportif est au zénith, s'il est à l'arrêt. On trouve ainsi une formule pour la hauteur du saut idéal : $H = h + V^2/2g$.

Le sauteur, lui, en longueur vise l'horizon : comme on l'a souligné (p. 23), s'il partait à l'angle optimal de 45°, il atteindrait la portée du morceau de parabole qui correspond à cet angle, augmentée de sa propre hauteur. La formule qui en résulte, $L = h + V^2/g$, est très proche de la précédente – mais elle prévoit une distance plus grande ($L > H$) car on bénéficie de l'inertie de la course quand on se projette à l'horizontale, et non à la verticale.

Si son élan amène l'athlète à $V = 10$ m/s, les valeurs données par nos formules se comparent de manière contrastée avec la réalité des sauts. Pour la perche, l'accord est presque parfait puisqu'on trouve $H \approx 6$ m pour $h \approx 1{,}3$ m et $g \approx 10$ m/s^2 – la hauteur qui assure (presque) une médaille olympique. Nous avons décrit toutes les subtilités qui enluminent ce raisonnement rustique (p. 30 et 31) ; mais la coïncidence entre l'ordre de grandeur calculé et les sauts des champions est remarquable : au niveau élémentaire où nous nous plaçons dans ces lignes, ça colle.

Ça colle en revanche un peu moins avec le sauteur en longueur : la formule donne $L \approx 11$ m, une distance nettement supérieure aux 8,90 m de Bob Beamon. Et ces 11 m deviennent 13 m, si le sauteur, qui est toujours un excellent sprinteur, décolle à 11 m/s plutôt qu'à 10 m/s, faisant croître un peu plus l'écart entre théorie et expérience. La cause de ce hiatus est commentée dans le

texte consacré à Bob Beamon (p. 20) : lancé à pleine vitesse, un sauteur ne parvient pas (physiologiquement) à trouver l'angle d'attaque de 45°, et doit se contenter d'un angle α d'une vingtaine de degrés. La formule devient $L \approx h/\tan\alpha + V^2 \sin 2\alpha/g$ (formule valable si α est supérieur à 10 °), ce qui rend la distance conforme à la réalité : pour $\alpha \approx 20°$ et $V \approx 10$ m/s, on prévoit bien les 9 m rêvés.

Et ça ne colle plus du tout pour la hauteur, la formule pour H annonçant à nouveau 6 m, comme à la perche – très, très au-delà des 2,45 m du record détenu depuis 1993 par l'imposant Cubain Javier Sotomayor. On tombe de haut, même si la cause de cette discordance est déjà connue du lecteur attentif : comme pour la longueur, on ne parvient pas à redresser sa course, et de façon plus dommageable encore, puisqu'on ne vise cette fois pas moins que les 90° de la verticale !

Un record dur à battre
Blanka Vlašic en 2016. Double championne du monde de saut en hauteur en 2007 et 2009, la Croate obtiendra la médaille de bronze à Rio en passant 1,97 m. En cambrant son corps au-dessus de la barre, comme aujourd'hui tous les sauteurs, elle gagne de précieux centimètres. Le record du monde féminin de la spécialité, qui est de 2,09 m, résiste depuis plus de 35 ans…

D'une manière générale, il existe une relation entre l'angle d'attaque α le plus grand qu'on peut atteindre et la vitesse V que procure l'élan. Plus V est élevée, plus α est petit, si bien que le sauteur en hauteur commence toujours par ralentir sa course. Aux Jeux de Barcelone, en 1992, les cinq meilleurs hommes se présentèrent face au sautoir à des vitesses V allant de 7,2 à 8 m/s, inférieures de 20 % à 30 % à celles des perchistes. Tous les cinq, ce jour-là, culminèrent à la même barre de 2,34 m et on les départagea aux nombres d'essais nécessaires pour la passer – ce qui fit, outre l'or et l'argent, trois ex aequo pour la médaille de bronze.

On a mesuré la vitesse verticale *v* de ces cinq médaillés au moment de leur impulsion. Comme on pouvait s'y attendre, elle est nettement inférieure à la vitesse horizontale *V* et comprise entre 4,2 et 4,6 m/s ; quant à leur angle d'attaque, il est très proche de 50°, ce qui prouve que réduire la vitesse d'environ 3 m/s (10 km/h) par rapport aux sauteurs en longueur permet d'augmenter l'angle α d'environ 30°. La formule $H = h + v^2/2g$ prévoit alors un saut à 2,3 m, rendant très bien compte des performances des champions. On voit aussi que la hauteur *h* du centre de gravité compte pour plus de moitié, ce qui explique la grande taille des sauteuses et sauteurs en hauteur : en moyenne, 1,93 m pour les hommes et 1,82 m pour les femmes médaillés à Barcelone.

Connaissant l'angle, la vitesse verticale et un peu de trigonométrie, on en déduit la vitesse d'envol, qu'on trouve être proche de 6 m/s, nettement inférieure aux 8 m/s de la vitesse d'élan : l'impulsion fait perdre environ le tiers de l'énergie cinétique… Connaissant la vitesse d'envol et l'angle d'attaque, nos formules nous permettent de calculer alors la portée horizontale *L* du bond. On prévoit que les athlètes retombent sur le matelas à environ 4 m de leur point d'envol (et c'est bien le cas), une distance nettement supérieure à *H* ! Sauter en hauteur, c'est aussi sauter en longueur et l'épreuve se révèle être plutôt un *double saut*…

Qu'en est-il du simple saut ? Eh bien, on attend ingénument la révolution qu'amènera celui qui, sans cesser de sprinter, fera bondir l'angle d'attaque de 50° à 90° : lancé à pleine vitesse et se projetant à la verticale, tel un personnage de dessin animé, ce champion fantastique devrait monter à 6 m…

À BOUT DE SOUFFLE

***Courir*, mot d'ordre dont Jean Echenoz fit le titre de son beau livre sur la vie du Tchèque Emil Zátopek, dit *La Locomotive*.**

On court depuis la nuit des temps – pour échapper à un prédateur, annoncer la victoire contre les Perses, attraper un tramway, ou même à sa perte – et on court aussi autour des stades, dans ce qui est sans doute la discipline la plus emblématique des Jeux. À Olympie, en 776 avant notre ère, la course dominait les épreuves et on se mesurait sur le *stadion* de 192 m, 600 fois la mesure du pied d'Héraclès – qui chaussait donc du 51 ; sur le double stadion ou *diaulos* ; ou encore sur le *dolichos*, pouvant compter de 7 à 24 stades (1500 à 5000 m) ; sans oublier le rocambolesque *hoplitodromos*, apparu 250 ans plus tard, où le *diaulos* se court coiffé d'un casque, encombré d'un bouclier massif et entravé par des cnémides en bronze.

Une arrivée d'anthologie

Tout près de l'arrivée du 5 000 m à Helsinki en 1952. Emil Zátopek, ayant rattrapé son retard sur le Français Alain Mimoun et le Britannique Chris Chataway, les double et file vers la victoire, quatre jours après avoir remporté le 10 000 m. On aperçoit en troisième position l'Allemand Herbert Schade et le malheureux Chataway qui vient de heurter la lice et de tomber lourdement. Il se relèvera et terminera cinquième.

On a ainsi associé dès l'origine des distances variées qui se trouvent correspondre à ce qu'on appelle aujourd'hui le sprint pur (jusqu'à 200 m), le demi-fond (de 400 ou 800 m à 1 500 m) et le fond (au-delà, jusqu'au marathon) – des catégories si tranchées que les athlètes s'y spécialisent. Ils peuvent d'ailleurs y tenter un doublé, 100 et 200 m, par exemple, ou bien 5 000 et 10 000 m, auxquels Zátopek ajouta en 1952 le marathon, exploit unique. Mais gare à ne pas sortir de sa catégorie, au risque de s'exposer à une défaite cuisante, comme le lièvre sprinteur en fit l'amère expérience en défiant une adepte du fond, la persistante tortue.

Nous allons montrer qu'un nombre très faible de caractéristiques physiologiques donne une base rationnelle à cette classification, ce qui éclaire la spécialisation des athlètes – les qualités corporelles requises étant, dans chaque cas, distinctes, voire contradictoires. Il est spécialement fructueux d'examiner comment la vitesse moyenne *V* du coureur, définie comme la longueur *D* de la course que divise son temps *T*, varie en fonction de *D*. La courbe qui en résulte, construite à partir des records mondiaux actuels, traduit visuellement le partage des courses dans leurs trois grandes familles, pour les femmes comme pour les hommes.

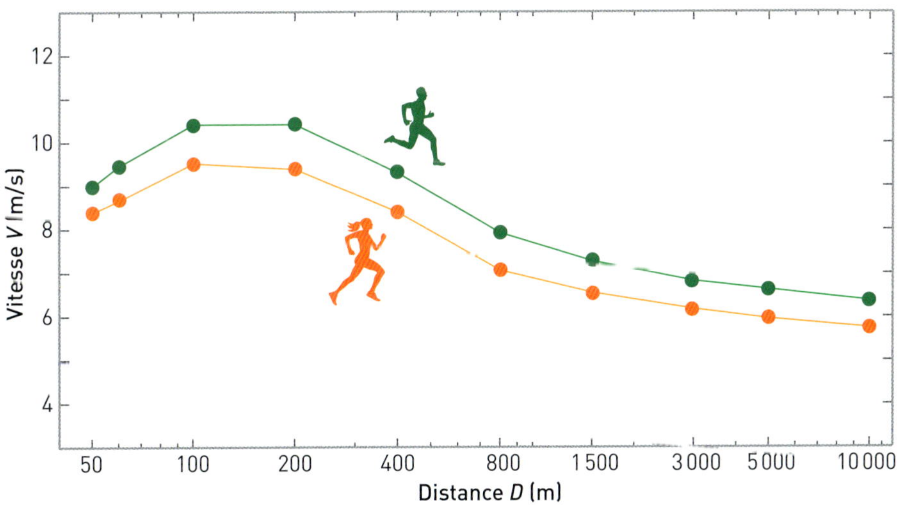

Sprint, demi-fond et fond

Vitesse moyenne *V* des coureurs en fonction de la distance *D* qu'ils couvrent, prise ici entre 50 et 10 000 m. La vitesse *V* = *D*/*T* est calculée sur la base du temps *T* du record du monde de la discipline, des femmes comme des hommes. Les points verts montrent les performances des hommes, les orange celles des femmes. On a choisi en abscisse une échelle dite logarithmique qui permet de voir de manière plus claire l'ensemble, les distances couvertes variant sur ce graphe d'un facteur 200.

On observe d'abord que la vitesse moyenne croît aux petites distances avec *D*, jusqu'à atteindre un maximum autour de 10 m/s : c'est le régime de sprint, qui court de 50 à 200 m ; puis, elle diminue rapidement, ce qui définit le demi-fond, jusqu'à 1500 m ; enfin, la vitesse, de façon inattendue, varie beaucoup moins, adoptant une valeur de 6 à 7 m/s (autour de 23 km/h). Le marathon lui-même, qui se court à 5,8 m/s (21 km/h), est à peine plus lent : alors que son spécialiste aligne 422 fois de suite le 100 m, sa vitesse moyenne n'est inférieure que de 50 % à celle sur la distance reine !

Accélération

Chronophotographie d'un sprinteur qui jaillit de ses starting-blocks : les premiers mètres de la course sont une phase de pure accélération. Le temps entre deux clichés successifs est un quart de seconde.

Chacun de ces régimes s'explique par des modèles qui mêlent physiologie (rudimentaire) et mathématique (élémentaire), jetant une lumière insolite et nouvelle sur ce que signifie courir. Cela vaut l'effort de les comprendre : la course mérite un cours.

Les distances courtes, d'abord, sont des épreuves où l'accélération joue un rôle primordial. Comme le montrent les figures, d'un départ à l'arrêt, on atteint sa vitesse maximale en une poignée de secondes et on maintient cette vitesse aussi longtemps qu'on peut. C'est la phase d'accélération qui explique que des courses plus brèves soient plus lentes : l'influence du départ s'estompe logiquement quand *D* croît, et le maximum de vitesse moyenne est atteint sur le 100 m.

Le début de la course dépend de la force *F* que l'on est capable de produire, et que l'accélération *a* est simplement déduite de la célèbre formule de Newton $F = Ma$, où *M* est la masse du sprinteur. La force maximale se compare au poids *Mg* de l'athlète. Il jaillit donc des starting-blocks avec une accélération comparable à celle de la pesanteur, $g \approx 10$ m/s², ce qui lui permet d'atteindre une vitesse $V \sim gt$ de 10 m/s en un temps *t* de l'ordre de la seconde. Si le mouvement n'était régi que par l'équation $F = Ma$, la vitesse augmenterait sans limite. Ce ne sont donc que les tout premiers moments qu'elle décrit (tirets croissants sur la figure montrant les courses de Bolt).

En effet, comme l'a montré le prix Nobel de physiologie Archibald Hill en 1922, une force que l'on exerce décroît avec la vitesse, une partie de notre énergie étant mobilisée dans le mouvement. Cela mérite d'être développé : si un enfant pousse un tourniquet de square, la force maximale qu'il parvient à lui appliquer décroit quand le tourniquet va plus vite, jusqu'à s'annuler quand le manège va à la vitesse maximale V^* de ses bras – une observation qui concerne aussi bien les muscles des jambes. Pour un adulte, V^* vaut environ 10 m/s et le sprinteur connaît le bonheur fantasmatique d'atteindre cette asymptote.

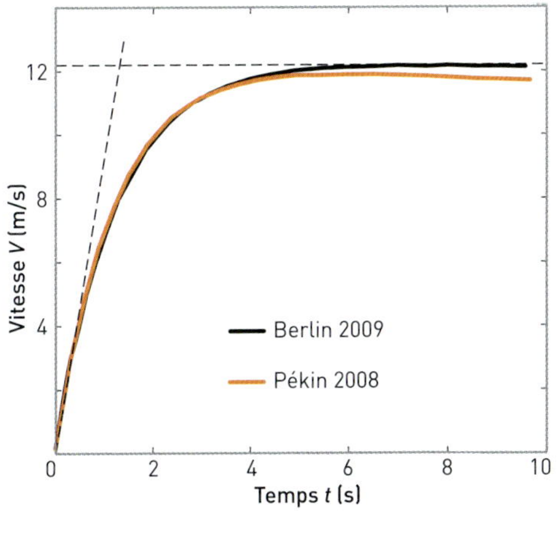

43 km/h sur les pointes

Deux 100 m d'Usain Bolt : à Pékin en 2008 (trait orange) et à Berlin en 2009 (trait noir). Schématiquement, le sprinteur suit d'abord un régime de pure accélération (la vitesse à chaque instant augmente proportionnellement au temps, tirets croissants), avant d'atteindre un plateau maintenu jusqu'au terme de la course (tirets horizontaux). Ce ne fut pas le cas à Pékin, course olympique célèbre, où la domination de Bolt fut si insolente qu'il se permit de décélérer aux 2/3 de la course. La vitesse maximale atteinte est de 12 m/s, soit 43 km/h !

Le caractère explosif du sprint et la récupération rapide des athlètes, capables d'enchaîner plusieurs courses dans une même journée, nous suggèrent que les sportifs n'ont pas épuisé leur réserve d'énergie interne E_o, une deuxième caractéristique de notre corps. Celle-ci vaut environ 3 kilojoules (kJ) par kilogramme, soit 300 kJ pour un sprinteur – une réserve somme toute modeste puisqu'elle correspond au contenu calorique de trois bananes. Mais elle sera suffisante pour un sprint : l'énergie dépensée sur les petites distances s'écrit FD, soit, en ordre de grandeur, MgD. Pour une course de 100 m, cela représente environ 100 kJ, en effet, inférieur à E_o. Pour tous les sports à effort bref, comme les sauts, les athlètes entament à peine E_o, ce qui explique leur faculté à enchaîner les épreuves qualificatives. (On n'imagine pas *a contrario* un coureur faire trois 10 000 m dans la même journée.) L'argument montre aussi que l'énergie E_o est épuisée au bout d'une distance de l'ordre de E_o/Mg, environ 300 m : de fait, la distance de 400 m est un pivot au-delà duquel on entre dans un autre domaine, celui du demi-fond.

Sur ces distances, les coureurs vont puiser dans leur stock E_o pendant la durée T de la course. Il est beaucoup moins question d'accélération dans ces courses dont l'allure est en effet plus constante, si l'on excepte les brefs moments du départ et du sprint final. Il y a alors équilibre entre la puissance motrice E_o/T et la puissance perdue à contrer ou absorber toutes les formes de résistance que l'on rencontre. Or, l'énergie du coureur est principalement brûlée dans les chocs contre la piste. Cela engendre une force proportionnelle à la fréquence de ces chocs, donc à la vitesse. Pour simplifier, on l'écrit KV, où K est de l'ordre de 100 kg/s. La qualité de la piste et l'élasticité des chaussures sont susceptibles d'abaisser légèrement ce coefficient et d'accroître la performance.

La puissance dissipée, produit de la force par la vitesse, est par conséquent de la forme KV^2. De son égalité avec la puissance motrice, $E_o/T \sim KV^2$, on conclut que le demi-fondeur ralentit avec la durée T de la course, $V \sim (E_o/KT)^{1/2}$ – en rappelant que la puissance 1/2 désigne la racine carrée. Si l'on introduit la définition de la vitesse moyenne, $V \sim D/T$, on déduit que cette vitesse diminue comme l'inverse de la distance, $V \sim E_o/KD$, ce qui explique la décroissance rapide de V observée sur la figure à partir de 400 m. Et si l'histoire s'arrêtait là, on se ferait doubler par les fourmis sur les courses les plus longues : sachant qu'un champion court le 1000 m à 8 m/s, une vitesse en proportion inverse de la distance prévoit qu'on irait 40 fois moins vite dans un marathon 40 fois plus long, c'est-à-dire à moins d'1 km/h.

Il y a donc autre chose à comprendre, qui concerne spécifiquement la course de fond. Cette chose est la puissance critique, notée P_c, de l'ordre de quelques centaines de watts, qui est la puissance aérobie que nous produisons en respirant. En alimentant notre corps en oxygène et en sucre, nous lui fournissons le carburant qui régénère son ATP, la molécule à la source de la locomotion. C'est ainsi que la puissance motrice totale s'écrit plutôt $E_o/T + P_c$, offrant de nouvelles ressources à nos coureurs. Pour les courses assez courtes ($T < E_o/P_c$, une durée de quelques minutes), c'est le terme E_o/T qui domine, et cela définit le régime du demi-fond discuté plus haut. À temps long, c'est-à-dire pour les courses allant de 3000 m au marathon, le stock E_o est vite consommé et le sportif ne dépend plus que de sa puissance critique. Si on équilibre cette dernière par la puissance dissipée KV^2 (comme on continue de courir, cette formule reste applicable), on en déduit un résultat miraculeux de simplicité : la course se fait à vitesse constante, $V \sim (P_c/K)^{1/2}$, quelle que soit sa longueur – expliquant que la vitesse cesse de décroître nettement avec la distance comme elle le faisait dans le régime de demi-fond ($D < 3000$ m) pour atteindre une sorte de plateau à $V \approx 6\text{-}7$ m/s, comme le montre la figure p. 45.

Que nous ont appris ces formules ? Que le partage des courses en sprint, demi-fond et fond, a une justification physiologique profonde. Le sprint, effort d'une minute au plus, également présent

Sept à l'heptathlon
Départ du 100 m haies de l'heptathlon des jeux de Londres, en 2012. L'heptahlon comporte un autre sprint, le 200 m, et il se termine par une épreuve de demi-fond, le 800 m.

2398
2981
London 2012

dans la nage (50 et 100 m) ou le cyclisme (moins de 1 km), n'épuise pas nos réserves d'énergie anaérobie, au contraire du demi-fond, qui les consomme, si bien que le coureur ralentit quand la distance augmente. Le relais est alors pris par la puissance critique, moteur interne de chacun, celui qui nous permet de marcher une journée entière ou de courir un marathon, et dans les deux cas à vitesse quasi constante – si constante que le marathonien professionnel ou le marcheur d'un 20 km l'adopte dès l'entame de la course et la conserve pendant toute la durée de l'épreuve, aussi immuable qu'un métronome (tout de même réglé sur *prestissimo* !).

Comme toujours, une modélisation radicale s'accompagne ensuite de raffinements. On peut par exemple s'intéresser à la lente érosion du plateau de vitesse à grande distance : on court un 10 000 m à 6,4 m/s et un marathon à 5,8 m/s. La différence (10 %) est faible au regard du quadruplement de la distance, mais elle mérite un commentaire. Les distances extrêmes ont en effet d'autres conséquences, comme d'endommager les fibres musculaires (en témoignent douleurs et courbatures), si bien que la puissance critique devient elle-même une fonction lentement décroissante de T, donc de D, qui sape l'allure du coureur de fond. Cette légère décroissance s'accentue pour des courses plus longues encore : les meilleurs sur 100 km, une distance vraiment effrayante, les effacent en 6 heures, à une vitesse de 4,5 m/s sensiblement inférieure aux 5,8 m/s des champions de marathon.

On peut aussi se demander pourquoi on a négligé le rôle de l'air, qu'on verra essentiel dans une discipline comme le vélo. La physique nous dit que la force nécessaire pour pousser l'air est le produit de sa masse volumique (1 kg/m^3) par le carré de la vitesse et par la surface de l'athlète. Elle vaut donc pour le sprint environ 30 N (30 Newtons, l'équivalent de 3 kg), une quantité en effet petite devant les 1 000 N de la force du sprinteur. Il en va de même pour le coureur de fond, chez qui toutes ces valeurs sont abaissées : la force motrice, évaluée comme la puissance critique P_c divisée par la vitesse V, vaut environ 100 N tandis que la résistance de l'air d'un coureur deux fois moins rapide que le sprinteur est inférieure à 10 N, une quantité en effet suffisamment petite pour être négligée devant la force motrice...

Comprenons-nous bien : de telles approximations sont légitimes pour établir les grandes lois d'un sport, ici celles qui donnent l'allure des sportifs en fonction de la distance. Mais pour les meilleurs, il s'agit d'autre chose – battre un record ou des concurrents d'une marge infime –, si bien que les détails que nous écartons deviennent cruciaux. La question de la résistance aérodynamique va nous en donner un bel exemple, pris, qui plus est, pour les coureurs les moins rapides (on serait presque gêné d'écrire pareille expression) que sont les marathoniens.

Dans cette discipline, le plancher symbolique que l'on rêve de crever, comme ont pu l'être avant 1968 les 10 s aux 100 m, est de deux heures. On en est proche : en 2019, le recordman du marathon était Eliud Kipchoge, le champion olympique Kenyan de Rio, qui l'avait couru à Berlin un an plus tôt dans le temps de 2 h 01 min 39 s. Fort de l'appui de ses sponsors, Kipchoge lance alors une opération grandiose pour passer sous la barre des 2 heures – si, à la perche, il s'agit de passer *au-dessus* des barres, on remarque que c'est l'inverse pour les courses. Quarante-et-un lièvres sont sélectionnés dans le gratin des fondeurs pour l'accompagner. Ils se relaient tous les 5 km en l'encadrant selon une configuration mise au point par le calcul : 5 coureurs sont disposés en V devant lui, 2 autres derrière. On lui dicte ainsi le rythme à suivre pour se glisser sous la fameuse barre et on lui coupe le vent. Un peu moins de 2 heures plus tard, et grâce au gratin de lièvres, Kipchoge pulvérise sa meilleure performance de 2 minutes, quatre fois le temps moyen gagné à chaque record depuis une vingtaine d'années. Et ces deux minutes, par une heureuse coïncidence arithmétique, l'ont bien amené sous les 2 heures...

On le devine, un record établi dans des conditions si spéciales n'a pas été homologué. Et Kipchoge a continué à courir : champion

Courir sept lièvres à la fois

Vue aérienne de Kipchoge, en blanc, au centre, en train de courir avec ses 7 lièvres à Vienne en 2019, quand, dans ces conditions un peu artificielles, il a couru le premier marathon de l'histoire en moins de 2 heures.

olympique à Tokyo en 2020, il a encore rogné le record officiel de 30 nouvelles secondes, le portant à 2 h 1 min 9 s en 2022, au marathon de Berlin, comme pour célébrer le 2500e anniversaire de la fin de la première guerre médique. À ce propos, d'ailleurs, les légendes ne s'accordent pas vraiment : si, selon Plutarque, l'hémérodrome Euclès s'effondra, mort, au terme de sa course de 42 km entre Marathon et Athènes, Hérodote nous parle plutôt de son collègue Philippidès, qui aurait survécu aux 246 km qui séparent Athènes de Sparte qu'il couvrit en un jour et demi pour demander de l'aide. Le *sparthatlon* se court chaque année sur le chemin glorieux de Philippidès, avec un record de 20 h 25 min qui porte de manière transparente le défi à relever : il s'agit de passer aux 20 heures !

DANS UN FAUTEUIL

Ludwig Guttmann, qu'on a surnommé *le Coubertin des Paralysés*, était un neurochirurgien juif allemand, exilé dès 1939 au Royaume-Uni où il a fondé et dirigé le centre national des blessés de la moelle épinière.

Dans ces temps de guerre et d'après-guerre où ses patients étaient souvent jeunes et athlétiques, il promut une thérapie fondée sur le sport – tennis de table, basket-ball ou tir à l'arc, par exemple. Et il alla plus loin en organisant en marge des Jeux de Londres, en 1948, une compétition nationale réservée aux paraplégiques et aux tétraplégiques, puis en faisant reconnaître par le CIO, 4 ans plus tard, un statut olympique à ces rencontres – ouvrant la voie aux premiers Jeux paralympiques, qui eurent lieu à Rome, en 1960.

On accueille aujourd'hui dans les Jeux paralympiques trois types de personnes en situation de handicap : les déficients visuels, les athlètes debout (amputés ou hémiplégiques) ou assis

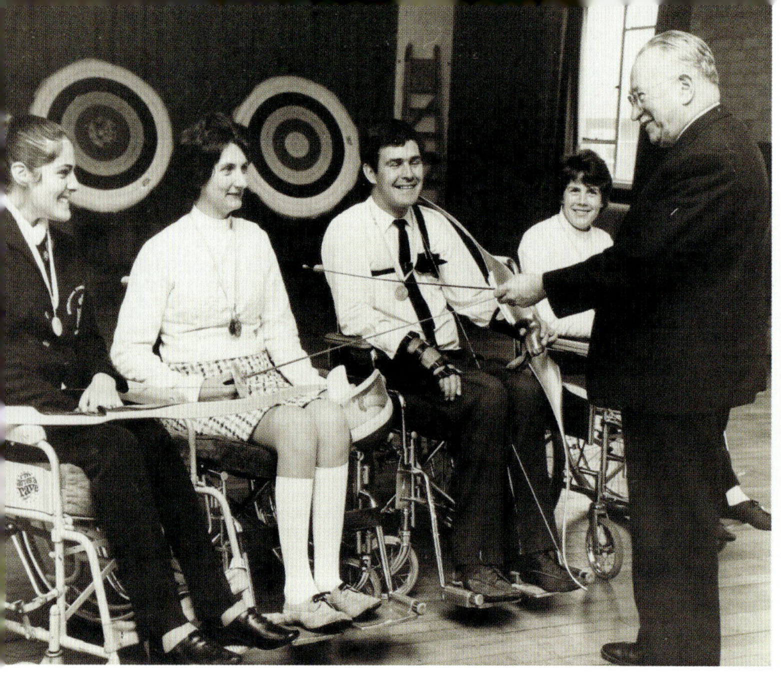

Le paralympisme, une vieille histoire

Si les Jeux paralympiques gagnent en audience tous les 4 ans, on a cherché à les encourager et à les faire connaître depuis plusieurs décennies, sous l'influence initiale du Dr Ludwig Guttmann, maniant ici l'épée d'escrimeurs fraîchement médaillés.

(doublement amputés, paraplégiques ou tétraplégiques). Ces derniers concourent en fauteuil, dans des épreuves rendues spectaculaires par la vitesse et la maniabilité de ces cycles dont la forme tente d'associer trois contraintes souvent contradictoires : stabilité, maniabilité et vitesse. Ainsi, les fauteuils auront du carrossage (des roues penchées), de façon à gagner à la fois en équilibre (leur base est élargie) et en conduite : plus l'angle est grand, plus ils peuvent braquer, une qualité indispensable au basket où il s'agit d'être à même de tourner brusquement, si bien que l'inclinaison des roues peut atteindre 25°.

L'exigence est différente dans des épreuves de vitesse pure (que ce soit du sprint ou du fond), où l'on redresse les roues à un angle de 12° et l'on augmente la stabilité de l'ensemble en ajoutant une roue supplémentaire plus petite à l'avant du fauteuil. Pour se propulser, les athlètes « boxent » à deux mains la main courante, à une fréquence qui peut dépasser les 140 coups par minute, des gants collants leur servant à améliorer l'efficacité des impulsions. D'un côté, la force motrice est plus faible que celle d'un athlète qui avance avec ses jambes, plus puissantes que les bras ; d'un autre, grâce aux roues, le frottement qui s'oppose

Pousser à la roue

Quelques sports paralympiques en fauteuil. Dans les épreuves de vitesse pure (athlétisme), on compte trois roues et on remarque, en relief sur les plus grandes, une main courante que frappe l'athlète pour se propulser. La maniabilité qu'exigent les fauteuils de basket et de tennis réduit le nombre de roues principales à deux qui, pour des raisons de stabilité (ils pivotent en permanence), sont inclinées et complétées de très petites roues anti-bascule.

au mouvement est moindre que pour un coureur à pied, ce qui permet aux athlètes en fauteuil d'atteindre environ 35 km/h, la vitesse d'un sprinteur valide.

Si l'on compare les courses olympiques et paralympiques, on note sans surprise que les sprints sont défavorables aux fauteuils, en termes de performance (14 s au 100 m contre moins de 10 en courant), à cause de l'inertie du système homme-machine : dans ces courses où l'on ne fait presque qu'accélérer, une plus faible force propulsive jointe aux 15 kg du fauteuil rendent ces derniers nettement moins réactifs. Mais, à partir du demi-fond, c'est l'inverse : la phase de départ ne compte presque plus, et l'athlète en fauteuil bénéficie du frottement réduit, ce qui lui fait par exemple gagner 12 secondes sur les 100 que dure un 800 m. Cet écart s'accentue avec la longueur de la course : ainsi, le marathonien en fauteuil arrive largement plus d'une demi-heure avant le valide !

Comme on le déduit de la courbe des records (ci-contre), c'est à environ 30 km/h qu'hommes et femmes en fauteuil abattent un marathon, c'est-à-dire à une vitesse intermédiaire entre coureurs classiques (qui le courent à environ 20 km/h) et cyclistes (dont la vitesse atteint 50 km/h dans un contre-la-montre d'une heure) : les fauteuils nous rappellent leur état de cycle, mais de cycles propulsés par des bras et non des jambes – ce qui explique leurs vitesses intermédiaires.

Certains sont victimes de handicaps plus lourds et il est impressionnant et encourageant de voir des solutions nouvelles émerger. Atteint aux cervicales dans un très grave accident à vélo, le physicien franco-américain Vance Bergeron a décidé de vouer ses recherches à la motricité des tétraplégiques, offrant son propre corps aux expériences qu'il mène. Pourvu d'une combinaison équipée d'électrodes, il parvient, sur son vélo couché, à pédaler avec ses jambes – les électrodes envoyant aux muscles les signaux qui les activent, et ce, dans un mode

Le marathon express

Durée des marathons en fauteuils entre 1983 et 2011 : le développement du sport paralympique s'est accompagné de progrès impressionnants dans la performance. Les records du monde aujourd'hui sont une spécialité suisse, avec Marcel Hug en 1 h 17 et Manuela Schär en 1 h 34, contre 2 h et 2 h 15 environ pour les hommes et les femmes valides. Alors que les chocs sur la piste limitent la vitesse de ceux qui courent avec leurs jambes, la plus faible résistance qu'offrent les roues des fauteuils permet aux athlètes en fauteuil de « courir » les marathons à plus de 30 km/h de moyenne. On remarque aussi que la courbe pour les femmes montre des fluctuations plus grandes que pour les hommes, ce qui est (comme souvent) lié au fait que l'échantillon testé est plus petit.

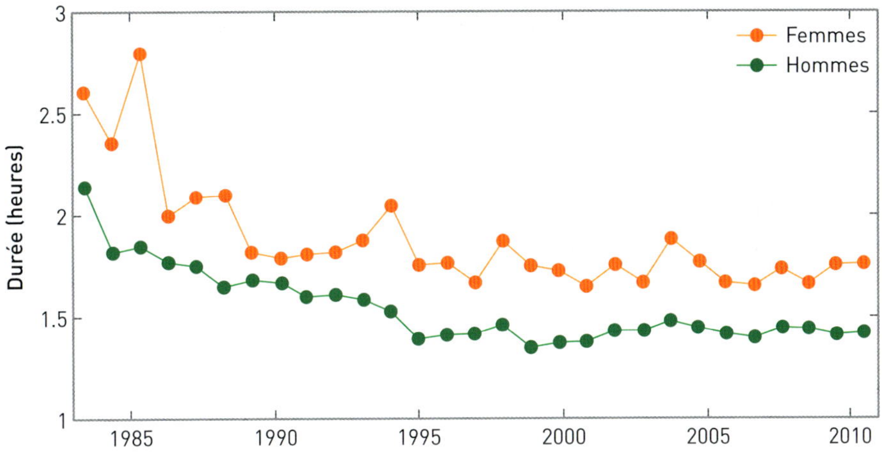

« intelligent » : il s'agit non seulement de solliciter les bons muscles aux bons moments, mais, pour un muscle donné, d'alterner le recrutement des fibres musculaires, comme cela se produit chez les individus valides, pour éviter la fatigue et la mise en danger de fibres trop sollicitées. Les espoirs portés par de telles thérapies sont considérables : au-delà de la seule question, déjà essentielle, de récupérer de la motricité, on peut ainsi refaire du muscle (et éviter les problèmes de nécrose) et stimuler le système cardiovasculaire, et c'est finalement l'état de santé général qui se trouve amélioré. Tous ceux qui ont eu le privilège de rencontrer ce patient-chercheur n'ont qu'un seul mot : chapeau, M. Bergeron !

EN CHASSE – DE L'AUROCH AU RECORD

En même temps qu'elle s'inscrivait dans l'espace, la trajectoire du javelot suivit la flèche du temps, du gabul celtique au gaveloc gascon avant la *javelle* ou *javeline* que l'anglais a directement transcrit en *javelin*.

Cette arme de jet multimillénaire – épieu paléolithique, pilum ou aklys romains, angon germain, estoc médiéval, sagaie africaine – faisait l'objet d'une des épreuves les plus populaires des Jeux antiques, où l'on jugeait la puissance et parfois la précision du lanceur visant une cible – comme c'est toujours le cas dans le *ch'ju d'jav'lot* picard, chaînon manquant entre le noble javelot et les prosaïques et non-olympiques fléchettes.

Le javelot moderne est un des quatre sports de lancer, avec le poids, le disque et le marteau. L'objet mesure 2,6 m et pèse 800 g pour les hommes, contre 2,2 m et 600 g pour les femmes.

Il s'agit de le projeter le plus loin possible après un élan d'une trentaine de mètres, son point de premier impact au sol déterminant la distance qu'il a parcourue.

Il a longtemps régné un certain flou sur ce qu'il était permis de faire, à la fois du point de vue de la technique de lancer et de la nature de l'objet, qui pouvait d'ailleurs être façonné par les athlètes. Cela explique l'allure inhabituelle de la courbe des records du monde de ce sport pour les hommes : d'abord croissante, elle passe par un maximum dans les années 1980 avant de retomber d'une bonne dizaine de mètres et de croître à nouveau, pour atteindre les 98 m du record actuel après un second petit accident en 1992. De fait, en 1984, le jet de l'athlète est-allemand Uwe Hohn qui, du haut de ses 2 m, perça le mur des 100 m, devenait dangereusement comparable à la taille du stade, nous rappelant l'arme que le javelot avait été. On décida donc de modifier le projectile pour en limiter la portée.

Dans la nuit des temps
Pétroglyphe datant de l'âge du bronze sur le site de Tanum, en Suède, 1 000 ans avant notre ère, montrant des humains munis de lances que l'un d'eux semble vouloir projeter à la façon du javelot. Les images sont à l'origine martelées (un très-bas-relief) dans la roche et la couleur rouge a été ajoutée récemment pour les rendre visibles. Aujourd'hui, on lance le javelot à près de 100 m pour les hommes et un peu au-delà de 70 m pour les femmes.

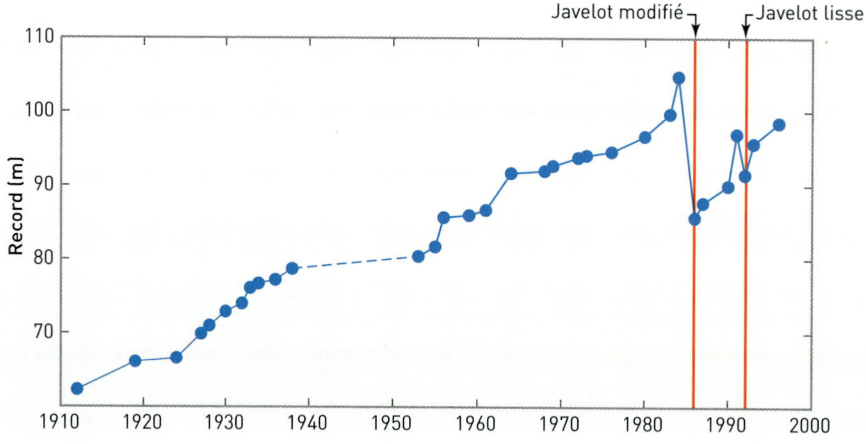

Retours en arrière

Records du monde du javelot masculin en fonction du temps. Les deux traits rouges pointent les deux dates où le record a diminué, suite aux changements imposés au projectile et à l'abandon du précédent record.

L'allure effilée d'un javelot le distingue profondément de ses cousins olympiques, plus pesants et plus compacts, du disque (2 kg) au poids ou au marteau (environ 7 kg). Sa trajectoire résulte d'un équilibre de forces où interviennent le poids de l'objet et les forces aérodynamiques. Afin de donner autant de vitesse que possible à l'objet, le lanceur va conjuguer sa course (7 m/s) à la rotation du corps (3 m/s) et à la vitesse du bras (15 m/s). À l'issue de la phase d'élan, l'athlète lance le javelot en lui conférant une inclinaison initiale d'environ 35° par rapport à l'horizontale, un angle inférieur aux 45° qui optimisent le lancer du poids ou du marteau, les effets de l'air modifiant à la baisse l'angle idéal de lancer.

Le javelot traditionnel était conçu de façon à placer la résultante des forces aérodynamiques au centre de gravité, permettant à l'engin de conserver son angle initial et de faire perdurer la portance (force faisant planer l'engin) présente à l'envol. Il retrouvait le sol en le touchant en général par sa pointe arrière, preuve de la persistance de son inclinaison initiale – mais trahissant sa fonction première, celle qui permettait de chasser l'auroch ou le mammouth. C'est dans cette configuration que Uwe Hohn établit son record, le javelot décrivant une sorte de parabole étirée par la portance, étirement d'une vingtaine de mètres par rapport à ce qu'on attendrait sans cette force.

Il y eut dans l'histoire d'autres tentatives extraordinaires, comme celle de l'Espagnol Felix Erausquin, une sorte de Fosbury du javelot tombé dans l'oubli, et pour cause : certes, l'athlète pulvérisa le record de 20 m en 1956 en envoyant l'engin à 100 m, mais il le fit après avoir tournoyé vivement sur lui-même avant de le propulser, à l'instar d'un lanceur de marteau. La technique fut jugée effrayante, calamiteuse même, une lance pointue partant de l'autre côté du stade sans véritable contrôle de sa direction – et on invalida l'exploit, la technique et le record.

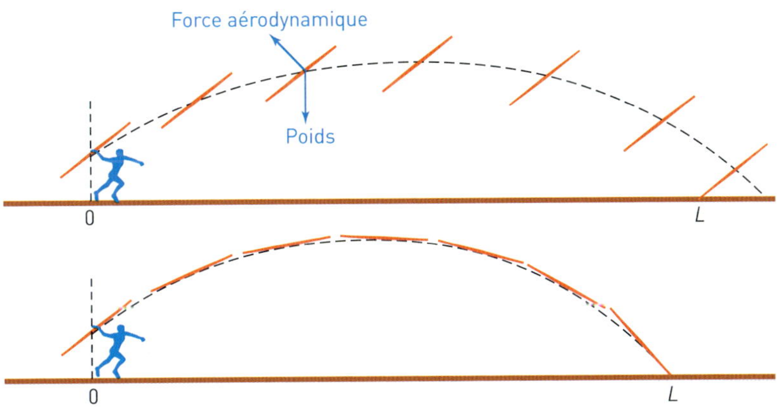

Le jet menaçant

Jusqu'en 1984, un javelot gardait son inclinaison initiale. Sa portée *L* devenant une menace, on décida d'entraver sa course en déplaçant vers l'avant son centre de gravité, le faisant s'incliner à mesure de sa course. Dans cette configuration, les forces aérodynamiques se limitent à une traînée qui s'oppose (mais faiblement, à cause de la forme effilée) au mouvement.

Après le jet menaçant de 1984, les autorités sportives imposèrent un nouveau design au javelot pour contenir le danger que créaient des lancers aussi lointains. Désormais, le centre de gravité de l'engin serait placé 4 cm *en avant* du centre aérodynamique. Son vol est alors nettement modifié : au fur et à mesure de sa course, il s'incline sous l'effet de son poids, s'alignant avec la vitesse, ce qui élimine pratiquement toute portance et réduit donc la portée. En conséquence, l'engin se plante en bout de course, ce qui permet de récupérer une longueur de projectile par rapport au cas où il touche le sol par l'arrière. 2 m gagnés contre une vingtaine perdue par le défaut de portance, on comprend la cassure observée dans la courbe des records à la fin de cette décennie.

On remarque un second accident dans cette courbe, consécutif au jet à 97 m du Finlandais Seppo Räty, fin 1991. Après s'être attaqués à la portance qui faisait planer les javelots, les législateurs s'en prirent cette fois à l'autre composante de la force aérodynamique qu'on appelle traînée, et qui désigne le frottement dans l'air. C'est que la pointe des engins s'était vue creusée d'alvéoles, à la manière des balles de golf, de façon à engendrer ce qu'on appelle une crise de traînée (p. 104) : ce phénomène abaisse le frottement aérodynamique et permet ainsi à la lance d'aller plus loin. Désormais, stipulèrent les autorités, les javelots seront lisses, leur vol ralenti et leur portée moindre. On perdit alors 5 m.

La courbe des records de l'antique *gabul* témoigne donc d'un cas rare où les hommes ont cherché à rendre une arme, certes déjà pacifiée par son usage sportif, plus inoffensive encore. On rêverait qu'il fût exemplaire…

À LA CENTRIFUGEUSE

Le marteau lancé dans les stades diffère principalement de celui avec lequel on enfonce un clou par l'existence d'une poignée ; pour le reste, il a bien un manche et une tête, en l'espèce un câble en acier et un boulet du même métal.

Son usage est toutefois assez différent puisqu'il s'agit de le faire tournoyer au-dessus de soi avant de l'éjecter vers l'horizon. On imagine volontiers ce sport inventé (ou rêvé) par quelque forçat, détachant pour s'évader la manille de son mollet, puis faisant virevolter chaîne et boulet façon lasso, avant de les balancer le plus loin possible et de prendre la fuite dans la direction opposée. Mais on se trompe : c'est une tradition irlandaise qui se perpétue, dit-on, depuis le mythique Cúchulainn. Cette sorte de demi-dieu très costaud était un virtuose du *gae bolga* (une mystérieuse arme à sous-munitions avant la lettre) mais aussi de l'ancêtre de notre engin, une pierre fixée à l'extrémité d'un rayon de roue en bois – un authentique marteau néolithique.

Le marteau et son maître

Lanceur de marteau en action : il tournoie en tenant le projectile à deux mains par une poignée que prolonge un fil d'acier d'1,20 m, au bout duquel est fixé un boulet. L'inclinaison du corps du lanceur lui sert à équilibrer la force qu'engendre la rotation. La centrifugation du boulet autorise le marteau à aller nettement plus loin que le poids, de même masse : un peu au-delà de 80 m chez les hommes et chez les femmes, contre 23 m environ au poids. Dans les deux cas, la masse du projectile diffère selon le genre de l'athlète : 7,26 kg pour les premiers contre 4 kg pour les secondes.

De ce passé épique subsistent des unités anglo-saxonnes, les 16 livres de l'objet (7,26 kg) ou les 7 pieds (2,14 m) du diamètre de l'aire de lancement, et l'ascendance irlandaise de sept des huit premiers médaillés d'or d'une discipline présente aux Jeux dès 1900. Il s'est écoulé ensuite un siècle pour que les femmes soient enfin autorisées à concourir, avec un boulet de 4 kg ; le Celte s'étant dissous dans l'eau du Temps, ce sont principalement les Polonaises qui se sont illustrées, remportant quatre des six concours olympiques à ce jour.

Le marteau a la masse du poids, mais le câble de l'un amplifie sa vitesse d'éjection et le propulse à quatre fois la distance de l'autre, autour de 23 m pour le poids et de 82 m pour le marteau – pour ce dernier nettement au-dessous du record masculin d'environ 87 m établi en 1986, au crépuscule de 30 ans de domination soviétique de la discipline. On imagine ces athlètes dopés par la force du symbole et potentiellement tout aussi brillants au lancer de la faucille, jusqu'à ce que le Rideau (de fer) retombe sur leurs prouesses.

Petits et lourds, les boulets sont quasi insensibles au frottement de l'air, si bien que leur portée L est déterminée par une trajectoire galiléennement parabolique. En donnant au projectile un angle de départ de 45° et en notant V sa vitesse initiale et g l'accélération de la pesanteur, la formule très simple qui exprime la portée est $L = V^2/g$. Si un facteur de l'ordre de 4 distingue la distance à laquelle ils retombent, c'est qu'un marteau part environ 2 fois plus vite qu'un poids, grâce à son bras de levier. Alors que disque et javelot sont 4 et 6 fois moins lourds, respectivement, on trouve pourtant le martel en tête (en termes de distance) des objets que lancent les femmes, tandis que, chez les hommes, seul le javelot va plus loin.

Raffinons un peu : la formule pour la portée suppose que l'objet part du sol, ce qui n'est pas le cas. Sa hauteur initiale h est de l'ordre de la taille de l'athlète, si bien qu'il ira plus loin que ce que prédit cette première formule. On l'amende très simplement si l'angle de départ reste 45° : il suffit de lui ajouter h. Il s'agit là d'une correction petite pour le marteau ($h \ll L$), mais non négligeable au poids, impliquant qu'on y aura intérêt à diminuer un peu (de quelques degrés) l'angle de départ, une trajectoire plus tendue tirant mieux parti de la hauteur initiale. Pour le marteau, de portée très supérieure, l'angle optimal reste très proche de 45°.

Dans la *Parabole de la loi*, au neuvième chapitre du *Procès* de Franz Kafka, il est question de porte infranchissable. *La loi de la parabole*, $L = V^2/g$, est plus optimiste puisqu'elle indique que tout peut se franchir : il suffit d'augmenter la vitesse à laquelle on envoie le boulet. Principalement acquise par le mouvement du bras et limitée à environ 15 m/s au poids, la vitesse au marteau s'obtient par une succession de rotations du corps qui permet une éjection à environ 28 m/s, soit à peu près 100 km/h. Le

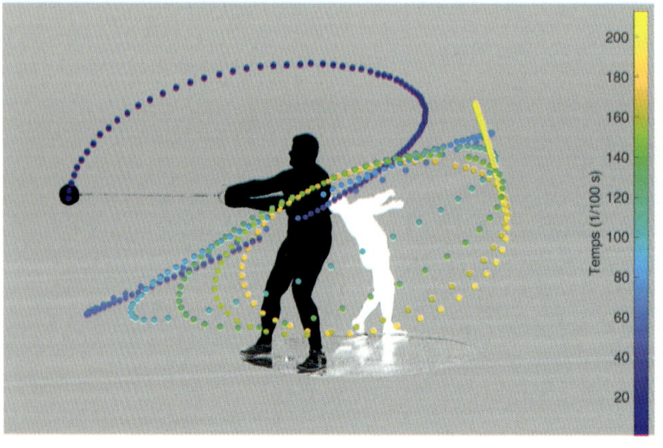

Les volutes du marteau

Lanceur de marteau, noir au début, blanc à la fin et les positions successives de son boulet, toutes les 5 ms. Après un tour de chauffe (en bleu foncé), il augmente progressivement la vitesse de l'engin en tournant sur lui-même, jusqu'à l'éjection (positions jaunes).

lanceur saisit la poignée à deux mains et, placé à l'extrémité du plateau de 7 pieds, commence par effectuer quelques moulinets, tel Cúchulainn avec son arme, pour mettre le câble en tension ; puis il enchaîne, en accélérant, 3 ou 4 tours sur lui-même avec un mouvement de torsion bassin/épaule, chaque pied lui servant alternativement d'appui, tout en avançant sur le plateau – jusqu'à lancer son projectile avec un cri libérateur.

Comme une hélice

Vue aérienne des positions successives du marteau (on le reconnaît par le câble tendu et le boulet terminal) quand le lanceur est dans sa phase de rotation rapide qui se termine par l'éjection de l'engin dans la direction marquée par la flèche verte. Les chiffres dénombrent les tours que l'athlète a faits sur lui-même.

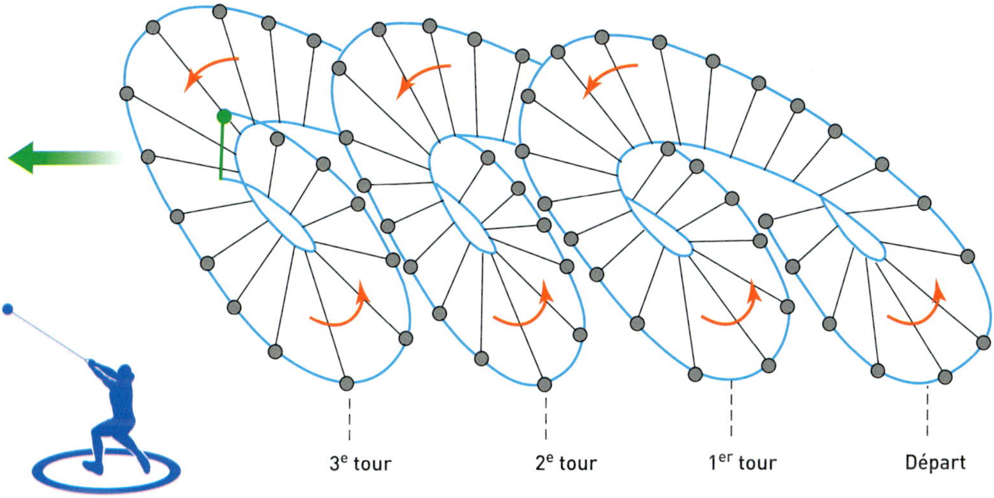

La longueur R du levier est la somme de celles des bras et du câble, tous deux tendus dans l'exercice, soit 2 mètres. On déduit de la vitesse d'éjection une rotation $V/2\pi R$ de l'ordre de 2 tours par seconde. Il s'agit donc de pivoter très vite sur soi-même, à petits pas tournants, comme dans une danse endiablée – ce qui exige un équilibre et une coordination extrêmes. La trajectoire du marteau, pendant ce temps, vue de dessus, fait comme une hélice d'escalier vue de côté et dont les marches seraient ses positions successives – une figure admirable qui témoigne de la maîtrise du geste.

La montée en puissance de l'engin est plus manifeste quand on mesure la force qui agit sur l'athlète pendant qu'il fait tournoyer son arme. Sur le graphe qui suit, on a divisé cette force *F* par l'accélération *g* de la pesanteur, de façon à en avoir un équivalent en kilogrammes. On montre ses variations en fonction du temps, dont l'origine est fixée au moment où le boulet s'envole – les couleurs correspondant à trois essais successifs. *F* croît avec le temps et elle est rythmée par des oscillations liées à l'inclinaison du plan dans lequel le marteau tourne : le poids tire sur le câble en bas de course alors qu'il le détend en haut de la trajectoire, le lanceur tirant parti du creux de force pour réaccélérer le boulet.

La force croît d'abord lentement, durant ces tours de chauffe où l'athlète met son marteau en tension, puis beaucoup plus vite, dans la phase de rotation rapide qui précède le lâcher. La coordination est parfaite puisque l'engin part au maximum de *F*, donc au maximum de la vitesse. En effet, la force est centrifuge,

La force est contre lui

Force au niveau de la poignée d'un marteau en fonction du temps ; le temps *t* = 0 est choisi à l'envol de l'engin et la courbe montre les 10 secondes qui précèdent le jet. Elle illustre la montée en puissance du boulet, une croissance marquée par des oscillations à chaque tour que le lanceur fait faire à sa fronde. L'art est de lâcher l'engin au maximum de la force, la portée du lancer lui étant proportionnelle. Les couleurs distinguent trois essais successifs.

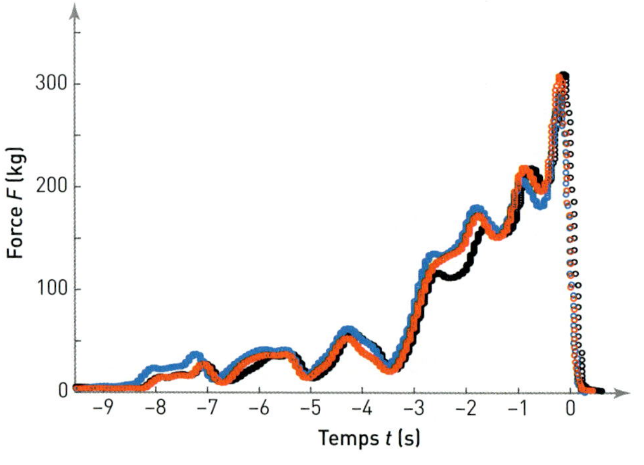

cet effet qui nous chasse vers la droite dans une voiture qui tourne à gauche, ou qui essore (à 100 km/h !) nos vêtements dans une machine à laver. Elle s'écrit $F = MV^2/R$, en notant R le rayon de la trajectoire. On en déduit la vitesse d'éjection, $V = (FR/M)^{1/2}$, et, via la loi de la parabole, la portée du lancer, $L = FR/Mg$, où F, seule quantité sur laquelle le lanceur peut jouer, est fixée par la vitesse de rotation. Pour les 3200 N de la figure et pour $R \approx 2$ m et $M \approx 10$ kg (les bras comptent aussi), on obtient de la première formule une vitesse V de 26 m/s, proche de celle relevée dans les stades.

La dynamique de l'athlète est donc cruciale, ce qui explique que les lanceurs de marteau soient moins lourds d'une quinzaine de kilos que ceux du poids (moyenne calculée sur les trois dernières olympiades). Certes, ces derniers accroissent aussi l'efficacité de leur jet en tournant sur eux-mêmes, mais c'est surtout la vitesse du bras qui détermine, pour 80 %, la portée du boulet. Pour autant, on reste solide au marteau, avec des champions de 92 kg pour les femmes et de 115 kg pour les hommes en moyenne. C'est même indispensable quand on lit la valeur du maximum de force sur la courbe : ce sont entre 300 et 350 kg, la masse d'une enclume, que le marteau impose aux lanceurs au moment du lâcher, menaçant de les entraîner avec lui – ce qui arrive d'ailleurs parfois. Ils résistent par leur masse, mais aussi en s'inclinant en arrière durant toute la phase de rotation pour contrer cette force monstrueuse : le cri poussé au moment de l'envol est sans doute surtout de soulagement ! On peut vraiment dire qu'ils se libèrent alors d'un sacré poids…

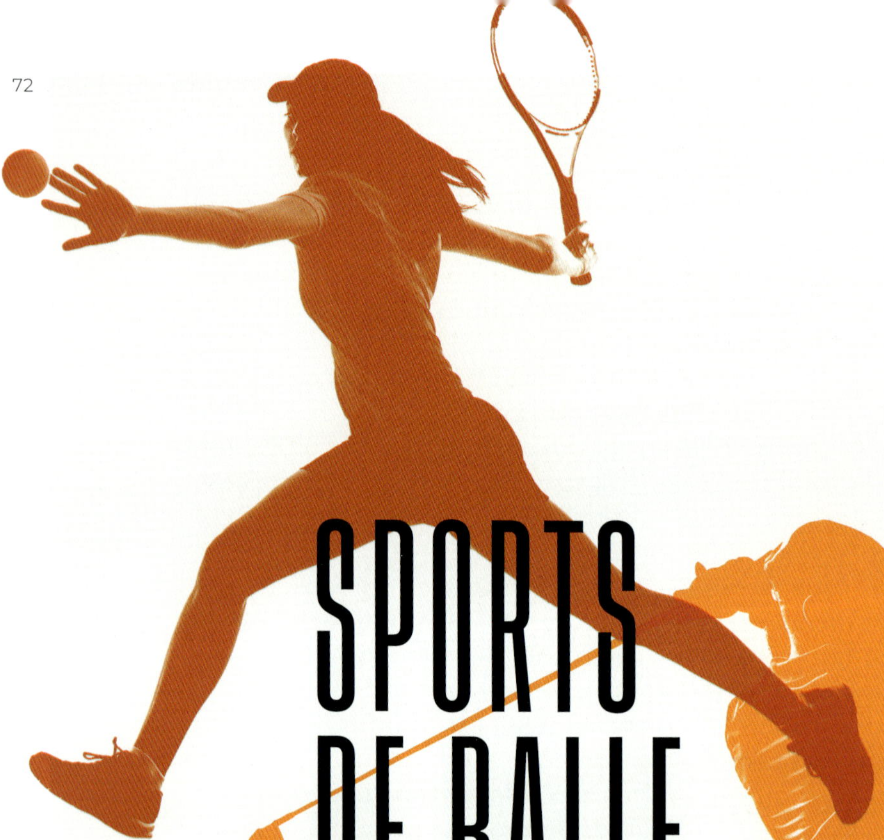

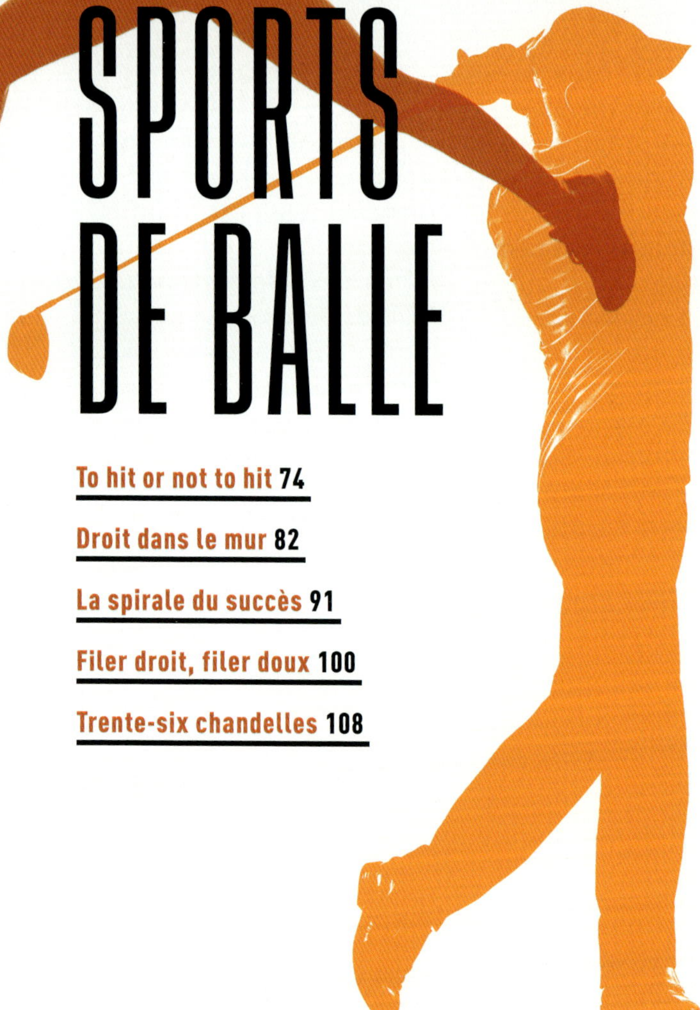

SPORTS DE BALLE

TO HIT OR NOT TO HIT

Un grand nombre de sports reposent sur un projectile, auquel il s'agit souvent d'imprimer la plus grande vitesse possible.

La distance parcourue par un javelot n'augmente-t-elle pas comme le carré de la vitesse à laquelle on le projette ? Et le tennisman capable de servir à plus de 200 km/h ne possède-t-il pas une arme redoutable ? Comme le montrent ces deux exemples, le projectile peut être lancé (à la main) ou frappé (avec une raquette), et l'on note sans grande surprise que les vitesses engendrées par un lancer, des 15 m/s du handball aux 30 m/s du marteau, sont toujours inférieures à celles obtenues en frappant, des 32 m/s du tennis de table aux 91 m/s du golf, sans oublier bien sûr les exorbitants 157 m/s du badminton – plus de 550 km/h !

Sophie Volland ?

On jouait déjà au jeu de volant à la cour de François Ier : on parlait alors de *coquantin*, à cause des plumes qui l'ornaient, de *grièche* ou encore de *picandeau*, si c'était la pie plutôt que le coq qui fournissait la matière. Sur ce tableau de Chardin de 1737, *La Fillette au volant*, on devine que la raquette est moins souple qu'aujourd'hui, n'autorisant pas l'effet de flexion qui accélère le volant.

Dans le lancer, la vitesse initiale du projectile est celle de la main, qui est limitée par la capacité des muscles à produire un mouvement rapide. Certes, on l'augmente en utilisant la rotation du corps (stratégie utilisée au poids, au disque et surtout au marteau), mais la vitesse reste en deçà d'environ 20 m/s, sauf au marteau, où elle est amplifiée par le câble de plus d'un mètre qui relie le boulet d'acier à la poignée tenue par le lanceur (p. 66).

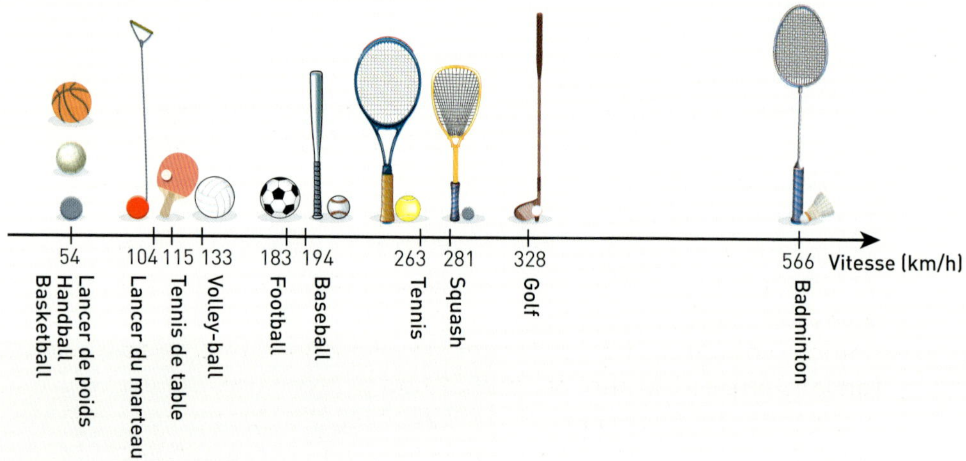

Vitesse des balles

Vitesse *v*, exprimée en kilomètres par heure, de balles, de ballons ou de volants dans divers sports « à projectile », tous olympiques ou presque.

Frapper une balle est très différent, car on tire alors parti de son élasticité. La frappe se fait avec un impacteur, la main nue au volley-ball, le pied au football, une raquette ou un club au tennis ou au golf. La vitesse *v* du projectile après impact est déterminée par une loi énoncée par René Descartes et Christian Huygens au XVIIe siècle : la conservation de la quantité de mouvement. Cette impulsion, l'autre nom de cette grandeur, est le produit de la masse par la vitesse, et elle se conserve lors d'un choc, ce qui peut être exploité pour calculer la vitesse *v*. Les mathématiques régissant ce problème étant plutôt simples, nous choisirons dans ce chapitre d'établir quelques formules ; le lecteur sensible à ce type de traitement pourra se munir d'un stylo, tandis que celui qui l'est moins poursuivra néanmoins sa marche, indifférent aux petits cailloux (*calculus*, en latin) jetés sur le sentier.

Si la balle est immobile, la quantité de mouvement avant impact implique seulement l'impacteur, de masse M et de vitesse V : elle vaut par définition MV. Après impact, la vitesse de l'impacteur est devenue V', tandis que la balle, de masse m, a acquis une vitesse v que nous souhaitons déterminer. La conservation de la quantité de mouvement, $MV = MV' + mv$, est insuffisante pour trouver v, puisque la vitesse V' est également inconnue. Il nous faut ajouter une information sur la nature du choc, qui peut être plus ou moins élastique.

La différence de vitesse entre projectile et l'impacteur, qui est V avant le choc, devient $v - V'$ après. Le rapport de ces deux quantités, $e = (v - V')/V$, définit l'élasticité du choc : c'est un nombre compris entre 0 et 1, dont les valeurs extrêmes caractérisent respectivement les chocs mou et élastique. Dans le premier cas ($e = 0$), on a $v = V'$, qui nous dit que le projectile reste « collé » à l'impacteur. Cette situation, peu enviable, serait celle d'une balle sculptée dans du beurre qu'on taperait avec une raquette de ping-pong. Dans le second cas ($e = 1$), on a $v = V + V'$, relation qui indique que le choc a conservé l'énergie cinétique : est élastique un choc sans perte d'énergie. C'est là un cas nettement plus favorable, puisqu'on prévoit une vitesse initiale de projectile v supérieure à V – et qui, potentiellement, pourrait même atteindre la valeur $2V$, si l'impacteur garde sa vitesse après l'impact ($V' = V$).

En tirant de la définition de e une expression pour V', on introduit cette dernière dans la loi de conservation de la quantité de mouvement et on trouve ce que l'on cherchait : la vitesse du projectile, $v = V(1 + e)/(1 + m/M)$. En toute logique, v croît à la fois avec la vitesse V de l'impacteur et avec le coefficient d'élasticité e.

L'impacteur et l'impacté

Un impacteur (en gris) qui frappe à vitesse V une balle au repos aura après le choc une vitesse V' inférieure à V : de l'énergie a été communiquée à la balle qui part à vitesse v, la quantité qui nous intéresse dans ce chapitre. Si M est la masse de l'impacteur, l'impulsion totale sur l'image de gauche est MV. Et si m est la masse du projectile, l'impulsion à droite est $MV' + mv$.

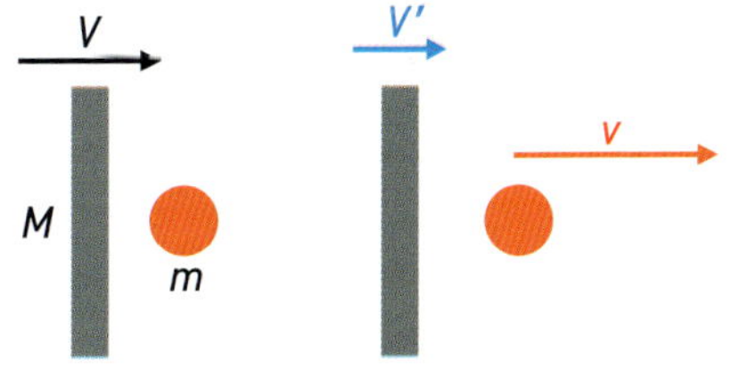

Mais cette vitesse dépend aussi des masses m et M. Si l'impacteur est beaucoup plus léger que le projectile ($M << m$), v tend à s'annuler. Taper un objet très lourd avec un impacteur léger ne produit rien de bon – on n'a évidemment jamais vu quiconque, dans un concours de lancer de poids, frapper le boulet à la façon d'un ballon de volley.

De fait, les impacteurs ont toujours une masse nettement supérieure à celle du projectile ($M >> m$). Notre formule, dans

The swirl of the swing

Dans cette chronophotographie de Harold Edgerton en 1938, on observe que le déplacement d'une balle de golf entre deux images successives (flèches vertes) est le double de celui du club (flèches rouges) : le projectile part à deux fois la vitesse de son impacteur.

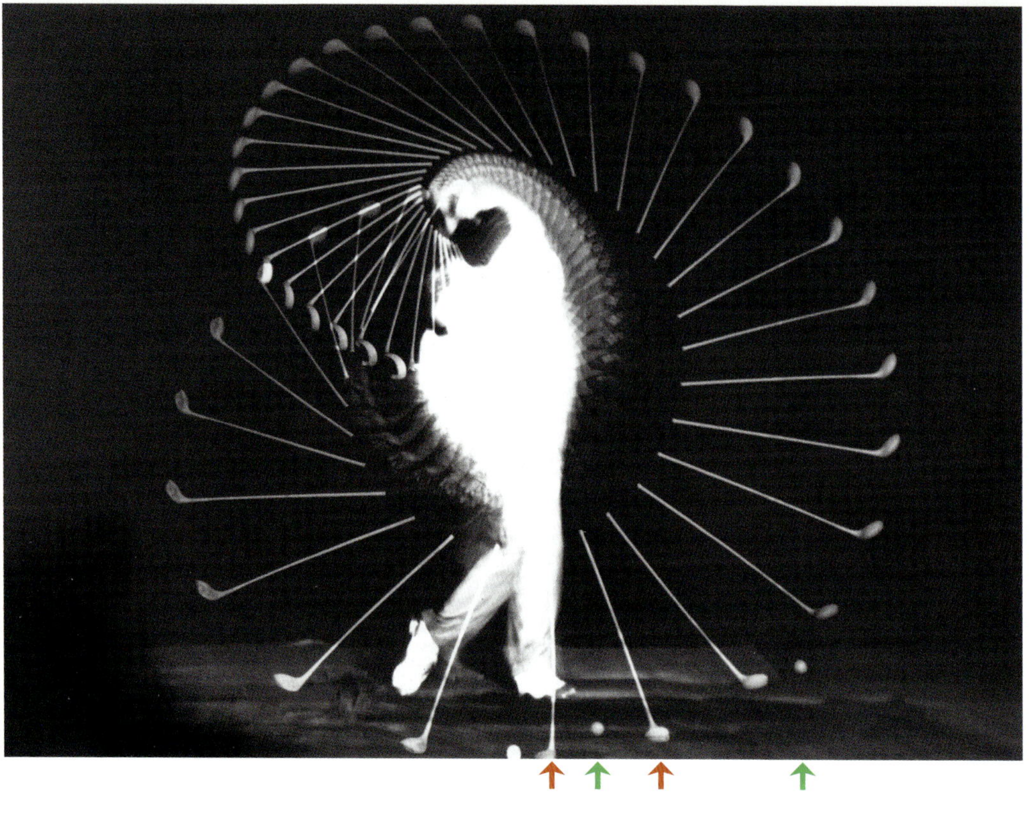

cette limite, devient merveilleusement simple (enfin! se réjouit le lecteur fatigué de cette avalanche d'équations). Jugez plutôt : $v = (1 + e)V$. La nature du choc est donc essentielle. Quand il est mou ($e = 0$), on retrouve bien la situation lamentable où le projectile se colle à l'impacteur : on a alors à la fois $V' = V$ et $v = V$; dans la limite opposée ($e = 1$), on prévoit qu'un choc élastique donne au projectile une vitesse qui double celle de l'impacteur, $v = 2V$. Une formule extraordinaire! Une balle de tennis frappée à 100 km/h par la raquette part à 200 km/h… Ce mécanisme d'amplification est évidemment favorable pour qui cherche à maximiser la vitesse du projectile. On l'observe directement sur les célèbres chronophotographies d'Harold Edgerton dans les années 1930. Ce professeur au MIT, commenté par Roland Barthes et collectionné par le MoMA à New York, a montré qu'une balle de golf, de tennis ou de base-ball part en effet environ deux fois plus vite que la tête du club, de la raquette ou de la batte qui la heurte.

Même pour des chocs un peu moins élastiques, frapper est en général avantageux par rapport à lancer, en termes de vitesse. Et nos raisonnements suggèrent que c'est surtout le rapport m/M des masses projectile/impacteur qui détermine la frontière entre les deux modes de propulsion. Ce rapport se calcule en considérant la masse de la raquette pour les sports qui en utilisent une, et celle de la main et de l'avant-bras pour le volley-ball ou le handball. Il varie presque d'un facteur 1000 du tennis de table au marteau : quand le rapport m/M est faible, on frappe (sports indiqués en rouge); mais au-delà d'une valeur seuil de ce rapport, on lance (sports notés en bleu). La frontière est attendue autour de $m/M = e$, un nombre certes variable en fonction du sport mais en général légèrement inférieur à 1.

Le diagramme qui suit classe donc rationnellement les sports de balle en fonction de leur technique de propulsion. Lancer ou frapper? Il suffit de connaître le nombre m/M. Et si l'épreuve du lancer de poids consistait à envoyer le plus loin possible un ballon

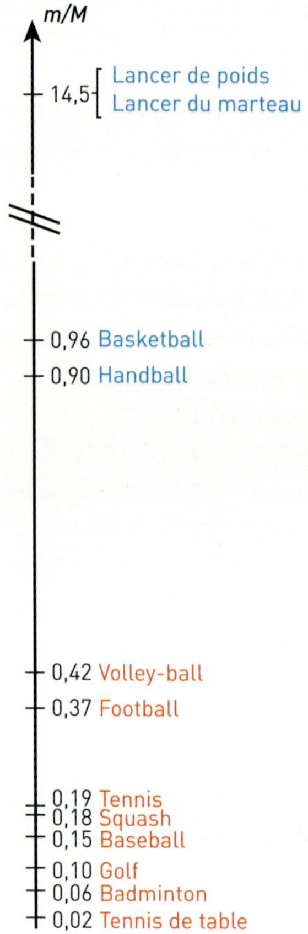

Frapper/lancer

Classification des sports à projectile, fondée sur le rapport entre les masses *m* et *M* du projectile et de l'impacteur – une raquette, un bras ou une jambe. Tous les sports où l'on frappe (en rouge) sont à faible rapport *m/M*, tandis que les lancers (en bleu) apparaissent en haut du diagramme.

de volley-ball ou une balle de ping-pong plutôt qu'un boulet, les athlètes les frapperaient avec un bras tendu comme une batte.

Avoir un projectile léger et un choc élastique sont donc deux règles pour booster balles et ballons. Il convient alors que l'impacteur soit le plus rapide possible, la vitesse du projectile lui étant proportionnelle. Les limites musculaires de rotation de l'avant-bras grâce à l'effet de la frappe permettent d'atteindre au tennis de table ou au volley-ball, par exemple, des vitesses de projectile de l'ordre de 30 m/s, environ 100 km/h. En doublant la longueur du bras, battes ou raquettes font encore gagner un facteur 2 sur cette vitesse. Et le club de golf, plus long encore, nous amène à 90 m/s, condition pour atteindre l'autre extrémité d'un *fairway* de 200 m...

On reste loin, toutefois, de la vitesse d'un volant de badminton. Pour comprendre cette extravagance, observons à la caméra rapide la raquette au moment où elle va frapper. Le manche, long et fin, donc flexible, se courbe alors nettement. Du fait de son inertie propre, la tête de la raquette est au début du mouvement en retard par rapport au déplacement du poignet, un retard qu'elle rattrape ensuite grâce à la détente du manche. La raquette étant conçue de façon que cela soit synchrone avec le mouvement du bras, le tamis attaque le volant avec une vitesse environ deux fois supérieure à ce qui se passerait avec un manche rigide. Voilà pourquoi le volant part à peu près deux fois plus vite qu'une balle de tennis, rendant possible une vitesse après impact supérieure à 500 km/h. Non moins impressionnante est ensuite la décélération du volant, très léger et de ce fait fortement freiné par l'air, donnant au badminton ce mélange de violence et de douceur qui n'appartient qu'à lui. Un gant de velours sur une main de fer...

De l'avantage d'être souple

Chronophotographie d'une raquette de badminton au moment où elle frappe un volant. Du fait de sa grande flexibilité (comparée à celle d'une raquette de tennis, par exemple), la raquette se courbe à l'approche du volant, mais elle est plane au moment de l'impact, montrant qu'à la vitesse du bras s'ajoute celle de la raquette elle-même : ce phénomène double la vitesse de l'impact.

DROIT DANS LE MUR

La science moderne est née avec Galilée (1564-1642), dans une époque de bouleversements portés par ses quasi-contemporains Shakespeare, Caravage et Monteverdi.

C'est d'abord parce que Galilée sut découvrir un lien entre observation physique et modélisation mathématique, alors que les mathématiques étaient et restent souvent perçues comme une abstraction déconnectée de la réalité. Sa (deuxième) phrase la plus célèbre, qu'on lit dans *Il Saggiatore* (1623), le condense admirablement : *il Libro della natura è scritto nella lingua della matematica*. Exemple emblématique de sa proposition : Il démontre qu'un objet lancé dans l'air suit un morceau de parabole, cette courbe décrite mathématiquement par Archimède et Apollonius de Perge bien avant qu'elle ne soit identifiée et utilisée dans le monde réel – de nos jours, profil de miroir de télescope et de phare de voiture, ou forme de l'arche centrale du viaduc de Garabit et des câbles du pont du Golden Gate à San Francisco, notamment.

Comme l'illustre la chronophotographie ci-dessous, la trajectoire d'un ballon de basket est bien parabolique. Ces photos en rafale, où les images sont séparées de 40 ms, comme dans un film usuel à 25 images par seconde, mettent en évidence quelques caractéristiques de cette courbe, en particulier sa symétrie : on ne sait pas si le ballon a été lancé de gauche à droite ou à l'inverse. Quant à la mathématisation de l'affaire, elle est presque élémentaire (ouf, pense le lecteur, qui en déduit à raison qu'on va la lui épargner). Le résultat le plus connu de la formule à laquelle on aboutit concerne la portée L du tir, qui vaut 2,4 m sur la figure : pour un angle de départ fixé (ici 75° par rapport à l'horizontale), L croît comme le carré de la vitesse, comme nous

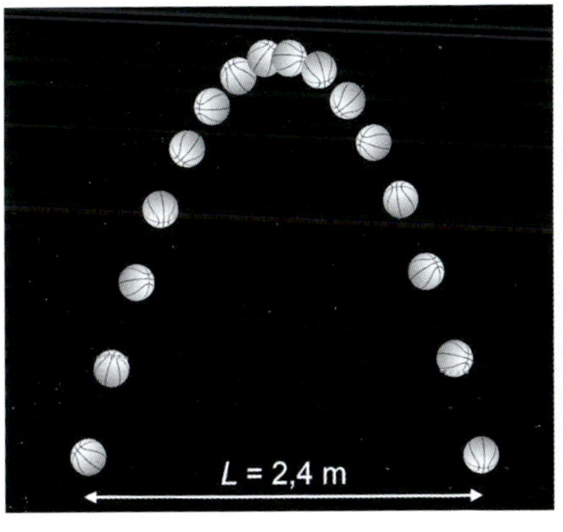

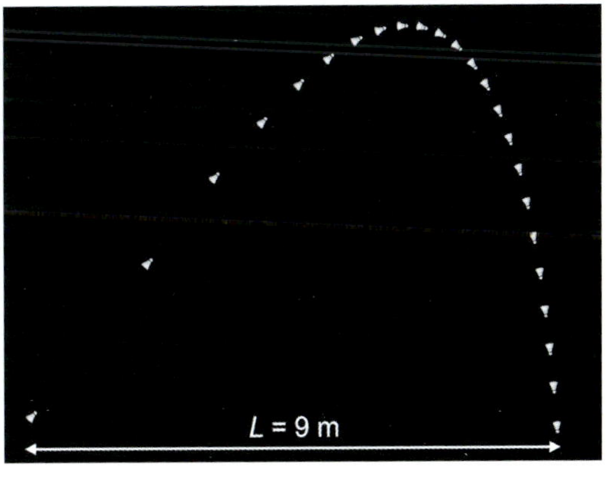

Galiléen ou tartagliesque

Deux chronophotographies : 1) Un ballon de basket lancé à 15 m/s vers la droite avec un angle de départ de 75° par rapport à l'horizontale. 2) Un volant frappé à 58 m/s dans la même direction avec un angle de 60°. Les trajectoires sont très différentes : parabole galiléenne pour le ballon, pseudo-triangle de Tartaglia pour le volant.

l'avons déjà évoqué ; et à vitesse donnée, la portée est maximale pour un angle de 45°, discuté en marge des prouesses de Bob Beamon (p. 23). Cette valeur traduit un découpage de poire en deux : un tir vertical a certes une trajectoire plus longue en temps mais il retombe sur lui-même, tandis que le tir horizontal va dans la bonne direction, mais trouve très vite le sol.

Feu !
Image de *L'Art mathématique et mécanique le plus nécessaire lié à l'architecture, divisé en trois livres distincts* de Walther Ryff (Nuremberg, 1558), où sont intégrés des schémas balistiques de la *Nova Scientia* de Niccolò Tartaglia (Venise, 1537). La trajectoire d'un projectile rapide freiné par l'air suit, selon Tartaglia, un chemin qui a peu à voir avec la parabole que décrira Galilée. La courbe du projectile est décomposée (et simplifiée) en une ligne droite, une portion de cercle et une verticale – qui illustre le « mur » décrit dans ce chapitre.

Ce calcul résulte de l'équilibre entre inertie et poids de la balle – rien d'autre, secret de sa simplicité. On y néglige en particulier le rôle de l'air, ce qui est parfois légitime (marchant, on n'a pas le sentiment que notre effort consiste à brasser l'atmosphère), mais pas toujours (l'avant-bras sorti par la fenêtre d'une voiture sur l'autoroute éprouve une forte résistance) : c'est la vitesse des projectiles et aussi, de façon un peu plus subtile, leur masse qui décident si l'air compte.

Dans le monde sportif, le projectile qui a la plus exemplaire combinaison de vitesse et de légèreté est le volant de badminton, objet idéal pour montrer ce que peut devenir la parabole galiléenne. La chronophotographie de droite, p. 83, est éloquente : la course d'un volant est loin d'être symétrique, avec une phase de montée rectiligne suivie d'une redescente presque verticale, nous faisant pressentir une portée bien moindre que celle d'une parabole. La portée parabolique s'écrit $L = V^2/g$ pour un angle initial de 45°, le carré de la vitesse du projectile sur l'accélération de la pesanteur, et elle vaut 1 km pour un volant frappé avec force ($V = 100$ m/s). Un kilomètre ! Qui a vu un volant franchir une telle distance ? (*Moi !*, répond cependant celui qui a fait l'expérience dans le vide…) Ce qu'on observe en pratique, c'est une portée de l'ordre de 10 m, cent fois inférieure au kilomètre théorique ; en outre, elle dépend très peu de la vitesse, au lieu du carré galiléen : nous avons beau frapper, frapper plus fort, nous y épuiser, c'est à peine si le volant (bien mal nommé) va plus loin, comme si l'air avait édifié un mur qui le bloque.

L'image n'est pas si fausse : la chronophotographie montre que le volant décélère très vite dès les premiers instants, la distance entre deux positions successives du projectile se réduisant d'environ 50 % à chaque cliché. Le fait que la trajectoire soit alors rectiligne implique que le poids est négligeable devant le frottement de l'air. Puis le volant s'arrête, ou quasiment, si bien que le poids devient la force dominante, le faisant retomber presque à la verticale. Alors qu'on pourrait imaginer qu'elle a corrigé la description de Galilée, cette trajectoire a été décrite presque cent ans auparavant, en 1537, par le génial Niccolò Tartaglia (*le Bègue*), qui s'intéressait à la balistique et à la portée des armes à feu, aux projectiles certes plus lourds mais bien plus rapides, donc soumis eux aussi à l'action alentissante de l'air. Tartaglia sera cité avec le respect qu'on lui doit par l'oncle Tobie, dans *Vie et opinions de Tristram Shandy, gentilhomme*, l'extraordinaire roman que Laurence Sterne publia en neuf volumes à partir de 1759 – il mérite sa place dans ce livre unique.

Quel est le critère qui fera qu'un projectile aura telle ou telle trajectoire ? Il suffit pour le savoir de placer l'objet dans un jet d'air vertical montant et de mesurer la vitesse du jet pour qu'il lévite. Elle vaut par exemple 7 m/s pour un volant et 32 m/s pour un ballon de basket. Si le projectile va sur le terrain sportif plus vite que cette valeur (c'est toujours le cas pour le volant, jamais pour le ballon de basket), c'est Tartaglia qui s'impose ; sinon, c'est Galilée – conformément à la première figure de ce chapitre.

Un argument simple permet d'évaluer la portée d'un projectile tartagliesque de masse M. La résistance que l'air lui oppose s'écrit $\rho S C_D V^2$, où ρ est la masse volumique du gaz (1,2 kg/m^3), S la section du projectile, et C_D son coefficient aérodynamique, qui est d'ordre 1 pour les balles ou les volants. Autre héros de cette histoire, Newton montra, cinquante ans après Galilée, que la dynamique des corps résulte de l'égalité entre la force qui s'applique sur eux et le produit de leur masse par leur accélération. Un volant et tout autre projectile léger (une balle de ping-pong, un ballon de football ou de volley-ball) lancé à vitesse V s'arrête sur une longueur L, donc en un temps L/V, si bien que sa décélération V/t s'écrit aussi V^2/L. On déduit ainsi de l'équation de Newton, $MV^2/L \sim \rho S V^2$, une distance d'arrêt $L \sim M/\rho S$. Pas d'angle dans cette formule, parce que nous avons équilibré les forces le long de la trajectoire : la portée s'obtiendrait en projetant cette longueur sur l'horizontale, impliquant le cosinus de l'angle donné au projectile. Cela ne change pas l'ordre de grandeur du résultat, qui est d'environ 5 m pour un volant (M = 5 g, S = 10 cm^2) : un peu moins que les 10 m observés, mais avec le bon ordre de grandeur, comme on l'attend d'une loi d'échelle.

Pas de vitesse non plus, ce qui est évidemment stupéfiant à première vue : si on tape très fort, on s'attend à aller très loin, mais non, puisque la résistance de l'air, sensible au carré de la vitesse, devient elle-même colossale. Quand on a établi la formule pour L, la quantité V^2 est apparue à la fois dans le frottement et dans l'écriture de l'inertie, se simplifiant donc. On peut d'ailleurs

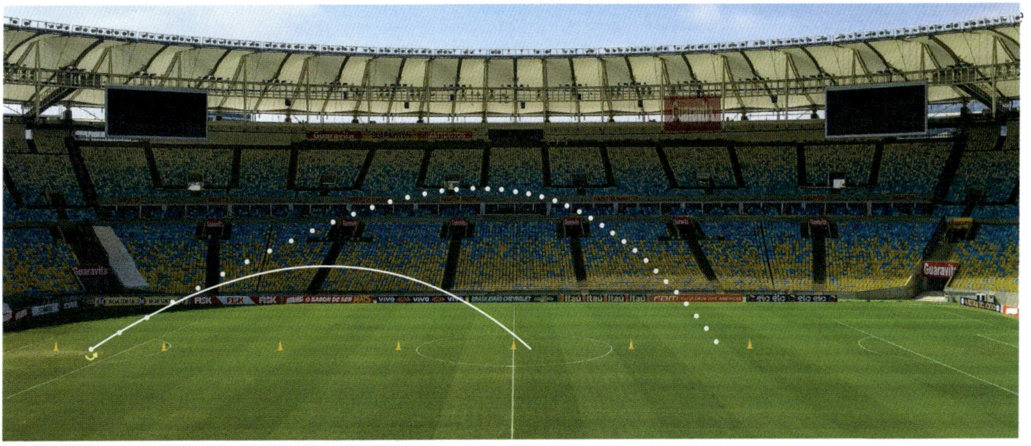

Sauter le mur

Chronophotographie d'un dégagement au football, avec un temps de 1/10 s entre deux images. Les plots au sol sont distants de 10 m. L'asymétrie de la trajectoire du ballon renvoie à Tartaglia et à son mur. Une observation plus attentive montre néanmoins que c'est un cas où ce mur a été franchi : le gardien a frappé le ballon par en-dessous, lui donnant de la rotation (*backspin*) comme indiqué par la flèche jaune. En comparant la trajectoire à celle d'un ballon sans *backspin* (trait plein), on constate que la rotation a accru la portée du dégagement d'une quinzaine de mètres.

purifier encore un peu plus la formule dans le cas d'une sphère, dont nous écrivons en loi d'échelle le volume R^3 et la surface R^2 ; si ρ_o est la masse volumique du ballon ou de la balle, on a $M \sim \rho_o R^3$, si bien que la formule devient $L \sim \rho_o R/\rho$. On peut ainsi comparer la portée d'une balle de ping-pong et d'un ballon de football de densités semblables (par rapport à l'air, on a en effet $\rho_o/\rho \approx 80$) : la première ira à quelques mètres contre quelques dizaines de mètres pour le second, valeurs conformes à notre expérience…

Splendeur (réelle) et misère (relative) des lois d'échelle ! Splendeur : la loi nous explique ce fait tellement surprenant pour le galiléen zélé qu'un volant ou une balle de ping-pong semblent se heurter à un mur invisible – édifié à la distance L avec d'évanescentes briques d'azote jointoyées à l'oxygène. Une fois ce mur atteint, la balle n'a pas d'autre choix que de tomber, expliquant la trajectoire quasi triangulaire dessinée par Tartaglia. Misère : il faut résoudre complètement le problème (c'est plus ardu) pour disposer d'une formule exacte de la portée L, et non plus d'un ordre de grandeur. Le calcul confirme la loi d'échelle, mais la précise : on retrouve la longueur $\rho_0 R/\rho$, mais multipliée par une fonction croissant comme le logarithme de la vitesse – de toutes les fonctions mathématiques usuelles, la plus lente. Rappelons-nous que le logarithme décimal d'un très grand nombre est (environ) le nombre de chiffres qu'il contient, si bien que celui d'un million et celui d'un milliard ne diffèrent que de trois unités : cette fonction est en effet *très* paresseusement croissante...

Notre mur est donc à peine ébréché par cette remarque, disons seulement qu'il fait partie de la variété rare des murs logarithmiquement mous. Et il ne sert donc à rien de s'échiner à travailler sa force de frappe, le ballon n'y gagnant que d'hypothétiques, infimes quantités de terrain. Il vaut mieux percer le mur avec un *backspin* (ou coupé), qui portera une balle au-delà de ce que nous avons évalué par des raisonnements où la rotation était absente ; à l'inverse, l'effet contraire, le *lift*, sera privilégié dans les cas où le mur est au-delà de la taille du terrain, comme au tennis, pour empêcher la balle d'en sortir (p. 94).

Parvenus à ce stade, on peut se demander quel angle conduit à la portée la plus grande : les 45° de Galilée, qui se fondaient sur une parabole symétrique, n'ont plus de raison d'être, et une réponse précise à la question demande un calcul élaboré. Mais on devine que cet angle sera plus petit que 45° : le frottement ralentissant les balles, il faut rechercher des trajectoires plus tendues où le projectile passera moins de temps dans l'air. En pratique, ces angles optimaux dépendent du sport : 36° pour le foot ou le volley, 31° pour le ping-pong et seulement 22° pour le badminton : plus la trajectoire du projectile est tartagliesque plus on s'écarte des 45° de Galilée.

Tout étant connu, des caractéristiques de la balle à la vitesse qu'on peut lui donner en passant par l'angle optimal de lancer, on calcule pour chaque sport la portée maximale du projectile. On trouve ainsi qu'un volant ne dépassera pas 14 m, contre 75 m pour le

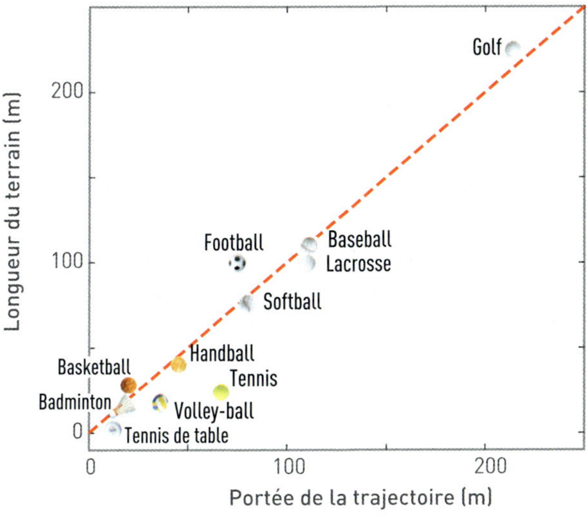

Tout-terrain
Pour un certain nombre de sports, la longueur du terrain ressemble à la portée maximale qu'on peut donner au projectile.

ballon de football et 215 m pour la balle de golf. Or il est troublant que ces trois distances ressemblent à la longueur des terrains de ces sports, suggérant que l'existence du mur est au cœur même de leur pratique, dessinant autour d'eux une sorte de cage invisible.

Au football, par exemple, on comprend qu'il est nécessaire, pour l'intérêt même du jeu, que la portée du ballon (75 m) soit comparable mais un peu plus petite que la longueur du terrain (100 m) : il serait fastidieux que les joueurs mettent des heures à rejoindre le but adverse, comme dans *Olive et Tom*. De même, le golf sur d'interminables *fairways* nous ferait périr d'ennui. En ajustant le terrain au mur aérodynamique, on crée un sport où quelques gestes seulement peuvent conduire à une action décisive.

À l'inverse, un terrain trop petit produirait un sport de peu d'intérêt, le golfeur professionnel mettant systématiquement sa balle dans le trou en un seul coup et le footballeur tirant au but comme un forcené, sans le moindre schéma tactique, d'où qu'il se trouve, y compris de la cage adverse. Le badminton, le football, le golf, le basketball et le handball sont cinq sports, galiléens pour les deux derniers, tartagliesques pour les trois autres, où la taille du terrain se compare à la portée des balles,

Seule la hache n'y est pas olympique

La bataille d'Hastings fut une étape cruciale dans la conquête normande de l'Angleterre en 1066. Les armes y étaient des lances, des haches ou des épées, dont la portée impose pratiquement le corps à corps, ce qui réduit la taille du champ de bataille en concentrant les belligérants. Seul un arc fait exception à cette remarque – et l'habit de l'archer en témoigne : la portée de son arme (quelques dizaines de mètres) l'autorise à ne pas être protégé par une cotte de mailles. La tapisserie de Bayeux, où l'on voit cette scène, a été brodée juste après la bataille.

à moins de 25% près – à quoi on peut ajouter la *crosse* et le *softball*, qui ont été olympiques mais ne le sont plus.

Et Tartaglia? En étudiant la balistique guerrière, il pointait la même question. Car la portée des armes a longtemps décidé de la taille des terrains de bataille : la couleuvrine du XVe siècle, qui projette ses boulets à 450 m, explique que la bataille de Castillon, en Gironde en 1453, eut lieu sur un terrain de 500 m; et le canon de 12, le gribeauval de campagne, avec sa portée de 1800 m, décida en 1792 des 2 km du champ de bataille de Valmy, en Champagne. Alors, le sport, métaphore de la guerre? On se contentera de la réponse lapidaire de George Orwell : « Le sport, c'est la guerre sans les fusillades. »

(Au demeurant discutable, puisqu'on y tire avec des balles.)

LA SPIRALE DU SUCCÈS

Le 3 juin 1997, à 21 h 07, au stade de Gerland à Lyon, alors que la France joue contre le Brésil dans un tournoi de préparation à la Coupe du monde de 1998, Roberto Carlos, arrière gauche de la Seleção, s'apprête à tirer un coup franc à 35 m du but gardé par Fabien Barthez.

Nous cédons la parole à Jean-Michel Larqué, spécialiste des coups francs et commentateur du match ce 3 juin, nous autorisant juste à l'interrompre de temps en temps. *À cette distance-là, ça ne fait vraiment pas peur à Roberto Carlos, qui est d'ailleurs déjà au ballon. Regardez, il le pose avec application.* Larqué semble pressentir qu'il se prépare quelque chose qui fera date… *Il se met presque face au ballon, c'est-à-dire qu'il va frapper presque extérieur du pied.* Le spécialiste devine le geste, peut-

Volutes
Le motif de la spirale traverse l'art, des mégalithes à Calder, ou dans cette dalle sculptée du sanctuaire de Tlaloc, dieu de la pluie précolombien, qui orne le temple aztèque de Malinalco, au Mexique. Le chemin que dessine une spirale, quand on la suit de la périphérie vers son cœur, est de plus en plus courbé.

être mieux que le gardien en face, qui semble attendre un tir à gauche du mur de quatre joueurs qu'il a formé. *Et attention à la trajectoire, Fabien…* Bien vu, monsieur Larqué, bien vu… *Extérieur du pieeeeed… ET BUUUUUT !*

Le ballon est frappé très fort – il part à 38 m/s, soit 137 km/h ; mais aussi de côté (*extérieur du pied*, répète le commentateur à six reprises), de façon à le mettre en rotation, lui permettant de contourner le mur par la droite ; or il semble partir beaucoup trop loin dans cette direction, au point qu'un ramasseur de balle, à quelques mètres de la cage, se protège pour éviter le boulet qui fonce vers lui – sauf que ledit boulet semble soudain aimanté par le poteau droit vers lequel il repique de façon irréelle, *et but !*, sans que le goal français ait esquissé autre chose qu'un vague début de détente à laquelle on le voit renoncer, jugeant comme nous le tir largement hors cadre. *Un but sensationnel d'une frappe somptueuse qui contourne le ballon* (*sic*) *!* reprend Larqué, manifestement ému. *Regardez : on croit qu'elle va sortir, et avec l'effet, elle touche l'intérieur du poteau… But somptueux de Roberto Carlos, effet incroyable donné à ce ballon !* On ne saurait mieux dire…

Nous avons tous oublié que la France a fini par égaliser un peu plus tard : ne reste de cette soirée que *le coup franc du siècle*, comme on l'a souvent appelé. À l'instar des grands tours de magie, nous allons voir qu'il combine du vieux avec du neuf. Le vieux, c'est l'*effet Magnus*, du nom de Heinrich Gustav Magnus, scientifique prussien du XIXe siècle au spectre spécialement large : chimiste de formation, formé chez Berzelius et Gay-Lussac, il laissera finalement son nom à un effet de mécanique des

Et but !
Roberto Carlos frappe violemment le côté droit du ballon avec son pied gauche, lui communiquant vitesse et rotation. La balle part à droite du « mur » de quatre joueurs placés à 9 m. Comme c'est l'habitude, la balle contourne le mur ; mais, alors qu'elle paraît *out*, elle est soudain comme aimantée par le poteau droit du but gardé par un Fabien Barthez impuissant.

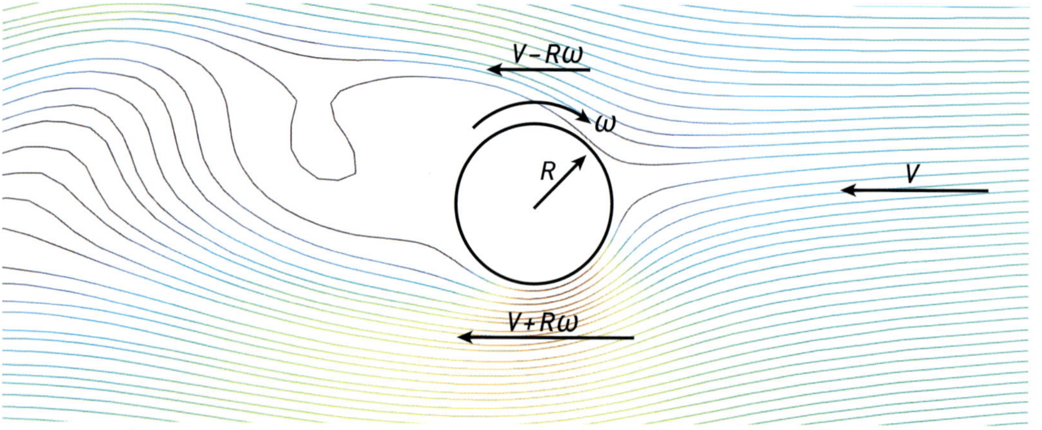

L'effet Magnus

Dans le référentiel d'une balle qui avance vers la droite, tout se passe comme si un vent de vitesse *V* venait de cette direction. Ce vent contourne le projectile, mais son écoulement est asymétrique si la balle tourne à une vitesse angulaire ω, correspondant ici à un *lift* (elle tourne vers l'avant). La balle entraîne avec elle une mince couche d'air animée des vitesses $-R\omega$ en haut et $+R\omega$ en bas, qui se composent avec la vitesse du vent. Au total, l'air circule plus vite au pôle Sud qu'au pôle Nord de notre schéma, comme le montre le code couleur de cette simulation, où le rouge indique des vitesses plus grandes que le bleu. En résulte une différence de pression et donc une force dirigée vers le bas : le *lift* tend à faire plonger les balles.

fluides. Magnus redécouvre en fait un phénomène étudié un siècle plus tôt par l'Anglais Benjamin Robins, un spécialiste de balistique. En faisant tourner des cylindres horizontaux placés au vent, Robins et Magnus relèvent l'existence d'une force induite par la rotation, perpendiculaire à la direction du vent comme à l'axe de l'objet. Cette force dépend du sens de rotation, poussant le cylindre à descendre ou à monter selon qu'il tourne dans le sens des aiguilles d'une montre ou dans le sens contraire. Un schéma et un principe vont nous aider à comprendre le phénomène et son intensité.

Envoyons une balle de rayon *R* vers la droite et plaçons-nous dans son référentiel, c'est-à-dire à la place de l'objet. Cela permet de rendre le problème indépendant du temps : la balle est alors soumise à un vent uniforme de vitesse *V* venant de la droite ;

sans cette astuce, elle surgirait de la gauche, mettrait là où elle passe de l'air en mouvement, disparaîtrait, rendant l'analyse plus compliquée pour un résultat identique. « Être dans un référentiel en mouvement », nous le vivons à vélo quand nous sentons le vent apparent de notre course venir à nous. Quant à notre balle, elle tourne à une vitesse angulaire ω, son nombre de tours par seconde que multiplie 2π, l'angle pour un tour complet. Elle entraîne ainsi un mince filet d'air dont la vitesse est $R\omega$. La vitesse totale de l'air combine les deux écoulements, le principal lié à la translation et le secondaire lié à la rotation. Dans la configuration choisie sur le schéma, elle vaut $V - R\omega$ en haut et $V + R\omega$ en bas, l'asymétrie entre les deux côtés de la balle responsable de l'effet Magnus.

Après la pluie du schéma, le beau temps du principe. En étudiant en 1738 comment se vide un vase plein d'eau percé d'un orifice, recherche paraissant bien prosaïque et conduisant pourtant à une découverte majeure, le savant suisse Daniel Bernoulli montre que la pression dans un fluide décroît quand il est en mouvement. S'il va à vitesse V, cette décroissance est de l'ordre de ρV^2 si on note ρ la masse volumique du fluide, environ 1 kg/m^3 pour l'air. Voilà de quoi éclairer l'effet Magnus ! En effet, une différence de vitesse d'ordre $R\omega$ entre le haut et le bas du projectile s'accompagne, d'après Bernoulli, d'une différence de pression $\rho RV\omega$, en continuant à raisonner en loi d'échelle. En résulte une force $\rho R^3 V\omega$ dirigée de la zone de forte pression (à basse vitesse) vers celle de basse pression (à haute vitesse), du haut vers le bas : la balle tend à plonger.

Nous venons de décrire le *lift*, au tennis ou au ping-pong : en frappant la balle tout en la cisaillant par le haut, en la *frisant*, comme disait Descartes, amateur de paume, on lui communique vitesse et rotation, et tout se passe ensuite comme si la pesanteur était renforcée. Un Nadal, par exemple, aura beau taper comme un sourd, sa balle comme plombée retombe miraculeusement sur le terrain : le court devient long ! On peut d'ailleurs mettre la force de Magnus en balance avec le poids de l'objet. Si ρ_o désigne la masse volumique du projectile et *g* l'accélération de la pesanteur, le rapport des deux forces s'écrit $G = \rho V\omega/\rho_o g$. Pour une balle de tennis (ρ_o = 370 kg/m^3) frappée à 100 km/h (30 m/s) avec une rotation de 50 tours par seconde (300 rad/s), le nombre *G* vaut environ 3, confirmant que l'effet Magnus peut en effet avoir une amplitude supérieure à la pesanteur – ce qui nous permet de comprendre son efficacité extraordinaire.

Si l'on inverse le sens de rotation, les vitesses $R\omega$ entre le haut et le bas s'échangent, et la force de Magnus pointe à présent vers le haut : la balle a tendance à se maintenir en l'air, l'effet d'un coupé ou d'un *slice*. De nos ordres de grandeurs précédents ($G > 1$), nous déduisons que l'effet Magnus a la capacité d'annuler momentanément la pesanteur et de faire voler la balle très au-delà des limites permises. Nous comprenons pourquoi la frappe des tennismen ou des pongistes est si douce quand ils coupent : il s'agit de brider la valeur de *V*, donc de *G*, pour empêcher la balle de trop planer. Au tennis de table, où la sphère de celluloïd a une masse volumique de seulement 80 kg/m^3 et peut tourner jusqu'à 100 tours par seconde, l'effet Magnus est très renforcé : quiconque a frappé un peu fort une balle tout en la coupant peut témoigner du caractère désespérément horizontal de sa trajectoire (*out !*) et, au-delà, de l'extrême aérosensibilité de ce sport.

Et au football ? Le *lift* et le coupé sont malaisés, même s'il arrive aux gardiens de dégager le ballon en le frappant par en dessous pour le « couper » et lui donner de la portée (p. 87), comme font d'ailleurs les golfeurs pour atteindre des distances plus grandes. En revanche, il est naturel de frapper le ballon de côté, le faisant tourner en mode toupie, ce qui va induire une force de Magnus latérale – lévogyre ou dextrogyre, selon le côté qu'on a choisi. La trajectoire est celle d'un projectile dans le champ de la gravité (une parabole modifiée par le frottement de l'air), mais incurvée vers la gauche ou vers la droite – l'anglais parle de *banana-kick*.

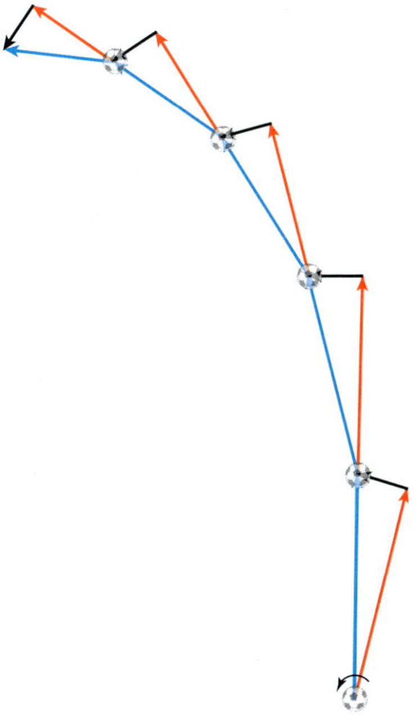

Un coup franc, mais fourbe
Si l'on frappe un ballon dans la direction de la flèche en le faisant tourner, ici dans le sens inverse des aiguilles d'une montre, il subit une force aérodynamique qui le dévie dans le même sens (traits noirs). Comme la balle ralentit à cause de l'air, ici de 20 % à chaque pas de temps, mais que la rotation reste inchangée, une trajectoire en spirale se construit !

À très petite distance (un tir au but, par exemple), la rotation est inutile, même périlleuse, le tireur se concentrant pour conjuguer force et précision. En revanche, l'effet est déterminant à distance intermédiaire (une vingtaine de mètres) : c'était le secret de tireurs de coups francs comme Platini ou Juninho pour contourner un mur.

Le cas de Roberto Carlos est différent : sa distance au but est telle que le ballon va être ralenti par le frottement de l'air, négligé jusqu'ici. Or il lui faut tout de même arriver assez vite pour surprendre le gardien adverse. Le tireur doit donc frapper la balle très fort (une spécialité de Carlos), ce qui permet d'augmenter le nombre *G*, qui décide à la fois de l'amplitude de la force de Magnus et de la capacité du ballon à garder de la vitesse malgré son inévitable ralentissement sur 35 m. Il faut aussi lui communiquer une vitesse angulaire ω élevée (autre spécialité de Carlos), qui, elle, se conservera pendant la seconde que dure le vol – au ping-pong, une balle coupée tombée sur le sol continue en général à tourner alors qu'elle n'avance plus. Si V diminue tandis que ω reste constant, le nombre $R\omega/V$, qui compare les vitesses de rotation et de translation et donc mesure à quel point on s'écarte du mouvement rectiligne, ne fait que croître : l'effet Magnus devient un effet Maximus !

On le voit mieux en calculant le rayon de courbure $\mathscr{R}$ de la trajectoire du ballon. On écrit la force de Magnus $\rho R^3 V\omega$ comme une force centripète (c'est-à-dire dirigée vers le centre de la trajectoire), produit de la masse $\rho_o R^3$ de la balle par son accélération $V^2/\mathscr{R}$ quand elle avance le long d'un cercle de rayon $\mathscr{R}$ – ce qui

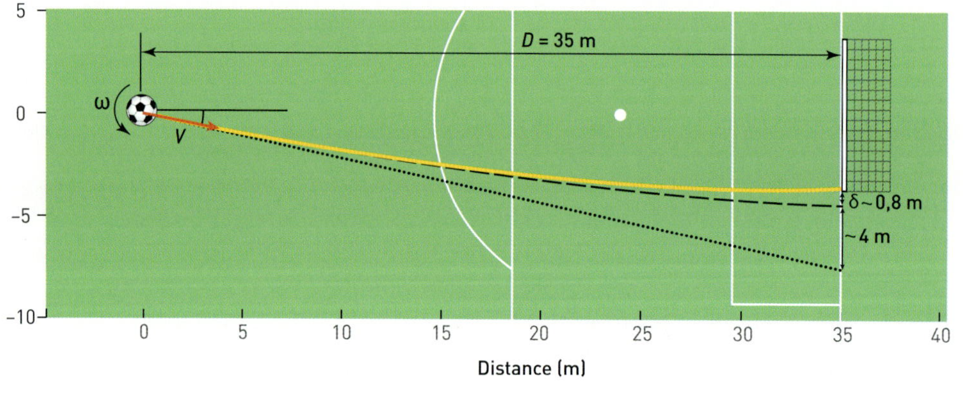

La droite, le cercle et la spirale

Dans le célèbre coup franc de Roberto Carlos, le ballon passerait à 4 m à droite du but s'il gardait sa direction initiale (pointillés noirs) ; cette distance se réduirait à 80 cm si la trajectoire était un arc de cercle, comme elle l'est pour des tirs moins lointains (tirets noirs). La vraie trajectoire (en jaune) corrige cet arc de cercle en un début de spirale, courbée davantage avec la course du ballon, permettant à celui-ci d'entrer (de justesse) dans les cages. La merveille est d'avoir conjugué cette trajectoire avec une précision extrême...

donne une formule pour ce rayon, $\mathcal{R} \sim \rho_0 V/\rho\omega$. Le rapport ρ_0/ρ des densités d'un ballon de football et de l'air vaut 80, si bien qu'on trouve $\mathcal{R} \approx 25$ m pour $V = 30$ m/s et $\omega = 100$ rad/s. Ainsi, la rotation du ballon aura une influence majeure sur sa trajectoire quand la distance au but s'approche de ces 25 m.

Pour contourner le mur des joueurs adverses près d'une surface de réparation, on cherchera à courber fortement la trajectoire ($\mathcal{R}$ petit), ce qui s'obtient, selon la formule, avec V petit et ω grand : d'où ce sentiment de caresse prodiguée à une toupie que nous donnent les grands tireurs de coups francs. Mais la formule montre surtout que la trajectoire ne suivra plus un arc de cercle ($\mathcal{R}$ constant) si V diminue tandis que ω conserve sa valeur initiale. Le rayon $\mathcal{R}$ décroît alors avec le temps : le chemin est de plus en plus courbe, définissant, au lieu d'un arc de cercle, un morceau de spirale !

Une telle trajectoire est spécialement déconcertante pour les spectateurs (gardien compris), puisqu'elle a la capacité de ramener au but une balle manifestement partie dans le décor… La course du ballon de Roberto Carlos est d'abord un arc de cercle, quand V n'a pas encore changé, et un gardien de la trempe de Fabien Barthez a certainement anticipé le point d'arrivée de cet arc, concluant à juste titre qu'il était hors du cadre. Or la spirale décale ce point d'environ 1 m vers le but, une distance bien trop grande pour rattraper le coup (franc) : c'est donc à la stupeur générale que le ballon franchit la ligne… *But somptueux de Roberto Carlos, effet incroyable donné à ce ballon !*

FILER DROIT, FILER DOUX

Bien des châteaux, bien des demeures bourgeoises donnaient sur des *boulingrins*, ces parterres gazonnés qui ornaient les jardins ou servaient à des jeux de boule – comme en témoigne le terme anglais de *bowling-green*, étymologie transparente du mot français.

Une version grandiose et démultipliée (par dix-huit) du boulingrin est le terrain de golf, fait d'allées longues de 100 à 500 m et larges d'une quinzaine de mètres, les *fairways*, qui se terminent par un *green* poinçonné d'un trou où il s'agit de *bowling* (faire rouler) une balle.

L'amateur doit maintenir cette dernière dans la largeur du terrain, ce qui est le cas si son *swing* lui permet d'envoyer la balle à 50 m avec une précision angulaire de l'ordre de 10°. La maîtrise du champion est d'un tout autre ordre. La cible, à une centaine de mètres, a une taille de 10 cm, et il arrive que les meilleurs l'atteignent en un seul coup : cela suppose une précision angulaire d'environ un dixième de degré, qui est d'autant plus remarquable qu'il a fallu frapper très fort pour envoyer le projectile si loin. Or le talent du golfeur n'est pas seul en cause – il faut aussi que la balle aille docilement dans la direction qu'on lui a donnée…

Le golf est un jeu très ancien, aux ancêtres multiples, dont les règles modernes ont été établies en Écosse autour de 1750. Les balles étaient d'abord en bois, souvent du buis ou du hêtre, avant que ne s'imposent des projectiles en cuir bourrés de plumes comprimées, aux bien meilleures propriétés de vol (l'influence des plumes, sans doute). Au milieu du XIXe siècle, nouvelle évolution, avec la découverte du gutta-percha, un latex récolté sur des arbres tropicaux de Malaisie ou de Sumatra, qui durcit à l'air : une résine à la fois bon marché et capable de résister aux chocs violents des *clubs*, une fois mise en boule. Ces boules sont lisses, comme le sont les balles de ping-pong.

À la recherche de la balle perdue

Balles de golf à travers le temps : du bois de buis ou de hêtre initial, on est passé à la plumeuse, une collection de plumes dans une housse de cuir (blanche à gauche), puis au gutta-percha quasi lisse (marron), ou texturé (blanche à l'arrière et à gauche) et enfin aux balles modernes, multicouches synthétiques (à l'arrière et à droite) couvertes d'alvéoles.

Se produisit alors un phénomène inattendu : les golfeurs de la seconde moitié du XIXe siècle constatèrent que les balles usées avaient des trajectoires à la fois plus rectilignes et d'une portée accrue – deux faits primordiaux dans un jeu où il importe de conjuguer distance et précision. Pendant quelques décennies se pratiqua ainsi empiriquement ce qu'on appellera ici de l'*obsolescence prospectée* : on cabossa les balles, les stria, les entailla au petit bonheur la chance, jusqu'à ce que William Taylor, un industriel de Leicester, brevette, le 4 février 1908, ce qui est parfois considéré comme la principale innovation de l'histoire du

golf : couvrir les projectiles de plusieurs centaines d'alvéoles, leur conférant l'aspect qu'on leur connaît aujourd'hui et qui les distingue si clairement des autres balles.

Pour percer le secret de Taylor, considérons une sphère parfaitement lisse de diamètre *D* avançant à vitesse *V* dans l'air, et prenons la place de celle-ci. On voit venir sur nous un vent à vitesse *V*, comme quand on la fixe dans une soufflerie pour établir comment l'air s'écoule autour d'elle. Le nombre, dit de Reynolds, compare les forces inertielles et visqueuses qui freinent cette sphère, et il s'avère crucial pour comprendre ces écoulements. Si ρ et η désignent respectivement la masse volumique (1,2 kg/m^3) et la viscosité (20 µPa.s) de l'air, ce nombre s'écrit $Re = \rho VD/\eta$. Pour une balle de tennis de table (D = 4 cm et V = 25 m/s), *Re* vaut souvent entre 50 000 et 70 000, mais cette dernière valeur est multipliée par quatre pour une balle de même taille et quatre fois plus rapide (golf) ou par cinq pour un ballon cinq fois plus gros allant à la même vitesse de 25 m/s (football ou volley-ball). Or, coïncidence extraordinaire, quelque chose de remarquable se produit quand le nombre de Reynolds d'une balle lisse vaut entre 250 000 et 350 000, qu'on appelle la *crise de traînée* – et que nous allons décrire.

Juge et parties

Le trou numéro 15 du Golf national, à Guyancourt. Avec sa longueur de 373 m, son *fairway* parfois très étroit, son *green* entouré d'eau, il passe pour le plus difficile du parcours – difficulté lui valant son surnom, *le juge*.

La force qui freine une sphère s'écrit $\rho S C_D V^2$, en désignant par S sa surface frontale, celle d'un disque de diamètre D. Dans cette formule, C_D est le coefficient de traînée, un nombre qui dépend de la forme de l'objet et de sa rugosité. Pour une sphère lisse, C_D vaut 0,5 quand le nombre de Reynolds est compris entre 1000 et 250 000. À des vitesses plus grandes, la mince couche d'air (ou couche limite) qui « colle » à la sphère devient turbulente : là où l'air contournait paisiblement la sphère, de fortes irrégularités apparaissent, avec production de tourbillons – comme on en voit derrière les piles d'un pont, au-dessus d'un fleuve. Cela va avoir deux effets majeurs dans l'affaire qui nous occupe.

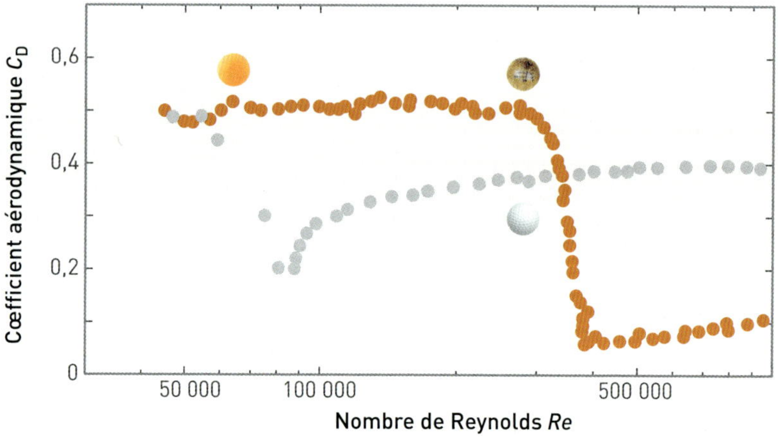

Des balles en crise

Coefficient aérodynamique C_D d'une sphère lisse, en orange, en fonction du nombre de Reynolds $Re = \rho VD/\eta$, où ρ = 1,2 kg/m^3 et η = 20 µPa.s sont la masse volumique et la viscosité de l'air, V et D désignant la vitesse et le diamètre de la balle. Quand Re passe de 250 000 à 350 000, le coefficient aérodynamique C_D chute d'un facteur 5 : une balle lisse (balle de golf en buis) frotte alors moins dans l'air et peut donc aller plus loin. Si elle est couverte d'alvéoles (données grises), la variation du C_D avec Re est profondément modifiée : la crise de traînée a lieu à un nombre de Reynolds (donc à une vitesse) cinq fois plus faible. Une balle de golf alvéolée est ainsi toujours dans le régime de basse friction (C_D < 0,5), avec un gain sur C_D d'environ 20 % par rapport à une balle lisse de même diamètre et de même vitesse. Elle ira donc plus loin et tout droit – deux avantages d'un coup ! La balle de golf lisse ou alvéolée et celle de tennis de table (orange, plus lente) sont placées à la verticale de leur nombre de Reynolds typique quand on les frappe.

D'abord, le coefficient C_D chute largement, de 0,5 à 0,1, ce qui signifie que la résistance de l'air (ou traînée) diminue d'un même facteur. Cet effet semble paradoxal, car la turbulence accroît en principe les frottements, à cause des tourbillons dans la couche limite ; mais cela est plus que compensé par une nette réduction de la largeur du sillage, ce qui abaisse la friction qu'il engendre.

Ensuite, la production de tourbillons va agir sur le projectile lui-même, un tourbillon pouvant être vu comme un petit corps matériel en mouvement et capable, en frappant la sphère, d'en modifier la direction, de gauche à droite ou de haut en bas. C'est le domaine de l'*infini turbulent* exploré par Henri Michaux : les vortex, aussi nombreux qu'aléatoires, vont faire « diffuser » le projectile perpendiculairement à sa trajectoire. C'est à grande échelle l'équivalent du microscopique mouvement brownien, où un grain de pollen dans l'air ou dans l'eau est transporté aléatoirement par les chocs des molécules du milieu qui le contient – le rôle des molécules étant tenu ici par les tourbillons.

Si l'on résume la discussion relative à une balle lisse (données orange sur la courbe du coefficient aérodynamique C_D), on a deux régimes paisibles, que manifestent les plateaux à « bas » et à « haut » nombre de Reynolds *Re*. Aux vitesses que cela implique, les balles avancent dans la direction qu'on leur a donnée, mais avec une loi de frottement différente, le coefficient C_D variant d'un facteur 5. En revanche, la région de la crise de traînée va voir la balle soumise à des forces latérales bien plus grandes qu'en turbulence classique, aléatoires en outre. Or, coïncidence remarquable, la balle de golf lisse part avec un nombre de Reynolds $\rho VD/\eta$ de l'ordre de 300 000, qui est dans la zone fatidique… Certes, elle ralentit ensuite, mais les cinquante premiers mètres de son vol sont soumis à ces écarts erratiques qui, se cumulant avec le temps, peuvent la faire dévier de plusieurs mètres : le *swing* le plus maîtrisé, destiné en principe à trouver sinon le trou, du moins le *green*, pourra envoyer la balle n'importe où sur la largeur du *fairway* – et même au-delà, du moins avant le brevet génial de William Taylor.

Une petite dose d'aléa est admissible en sport. On est sensible, par exemple, aux facéties du rebond d'un ballon de rugby. Qu'un ballon de football louvoie parce qu'un joueur aura réussi ce rare coup de pied qui l'expédie à plat et à grande vitesse (pour atteindre la crise de traînée) est même admiré par tous : on appelle *balles flottantes* de telles frappes, que savent aussi réaliser les volleyeurs au service, en envoyant la balle sans rotation à la vitesse de crise. Mais qu'un sport de précision comme le golf soit perturbé par un aléa à grande échelle n'est sans doute pas acceptable – on attend d'une compétition qu'elle soit autre chose qu'un tirage au sort. Et la découverte, d'abord fortuite, puis contrôlée, que des défauts sur la balle pouvaient la discipliner est une percée majeure qui a permis au jeu de se développer et de devenir un sport, et même un sport olympique en 2009, après un purgatoire d'une bonne centaine d'années.

Car les 336 alvéoles disposées à la surface des balles modifient profondément la description faite pour une sphère lisse : les creux se comportent comme des nids à tourbillons qui se forment et s'échappent de la surface solide, favorisant la crise de traînée et la décalant vers des valeurs bien moindres du nombre *Re*. C'est peu de le dire : une balle alvéolée fait sa crise pour *Re* = 50 000 (points gris), au lieu de 250 000 quand elle est lisse, ce qui correspond à une vitesse de 20 m/s, très en deçà de celle de la balle… Partant à une vitesse de l'ordre de 90 m/s, elle sera principalement dans le régime « haut Reynolds » des points gris de la figure. Son coefficient de traînée est abaissé de plus de 20 % par rapport à sa valeur quand la surface est lisse (points orange), ce qui accroît la portée de la balle – elle file doux. Plus appréciable encore, les tourbillons se détachent alors de manière régulière vers l'équateur de la balle, sans asymétrie notable qui la ferait zigzaguer – elle file droit (page suivante). Le champion en état de grâce pourra ainsi atteindre le trou en un seul coup sur un *fairway* d'une centaine de mètres…

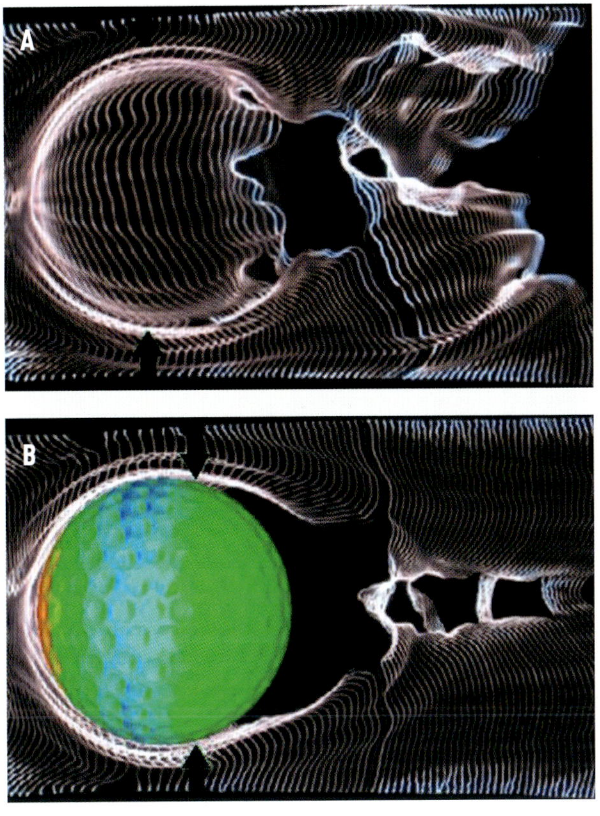

Dans son sillage
Allure du sillage derrière une balle de golf à la crise de traînée et au-delà. La première balle est lisse et son sillage devient asymétrique et irrégulier autour du nombre de Reynolds où se produit la crise (A), ce qui rend la trajectoire erratique. La seconde balle va à la même vitesse que la première mais elle est alvéolée : son sillage se resserre et devient symétrique, ce qui empêche les zigzags (B).

Au tennis de table, la balle est lisse, mais elle va moins vite, si bien qu'on est toujours en amont de la crise de traînée. Or, on le voit sur le graphe du coefficient de traînée, elle a pour nombre de Reynolds typique celui pour lequel se produit la crise d'une balle alvéolée… Ainsi, un nouveau Wilson plus pervers que le premier pourrait proposer de creuser sa surface avec des cupules : cela ajouterait ainsi le zigzag à son arsenal d'effets aérodynamiques, aujourd'hui engendrés par la seule rotation (coupé, *top-spin* ou *snake*). Alors, une balle frappée à plat, coup anodin *a priori*, serait, de tous, le plus foudroyant !

TRENTE-SIX CHANDELLES

Le profane qui assiste à un match de rugby voit parfois un joueur pressé par l'équipe adverse se saisir du ballon et l'envoyer, d'un coup de pied résolu, très haut, presque à la verticale, dans ce qui ressemble à une manœuvre désespérée pour se débarrasser d'un objet brûlant.

Cette chandelle, qu'on pourrait prendre pour un geste de défense absurde, amorce pourtant une attaque, dans une de ces phases propres au rugby et qui le rendent unique.

Deux indices nous le montrent : d'abord, la chandelle est un coup fréquent, qui se produit environ dix fois par match ; plus notable encore, le tireur, sitôt la chandelle partie, se met à courir sur une vingtaine de mètres, pour rattraper son propre ballon et rendre son action décisive. Le Sud-Africain Handré Pollard est un des grands spécialistes de ce coup d'éclat, dont le caractère solitaire étonne dans un sport collectif par excellence.

Ma chandelle est forte...

Anthony Bouthier, arrière du Montpellier Hérault Rugby Club, exécute une chandelle lors de la finale du Top 14 opposant en 2022 Montpellier au Castres Olympique. Le ballon est envoyé au pied (circonstance au rugby où il peut aller vers l'avant) et nettement vers le haut. Cette verticalité est à l'origine du terme *chandelle*, mais il arrive que le coup éclaire le jeu, le rendant plus digne encore de cette appellation.

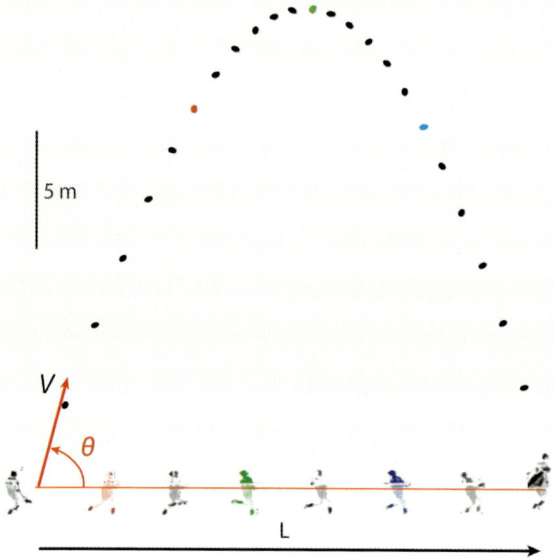

Un bon Pollard

Une chandelle digne de Handré Pollard, le spécialiste du coup : le ballon, frappé à une vitesse *V* de 30 m/s (environ 100 km/h) avec un angle de 70° par rapport à l'horizontale, s'élève à 21 m avant de retomber à une distance *L* = 22 m. Les vignettes sur la ligne de base montrent le joueur courant pour récupérer la balle qu'il a lancée.

Pourquoi frapper avec un angle si ouvert, souvent proche de 70° par rapport à l'horizontale ? Si le but était de lancer le ballon le plus loin possible, on choisirait 45°, l'angle pour lequel la distance est maximale, très loin des caractéristiques de la chandelle. Le rugbyman a un autre but : courir et récupérer la balle. Sa trajectoire n'est pas celle du ballon, mais elle est aussi prévisible : partant sans vitesse initiale, accélérant de toutes ses forces, il retrouve le ballon idéalement à sa vitesse maximale. Ainsi, il pourra sauter plus haut que des adversaires plus statiques et les percuter avec une efficacité décuplée par sa course. Or, comme le montre un relevé de départ de sprint, la montée en vitesse nécessite environ 4 s...

Il serait donc hautement souhaitable que le ballon de la chandelle reste en l'air un temps équivalent. L'analyse de la demi-finale Pays de Galles-Afrique du Sud et de la finale Angleterre-Afrique du Sud de la Coupe du monde 2019 montre que les chandelles ont presque toutes un temps de vol de 4 s, alors que la distance entre leur point de départ et leur point d'arrivée varie beaucoup plus largement, entre 10 et 50 m. Cela suggère que l'auteur de la chandelle dose l'angle et la vitesse donnés au ballon pour obtenir le temps de vol qui correspond à sa montée en vitesse. Pendant ces 4 s, il parcourra une distance de 18 à 25 m, et la majorité des 22 chandelles observées pendant ces deux matchs couvre justement cette gamme de distance. Le joueur parvient ainsi à faire coïncider les deux actions : faire voler le ballon, courir le rattraper. La trajectoire du ballon étant connue, on peut calculer l'angle auquel correspond cette distance : c'est justement 70°...

Ainsi, la chandelle apparaît comme une action risquée, mais résolument offensive, susceptible de casser les lignes adverses, comme on dit, et d'amener le ballon et son porteur dans les zones où il ne restera plus à ce dernier, dans le meilleur des mondes, qu'à courir à pleine vitesse, ovale à la main, pour l'aplatir derrière la ligne fatidique !

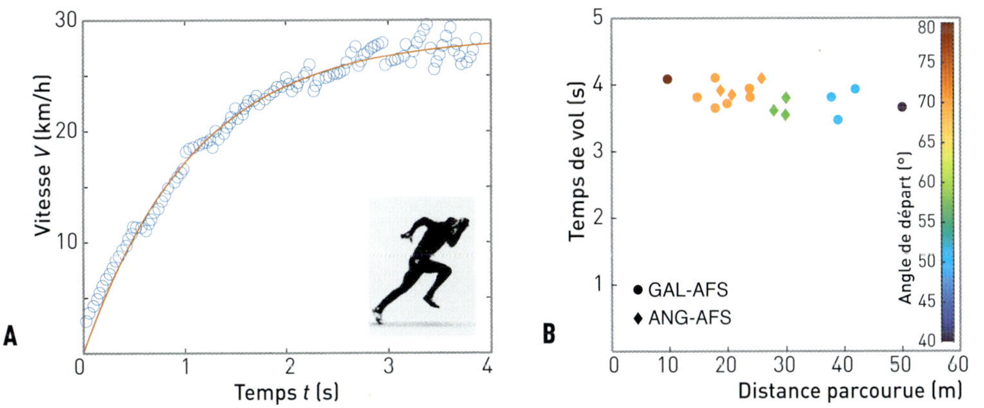

Coïncidence

A. Vitesse d'un sprinteur en fonction du temps, quand il part à l'arrêt (le sportif à l'origine de ces données court le 100 m en 10,5 s). Le coureur accélère jusqu'à atteindre sa vitesse maximale en 4 s environ. **B.** Temps de vol du ballon pour la vingtaine de chandelles réalisées lors des matchs Pays de Galles-Afrique du Sud (ronds) et Angleterre-Afrique du Sud (losanges), en demi-finale et en finale de la Coupe du monde de rugby 2019. On a considéré les cas où le ballon part nettement vers le haut, c'est-à-dire avec un angle θ supérieur à 40° par rapport à l'horizontale. La valeur de θ détermine la distance où retombe le ballon – elle augmente quand l'angle décroît (points tirant vers le bleu). Fait remarquable, toutes les trajectoires ont la même durée, environ 4 s, ce qui suggère que, le joueur adapte pour chaque angle la vitesse à laquelle il frappe le ballon de façon à sélectionner ce temps.

CYCLISME

ŒUF MAILLOT

Il y a bien des manières de commencer un texte scientifique, et la plus directe est celle qui consiste à montrer d'emblée le résultat principal – en l'occurrence l'aboutissement de la recherche de Graeme Obree, cycliste amateur écossais, qui inventa en 1993 une position révolutionnaire.

Elle lui permit de battre le record de l'heure et de devenir champion du monde de poursuite. On le voit sur l'image, vêtu de son beau maillot rouge et blanc, dans la posture en « œuf » connue des skieurs et qui, quand il l'adopta, abaissa le frottement de l'air dans des proportions encore jamais atteintes.

La résistance de l'air qui s'exerce sur un coureur est le produit de trois termes : la masse volumique de l'air ρ (1 kg/m^3), le carré de la vitesse V (considérable pour des cyclistes qui vont à plus de 50 km/h) et la surface aérodynamique, seul paramètre sur lequel il est possible de jouer. Celle-ci est elle-même un produit, celui de la surface frontale S exposée au vent par un coefficient aérodynamique C_D qui dépend de la forme de l'objet en mouvement : à ces vitesses, il vaut 0,5 pour une sphère et 1 pour un cylindre perpendiculaire au vent, faisant de cette forme un des pires choix qui soit si l'on cherche à minimiser les frottements.

L'anticonformiste

La position de Graeme Obree, champion du monde de poursuite individuelle à vélo en 1993. Il adopte la forme d'un œuf, son extrême inclinaison lui permettant de faire disparaître ses bras contre son buste, comme le poussin ses ailes dans la coquille. Le guidon lui-même est atrophié, autre astuce pour réduire le frottement de l'air.

Or, comme l'a si bien illustré Fernand Léger dans ses œuvres cubistes de 1913, le corps humain, tête exceptée, est une collection de cylindres emboîtés les uns dans les autres, si bien qu'un cycliste démantibulé, comme on l'est quand on se met en danseuse sur une route de montagne, maximise sa prise au vent – ce qui n'est pas bien grave pour notre danseuse, qui a d'autres chats à fouetter avec sa pente, mais catastrophique pour un pistard en recherche de vitesse. Pour y remédier, Graeme Obree fait d'abord de l'ensemble tête-buste un unique cylindre parallèle à la direction du vent, une solution classiquement adoptée pour rechercher la vitesse. Mais il a l'astuce supplémentaire d'y adjoindre ses bras, qui semblent escamotés, ou presque, dans l'opération – là où les autres cyclistes s'appuient sur le guidon, bras perpendiculaires à la direction du vent.

Le classique
La position plus traditionnelle de Philippe Ermenault, grand champion aussi, mais finaliste malheureux de la poursuite individuelle contre Graeme Obree en 1993. La différence la plus frappante entre les deux postures est la position des bras, qui offrent, chez Ermenault comme chez tous les cyclistes de l'époque, une plus grande prise au vent.

De fait, le guidon d'Obree est réduit aux dimensions d'un moignon, un simple T d'une vingtaine de centimètres, effaçant quelques cylindres supplémentaires sur sa machine – bricolage génial réalisé à partir de matériaux de récupération trouvés dans le garage d'un ami, au bout de sa recherche empirique et solitaire…

La vitesse, Graal du coureur, se calcule en équilibrant sa puissance motrice P avec celle qu'il brûle dans les frottements de l'air, qui sont, à ces allures, presque dix fois supérieurs à ceux du pneu sur le sol. Dans les courses d'endurance, le moteur est aérobie, puisant son carburant dans les sucres et dans l'oxygène de l'air (un air qui s'avère donc à la fois source et frein de la propulsion) afin de régénérer les molécules d'ATP responsables du travail des muscles. La puissance résultante, est autour de 400 à 450 W pour les champions. En l'égalant avec la puissance dissipée, produit du frottement dominant $\rho V^2 S C_D$ par la vitesse V, on trouve que la vitesse du coureur vaut $(P/\rho S C_D)^{1/3}$ – une loi d'échelle dont l'exposant ⅓, qui désigne la racine cubique, atténue les variations des paramètres qu'elle mobilise : un athlète 20 % plus puissant n'ira que 7 % plus vite. Mais les compétitions se jouent à très peu – et c'est précisément de ce petit rien que Graeme Obree tira parti.

Quand il affronte Philippe Ermenault en finale des championnats du monde à Hamar, en Norvège, en 1993, on attend un combat de titans sur les 4 km de l'épreuve : lors des demi-finales, les deux coureurs n'ont-ils pas battu successivement le record du monde ? Le dispositif de la course est spectaculaire : les compétiteurs démarrent de part et d'autre du vélodrome et se poursuivent mutuellement, le franchissement de la ligne médiane à chaque demi-tour donnant un repère sur l'état de la poursuite.

Ermenault est plus puissant qu'Obree, 420 W contre 365 W, une nette différence qui lui promet la victoire. D'ailleurs, il part comme une fusée, si bien qu'au bout d'un tour, Obree accuse déjà un retard de 1 s. Mais la posture de l'Écossais fait bientôt merveille : cet œuf, plus que des mollets, semble avoir des ailes, qui lui permettent de se retrouver bientôt à l'opposé de son concurrent, puis de prendre sur lui une avance toujours plus inexorable, abyssale même à ce niveau de compétition : il finit la course avec 3 s d'avance (en battant d'ailleurs le record qu'il avait établi la veille), c'est-à-dire environ 50 m, presque un quart de tour de piste, dans une compétition où les arrivées se départagent parfois au centimètre…

La formule établie plus haut pour la vitesse, $V \sim (P/\rho SC_D)^{1/3}$, permet de comprendre qui va gagner et, mieux encore, de combien. D'un côté, la variation relative de puissance est de 13 % en faveur d'Ermenault ; mais Obree, en escamotant ses bras, réduit sa prise au vent de 17 %, sa surface aérodynamique valant 0,170 m^2 contre 0,204 m^2 pour son adversaire. 13 % d'un côté, 17 % de l'autre, le bilan est de 4 % au profit d'Obree, si bien qu'on attend de la formule qu'il soit plus rapide de 4 %/3, soit environ 1,3 %. Miracle, c'est bien ce que la course montre, puisque notre calcul prévoit que la distance qui les sépare après 4 km est de l'ordre de 4 000 x 1,3 %, c'est-à-dire de 50 m.

L'histoire ne s'arrête pas là : les juges d'une discipline, conservateurs par nature, sont souvent rétifs aux révolutions proposées par les athlètes. Celle d'Obree, quoique modeste en apparence, a été interdite, et son record annulé de façon rétroactive. Les juges prétextèrent par exemple que la position était dangereuse, puisqu'elle l'obligeait à regarder vers le bas, et non vers l'avant – un argument recevable sur une route, mais plus que discutable dans un vélodrome purgé de tout obstacle. Ignorant la nouvelle règle, l'infortuné champion l'apprit à ses dépens, au départ des championnats du monde de 1994, où son allure ovoïde le disqualifia sur-le-champ. Il revint néanmoins en 1995, à Bogota, avec une nouvelle posture, dite *Superman* – un nom bien mérité. Ses bras, cette fois bien visibles, sont tendus le plus possible le long d'un guidon axial, les rendant parallèles à l'écoulement d'air et lui procurant une surface aérodynamique SC_D de 0,19 m² – un peu supérieure à celle de l'œuf, mais inférieure à celle des positions usuelles de l'époque.

Et que pensez-vous qu'il arriva ? Une tragédie en trois actes : I) l'imaginatif et tenace Obree redevint champion du monde ; II) les juges derechef interdirent la position nouvelle ; III) Superman disparut des vélodromes.

Le super-héros

La position *Superman* imaginée par Graeme Obree lui permit de redevenir champion du monde de poursuite deux ans après son premier titre. Les bras sont tendus en avant sur un guidon allongé, lui permettant de fendre l'air comme l'envoyé de la planète Krypton.

ÉLOGE DE LA FUITE EN AVANT

Comme pour la course à pied, la nage ou encore le canoë, les compétitions olympiques de cyclisme sur piste se divisent entre épreuves de sprint et d'endurance, moins de 1 km d'un côté, entre 4 et 50 km de l'autre.

Dans le premier registre, on compte l'épreuve de vitesse par équipe, apparue aux Jeux de Sydney en 2000 : trois sprinteurs s'élancent ensemble pour trois tours de vélodrome, avec une règle curieuse que l'on peut voir comme la réduction à un trio de la *Symphonie des adieux* de Joseph Haydn, où les musiciens quittent tour à tour (*sic*) l'orchestre, jusqu'à ne plus laisser que le seul violon conclure.

Dans cet esprit, le coureur de tête, ou démarreur, de l'épreuve de vitesse par équipe s'efface au bout des 250 m du premier tour, abandonnant un duo dont le nouveau leader, le relayeur, s'écarte de même après la deuxième orbite ; ne reste en piste que le troisième coureur, le finisseur, qui boucle en solo les 250 derniers mètres. C'est son temps sur les trois tours qui est retenu pour établir le classement. Les records pour cette épreuve sont d'environ 41 s (66 km/h) pour les hommes et de 46 s (59 km/h) pour les femmes, des performances établies par les Hollandais en 2020 et par les Allemandes en 2022.

Les athlètes chevauchent des vélos aussi sophistiqués dans leur conception que rudimentaires dans leurs fonctions, puisqu'ils ne comportent ni vitesses, ni freins – obligeant les sprinteurs, à chorégraphier leur course au centimètre. À leur allure, il est crucial de se protéger de l'air, source principale de résistance au mouvement. On attend donc que les coureurs restent groupés pour s'abriter mutuellement, sacrifiant le seul leader grâce auquel les suivants essuient un vent moins pénalisant. Par rapport à un coureur isolé, on abaisse le frottement de 40 % en

L'échappée belle
Équipe de France féminine de vitesse par équipe, avec Marie-Divine Kouamé en démarreuse, Julie Michaux en relayeuse et Mathilde Gros en finisseuse, aux championnats du monde en France en 2022. Elles sont ici au début du premier tour, et le fossé entre démarreuse et relayeuse commence à se creuser.

restant au contact, un chiffre qui se maintient à 30 % s'il y a deux mètres entre deux coureurs. Le troisième sprinteur, qui parcourt la plus grande distance, aura ainsi été protégé pendant les deux tiers de la course, ce qui lui laisse suffisamment d'énergie pour conserver dans son sprint final la vitesse imprimée par ses deux partenaires.

Ce dispositif compact est bien celui que l'on pouvait admirer à Sydney, spectacle extraordinaire où un vélo à six roues semble en perdre deux après 250 m, puis deux autres un tour plus loin, avant qu'on retrouve le spectacle familier d'un cycliste solitaire pédalant de toutes ses forces vers une ligne d'arrivée. On conçoit donc la surprise des spectateurs quand ils virent aux olympiades suivantes, dans un mode d'abord un peu timide, mais aujourd'hui aussi réglé que du papier à musique (de Haydn, par exemple), le démarreur de l'équipe très vite s'éloigner franchement des deux suivants avant de se faire petit à petit rattraper et doubler juste à l'entame du deuxième tour, tandis qu'il s'écartait.

On montre sur la figure qui suit les écarts de position observés pendant la course. Entre le démarreur et le duo relayeur-finisseur (données noires), l'écart monte rapidement à près de 3 m, soit deux longueurs de vélo. En revanche, la distance au sein du duo reste constante pendant les deux tours qu'ils effectuent ensemble (données bleues) ; elle vaut 35 cm, soit une demi-roue de vélo, une valeur presque dix fois plus faible.

On admire les solutions nouvelles à un problème ancien, mais plus encore quand, comme ici, cette solution paraît absurde. En revoyant l'épreuve, on a le sentiment d'une erreur, d'un cycliste de tête inconscient de ce qui se passe derrière lui et qui ne maîtrise pas sa force, quoique présumant d'elle puisque le duo à sa poursuite finit par le rattraper. Or on estime que ce scénario a permis de gagner environ 1 s, la différence du temps mis par les meilleurs entre les olympiades de Sydney et de Pékin, huit ans plus tard. Pour mesurer la signification de ce gain, il suffit

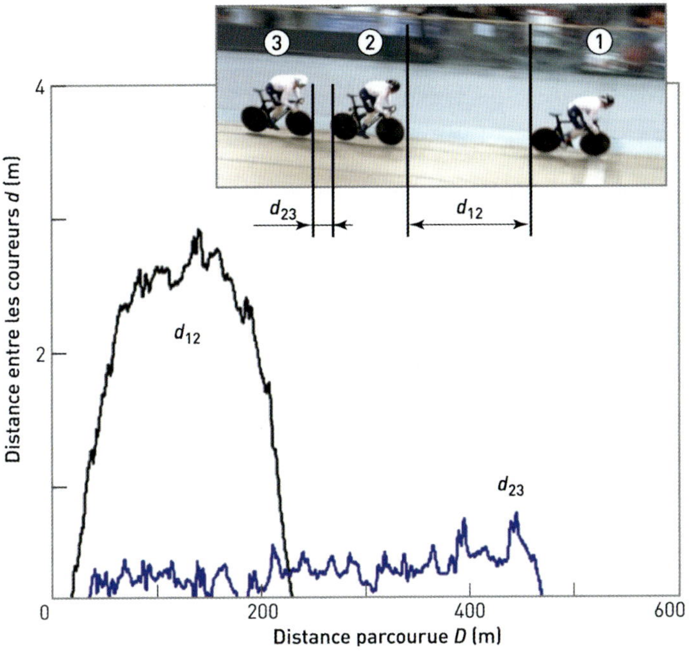

Détacher ou lier

Distance d_{12} (en noir) entre le démarreur et le relayeur, pendant les 250 m où le démarreur ouvre la route ; distance d_{23} entre le relayeur et le finisseur, qui effectuent ensemble deux tours de piste (500 m). D désigne la distance parcourue. En cas de sprint décollé, comme ici, on voit que le démarreur prend jusqu'à 3 m d'avance avant de se faire rattraper au bout du premier tour.

de le transformer en distance : à 65 km/h, 1 s représente 18 m (dix longueurs de vélo !), justifiant amplement que cette technique de course soit à présent adoptée par tous.

Comment comprendre le *sprint décollé*, le nom de cette étonnante innovation ? Si les coureurs pédalent ensemble, comme dans l'ancienne configuration de Sydney, ils ont la même vitesse au moment où le premier s'écarte. En outre, si le premier est à pleine puissance, soumis à une résistance de l'air élevée, il ne peut en être de même pour le deuxième, qui est protégé. Un relayeur donnant tout irait donc plus vite, ce qui le conduirait, contre le règlement, à doubler le démarreur avant la fin du premier tour. Or, on voit sur la courbe noire que la distance entre les deux premiers coureurs diminue après 150 m, ce qui veut dire que le relayeur va plus vite que son leader : il le rattrape et le dépasse exactement au bout des 250 premiers mètres, le sprint décollé lui permettant en définitive de faire ses deux tours à pleine puissance.

Le décollement optimal se fait en jouant sur les braquets des deux sprinteurs. Le braquet, qui est le rapport entre plateau et pignon, et qui commande son développement, est fixe, et celui du démarreur est réglé de façon à lui procurer une plus grande accélération; mais c'est au prix d'une vitesse maximale moindre, condition pour que le relayeur puisse le doubler après 250 m.

Il est permis de se demander pourquoi l'histoire ne se répète pas dans le deuxième tour, avec un poisson-pilote qui, à nouveau, se détacherait avant de se faire avaler par son véloce prédateur. Avançons l'explication suivante : le finisseur, pour qui la course est plus longue, doit bénéficier d'une protection aérodynamique forte et durable. Ainsi abrité par le relayeur pendant deux tours, il préserve son explosivité pour son tour en solo. C'est recoller pour mieux sauter!

Tic-tac, fait le chronomètre; tactique, lui répondent ces maîtres du temps…

CONTRACTIONS

C'est avec les pieds qu'on se propulsait vers 1820 sur les premiers bicycles, une poutre en bois attachée à deux roues – et comme on allait plus vite qu'à la marche, on appela ce nouveau moyen de transport l'à-pied véloce, ou plus exactement le vélocipède.

Le mot est un peu long, en contradiction avec la rapidité qu'il évoque, et il subira deux apocopes successives, à l'instar du cinématographe, devenu cinéma, puis ciné : on le nommera vite le *véloce* (et son usager, le *véloceman*), avant qu'il ne devienne le *vélo*. Et le *vélodrome,* où on lui adjoint le grec *dromos* (« course »), assoit définitivement la contraction du mot.

Les vélodromes eux-mêmes se sont contractés. Dans celui de Courbevoie, inauguré en 1891, le tour fait 500 m ; deux ans plus tard, au Buffalo de Neuilly-sur-Seine, il ne compte plus que 333,33 m, longueur qu'il aura encore aux Jeux de Moscou, de Los Angeles et de Séoul dans les années 1980 ; puis son évolution l'amène aux 250 m du vélodrome olympique adopté depuis Barcelone en 1992. Pour autant, d'autres pistes font 400 m, 200 m ou encore 166,66 m. Un rapport de la Fédération française de cyclisme datant de 2014 recense 125 vélodromes en France, dont 44 présentent le format olympique de 250 m, tandis que 27 font 400 m.

En piste !

Le vélodrome national de Saint-Quentin en Yvelines et sa piste en pin de Sibérie. Ouvert en 2014 et pouvant accueillir 6 000 spectateurs, il présente une longueur de 250 m et une largeur de 8 m, au lieu des 7 m habituels, permettant de gagner en vitesse si l'on part du haut des virages.

Une grande famille

Différents vélodromes avec leurs longueurs respectives. Parmi les pistes retenues, on note la Cipale (aphérèse de *piste municipale*), qui vit courir les cyclistes des Jeux de Paris en 1924.

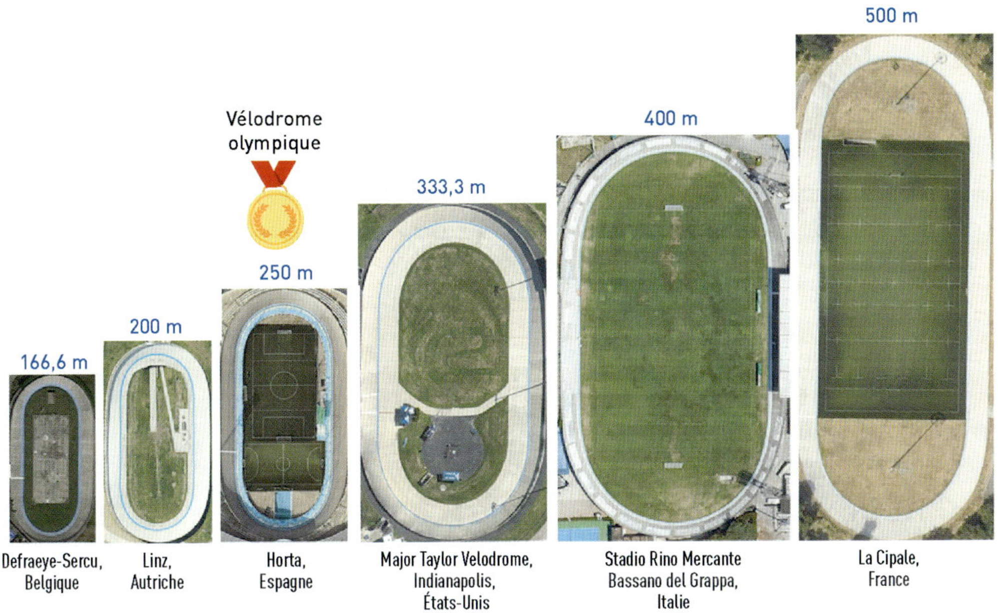

On se demande ici ce qui fixe les longueurs à ces valeurs discrètes; quel est le sens de ces variations, absentes sur les stades d'athlétisme; ou encore si les performances sont équivalentes dans les différents vélodromes.

Première réponse : le kilomètre étant l'étalon des courses de piste, la longueur des vélodromes doit être une fraction entière de cette distance si les juges veulent être au même endroit pour apprécier le bon départ et la bonne arrivée. Et, de fait, on aura reconnu dans 500, 333, 250, 200 ou 167 la division de 1000 par 2, 3, 4, 5 et 6. La poursuite individuelle ou par équipe fait 4 km, tandis que la Madison, épreuve de peloton, se court sur 50 km. Ces deux distances étant des multiples du kilomètre, cela ne change rien pour nos juges. Il importe juste de compter, une Madison sur un vélodrome de 166,66 m n'additionnant pas moins de 300 tours... On comprend l'importance de la cloche avertissant qu'il n'en reste qu'un – les coureurs eux-mêmes doivent être un peu perdus quant à ce qu'il leur reste à parcourir.

Quid du vélodrome de 400 m, où la distance n'est plus une fraction entière du kilomètre ? Il accueille pourtant de nombreuses compétitions, tels les championnats du monde de 1985 à Bassano, en Italie. Avec cette distance, le compte est bon pour les épreuves d'endurance : 10 tours pour les poursuites et 125 pour la Madison ; mais pour le « kilo », qui correspond à 2,5 tours, le coureur partira au milieu de la ligne droite et finira au milieu de la ligne droite opposée. Les juges devront donc se retourner, un mince effort pour eux, au regard de la polyvalence gagnée pour un stade à présent capable d'accueillir aussi des épreuves d'athlétisme.

Quant aux performances, elles dépendent de la longueur, mais d'une manière à laquelle on ne pense pas immédiatement, à moins d'être cycliste et de le vivre : car on va plus vite dans les virages... En effet, ceux-ci sont inclinés d'un angle allant jusqu'à 45°, pour contrecarrer la force centrifuge, qui risque d'expulser le coureur de sa trajectoire. Ce dernier étant lui-même très incliné, il se retrouve presque à l'horizontale, si bien qu'il est environ 1 m plus près du centre de rotation que les roues de son vélo. Il pédale, produit sa puissance, qui est la même qu'à plat, mais le vélo va géométriquement plus vite – de 5 % environ, c'est-à-dire de 3 km/h s'il va à 60 km/h.

Plus de vitesse, c'est plus de spectacle, ce qui pousse à sélectionner des vélodromes suffisamment petits pour que la proportion de virage y soit élevée ; mais pas trop, car il faut maintenir des lignes droites afin de favoriser les dépassements quand la course l'impose – la Madison, par exemple, où c'est un peloton qui en découd. La taille conditionne aussi le nombre de spectateurs, et une piste de 250 m réalise un compromis idéal entre ces contraintes variées, pouvant accueillir plusieurs milliers de spectateurs dans son enceinte.

Aussi rapide qu'oscillant

Vitesse d'un champion courant son kilomètre sur une piste de 250 m, en fonction du temps. Il commence par accélérer, debout sur son vélo, avant de s'asseoir quand il approche sa vitesse maximale ; la fatigue le fait ensuite légèrement ralentir. Chaque tour produit des oscillations de vitesse, cette dernière augmentant à chaque virage. Le coureur est incliné dans les virages, si bien que son centre de gravité parcourt moins de distance que sa monture – d'où l'effet, dont l'amplitude est le rapport de la distance entre le centre de gravité et la roue, ~1 m, sur le rayon de courbure du virage, ~20 m. Ces 5 % sont bien la variation relative que présente la vitesse sur la courbe là où elle oscille.

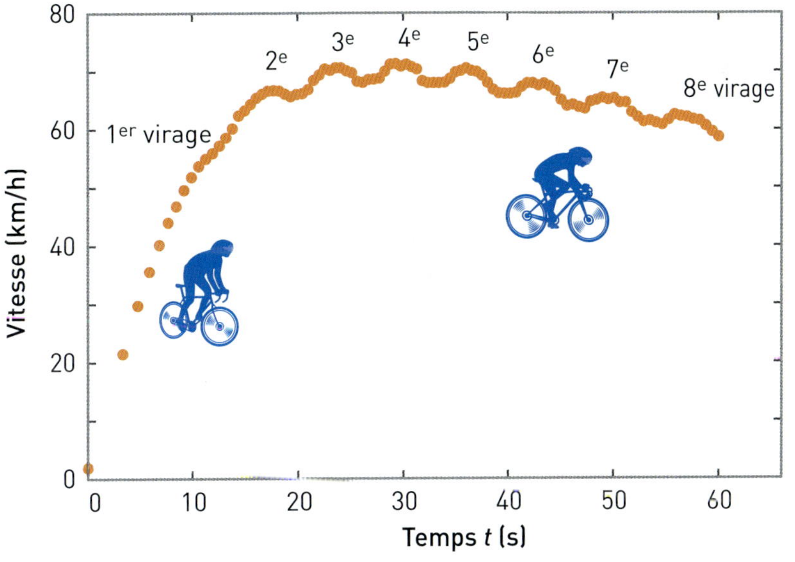

Une règle n'étant pas une règle sans son exception, citons enfin le vélodrome de La Ferté-Bernard, dans la Sarthe. Un tour y compte 1225 m, si bien qu'il faut en parcourir 81,63 % pour faire son kilo ! Aucune exception, finalement : ce n'est pas un authentique vélodrome. Il s'intitule d'ailleurs *anneau cycliste* du Pré-du-Château et il est réservé aux cyclistes sur route – taillé pour ceux d'entre eux qui aiment tourner en rond.

Cycle à mains

Le *handbike* est le vélo des Jeux paralympiques. L'athlète le propulse avec les mains, dans un mouvement symétrique qui rappelle celui de l'aviron. Ces contraintes (symétrie de la propulsion, bras plutôt que jambes) pourraient sembler défavorables, mais le sportif avance à 40 km/h dans les épreuves d'endurance, bénéficiant du caractère aérodynamique de l'engin. *Quel siècle à mains !*, a écrit Rimbaud à la fin du XIXe siècle. Cent ans plus tard, c'est toujours vrai quand apparaît le *handbike*.

ALTIUS : CITIUS, FORTIUS ?

Citius, altius, fortius **(« Plus vite, plus haut, plus fort ») sont les mots que Pierre de Coubertin emprunta à son ami (et aîné) Didon pour en faire la devise des Jeux modernes – trouvant sans doute opportun de réactiver une langue morte au moment où il ressuscitait les Jeux antiques.**

Nous convertissons ici en question le dit de Didon : plus haut, est-on plus rapide ou plus fort ? L'air raréfié des cimes nous tirerait-il vers le haut ? En un mot, faut-il viser l'Olympe au lieu d'Olympie ?

Une devise forte

Un cycliste sur le vélodrome de Moscou, en 1980, passant au-dessus de la devise des Jeux. On remarque combien la position des cyclistes est loin de ce qu'elle sera une douzaine d'années plus tard (p. 115).

Le bon sens nous dicte des réponses contradictoires : oui, car il est plus facile de se mouvoir dans un air moins dense; non, car cet air contient moins d'oxygène, privant nos muscles de carburant. Tout cela est vrai, ce qui nous aide à deviner les cas rares où l'*altius* fait le *citius* : il faut imaginer une épreuve assez courte pour ne pas épuiser notre réserve d'énergie et assez véloce pour que l'air soit la principale source de résistance au mouvement.

Et c'est ainsi que nous consultons avec une curiosité fébrile les résultats du 200 m lancé, une épreuve cycliste sur piste spécialement brève, environ 9 s chez les hommes et 10 s chez les femmes. Il s'agit d'une course individuelle, dont la première partie consiste à pédaler 800 m *ad libitum*, où l'on cherche juste à arriver le plus vite possible sur la ligne où commence véritablement la course; 200 m plus loin, c'est fini, chronomètre et classement ne prenant en compte que cette courte section où la vitesse moyenne atteint jusqu'à 79 km/h pour les hommes et 73 km/h pour les femmes. Sitôt dit, *cito* fait…

Ces deux records ont été établis en 2019 à Cochabamba, en Bolivie, et les deux précédents l'avaient été à Aguascalientes – littéralement *Chaudes-Aigues*, mais au Mexique. Si l'on s'intéresse plutôt au kilomètre masculin ou au 500 m féminin, courus avec un départ arrêté et non lancé, leurs records récents ont été battus à La Paz et à Aguascalientes pour les premiers, à Granges (Grenchen), en Suisse, et à Aguascalientes pour les secondes. On remarque que toutes ces villes sont à une altitude d'environ 2000 m, où l'air pèse 0,9 kg/m^3 – sauf, il est vrai, Granges, qui n'est qu'à 400 m. Oublions cette malheureuse exception : *Altius, citius! Quod erat demonstrandum*.

Le poids de l'air

Carte de la masse volumique, exprimée sur la barre d'échelle en kilogramme par mètre cube, sur la Terre. On reconnaît les principaux massifs montagneux au fait que l'air y est moins dense.

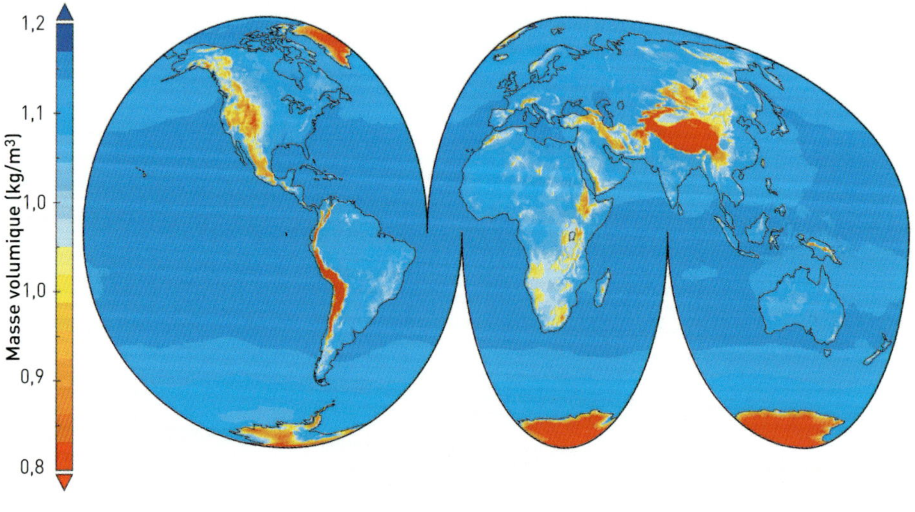

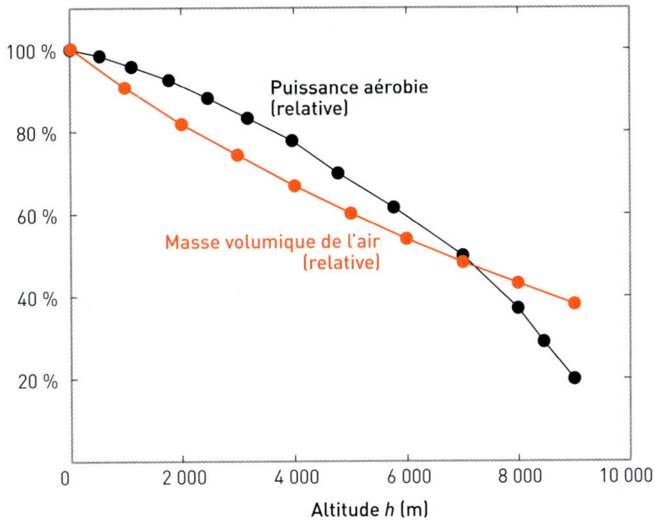

La raison du plus haut

Données rouges : masse volumique de l'air ρ divisée par sa valeur de 1,2 kg/m^3 au niveau de la mer, en fonction de l'altitude *h*. Cette fonction, une exponentielle décroissante, vaut 0,5 à 7 000 m. Données noires : puissance aérobie *P*, qui nous permet d'assurer un effort dans la durée, en fonction de *h*. *P* est divisé par sa valeur au niveau de la mer, environ 450 W. La première courbe est convexe et la seconde concave, expliquant pourquoi une altitude aussi élevée que 2 000 m reste bénéfique dans le cyclisme d'endurance. L'altitude optimale est celle où la distance entre les deux courbes est la plus grande, et elle vaut environ 4 000 m…

Dans tous les cas, il s'agit de sprints, c'est-à-dire d'épreuves qui durent moins d'une minute, la durée pour laquelle notre réservoir d'énergie autorise un effort anaérobie, sans nécessité absolue d'alimenter la machinerie musculaire en oxygène. Nous parlons ici de cyclisme, mais on sprinte aussi à pied (du 100 au 400 m), à la nage (50 et 100 m) et dans un canoë ou un kayak (200 m), toutes disciplines où, contrairement au vélo, les records depuis quinze ans ont été établis au niveau de la mer ou presque… Les raisons en sont simples : pour les épreuves aquatiques, la résistance au mouvement vient de l'eau, dont la densité est insensible à l'altitude ; pour les coureurs à pied, la vitesse est moitié moindre que celle des cyclistes, rendant très secondaire le bénéfice de l'altitude. *Citius solum velocipedo…*

L'air, de masse volumique ρ, oppose au cycliste une force $\rho V^2 SC_D$, où V est la vitesse du cycliste et SC_D sa surface effective, produit de sa surface réelle S par un coefficient aérodynamique C_D. Nous avons déjà rencontré cette formule (p. 117), et la masse volumique n'y était commentée que par sa valeur (1,2 kg/m^3). Or, on l'a dit, l'air se raréfie quand on s'élève, et la décroissance de sa masse volumique (divisée par sa valeur au niveau de la mer) avec l'altitude h est montrée p. 134. L'air est moins dense de 10 % à 1000 m et de 50 % à 7000 m : on souffre bien d'un manque d'oxygène sur les sommets élevés de notre planète.

Le vélodrome de Cochabamba, où ont été battus les derniers records homme et femme du 200 m lancé, est situé à 2600 m d'altitude. Si le nid d'oiseau est le nom donné au très beau stade olympique de Pékin, on a plutôt affaire ici à un nid d'aigle… L'air y est 20 % moins dense qu'au niveau de la mer, ce qui abaisse la résistance aérodynamique dans les mêmes proportions. Pour des efforts brefs, le coureur puise dans son réservoir d'énergie, de sorte que la puissance P que développe un sprinter, environ 1000 W, ne dépend pas de l'altitude. Cette puissance est utilisée pour traverser l'air, produit du frottement $\rho V^2 SC_D$ dans l'air par V. On en déduit l'expression de la vitesse du sprint, $V \sim (P/\rho SC_D)^{1/3}$. Pour $\rho \approx 1$ kg/m^3 et $SC_D \approx 0{,}2$ m^2, la formule prédit 60 km/h, qui est l'ordre de grandeur observé – et non la valeur exacte, faute d'avoir pris en compte les facteurs numériques dans les équations. Cette formule confirme que la vitesse augmente quand ρ décroît, permettant

Un saut en hauteur

En 2017, la rencontre sportive *Le Saut des Géants* réunit à Tignes les trois médaillés au saut en longueur de Rio, dont le Sud-Africain Luvo Manyonga, qui a gagné l'argent à Rio et l'or aux championnats du monde à Budapest, dix jours plus tôt. Le but revendiqué de la compétition ? Battre le record du monde de Mike Powell (8,95 m), les organisateurs laissant entendre que l'altitude, un peu plus de 3000 m, pourrait bien le permettre. Mais Manyonga, vainqueur avec un saut à 8,46 m, reste à 50 cm de l'objectif.

de comprendre pourquoi les records de sprint à vélo ont tous été battus vers 2000 m, suffisamment haut pour que la baisse de la densité de l'air soit significative.

Tous ? Non ! Car un village peuplé d'irréductibles Helvètes résiste encore et toujours à la loi romaine de l'*Altius* : Granges, *Grangiae* en latin tardif, sur sa colline de 400 m. Or le ciel menace ses habitants de leur tomber sur la tête. Le lieu est en effet connu pour ses fréquents et puissants épisodes dépressionnaires qui voient la densité de l'air baisser de 10 % environ, ce qui, ajouté aux 5 % liés à l'altitude de Granges, engendre une variation relative de densité de 15 %. Par Toutatis ! C'est à peu près ce que l'on mesure à 1500 m, un peu inférieur à l'effet Cochabamba,

certes, mais le compensant par des commodités évidentes – dont celle de ne pas avoir à déplacer des équipes entières sur des continents lointains et sur les durées longues qu'impose l'acclimatation à l'altitude.

Tous les records actuels à vélo sur distance courte ont donc été établis dans des atmosphères allégées. La puissance $\rho V^3 SC_D$ étant sensible au cube de la vitesse, on comprend que les sprinteurs à pied, deux fois plus lents que les cyclistes, perdent dans l'air environ dix fois moins d'énergie que ces derniers – rendant marginal le bénéfice de l'altitude sur le tartan. Le coup d'éclat de Bob Beamon à Mexico (p. 20), parfois attribué à l'air raréfié de la capitale mexicaine, incarne en réalité le miracle du saut parfait : ses concurrents, d'ailleurs, sautèrent au mieux 70 cm moins loin que lui, et son record fut effacé en 1991 à Tokyo, à l'altitude insignifiante de 40 m…

Demandons-nous alors ce qu'il en est pour les cyclistes dont les courses dépassent de beaucoup la minute et qui auront besoin d'oxygène pour nourrir leur effort, au contraire des sprinteurs. L'archétype du record d'endurance est celui de l'heure, où l'on mesure la distance parcourue en vélodrome sur cette durée. Que ce soit chez les femmes ou chez les hommes, les trois dernières meilleures performances dans la discipline ont été obtenues dans des villes déjà citées, Aguascalientes, Granges et Granges à nouveau. Aguascalientes est à 1900 m, tandis que la dépression chronique de Granges y crée une atmosphère qu'on a vu être celle d'un sommet de 1500 m. Or c'est une surprise de rester dans ces hauteurs pour une course où l'on dépend d'un moteur à oxygène. Certes, ils vont plus haut, mais les alpinistes affrontant l'Everest sans oxygène témoignent unanimement de leur extrême faiblesse musculaire à la fin de l'ascension.

La formule qui donne la vitesse, $V \sim (P/\rho SC_D)^{1/3}$, reste valable, et la décroissance de ρ avec l'altitude h favorise toujours autant la performance. Mais la puissance *P* des endurants n'est plus celle des sprinteurs : ayant épuisé leur stock d'énergie anaérobie, ils deviennent tributaires de l'oxygène de l'air qui régénère l'ATP de leurs muscles. *P* est donc à présent une fonction décroissante de *h*, effet nocif pour une performance en montagne. On a tracé cette fonction, connue par des mesures (en noir), sur le graphe qui montrait déjà les variations de la densité (en rouge). Comme pour cette dernière, on a divisé ses valeurs successives par celle au niveau de la mer, afin de favoriser une comparaison directe entre les deux courbes. On relève en premier lieu que leur concavité diffère. La densité décroît plus vite à faible *h* que la puissance aérobie, ce qui suggère qu'on a en effet intérêt à rechercher le bon air des cimes pour s'attaquer aux records d'endurance. Ce parti pris a pourtant ses limites : la puissance aérobie finit par s'effondrer, perdant un facteur 2 sur les 1000 m précédant le sommet de l'Everest, explication concrète des souffrances des himalayistes.

L'allure des fonctions $\rho(h)$ et $P(h)$ implique qu'il existe une altitude optimale pour battre le record de l'heure : celle où l'écart entre les deux courbes est le plus grand. On lit ainsi sur la courbe $h \approx 4000$ m, et la formule pour la vitesse laisse alors espérer un gain de 4 % par rapport au niveau de la mer. Cette prédiction d'une altitude optimale aussi élevée pour une épreuve d'endurance est déconcertante – et elle reste à prouver. Mais la ville existe : El Alto, en Bolivie, la bien nommée, qui culmine à 4150 m – si bien que résonne à nos oreilles la voix de Samuel Fergusson quand il dit à son ami Dick Kennedy dans *Cinq semaines en ballon* : « Aie confiance, et que ma devise soit la tienne : *Excelsior !* – Va pour *Excelsior !* répondit le chasseur, qui ne savait pas un mot de latin. »

LA FORCE MENTALE

Le record de l'heure est un exercice solitaire où un cycliste, dans un vélodrome, pédale pendant soixante minutes à l'issue desquelles on mesure la distance qu'il a parcourue.

Son premier détenteur, sûr de l'obtenir par le simple fait d'être le premier, fut Henri Desgrange en 1893, avec 35,325 km – l'habitude, très tôt prise, étant de donner la distance au mètre près. Dix ans plus tard, Desgrange inventait le Tour de France.

Le premier roi de la petite reine
Henri Desgrange en 1893, l'année où il établit au vélodrome Buffalo le record de l'heure en pédalant 35,325 km – à comparer aux 56,792 pour les hommes et aux 50,267 pour les femmes, aujourd'hui. On remarque que Desgrange pousse l'amour de la petite reine jusqu'à adopter des moustaches en guidon de vélo !

Cent ans plus tard, Graeme Obree s'attaque au record de l'heure, alors solide propriété de l'Italien Francesco Moser depuis 1984 avec ses 51,151 km. La scène se passe au vélodrome de Vikingskipet, à Hamar, en Norvège. On est le 16 juillet 1993, et Obree échoue de près de 500 m. Mais, ayant réservé la piste pendant vingt-quatre heures, il décide de revenir le lendemain matin, tôt : c'est encore dans le créneau qui lui est attribué – et s'il y a une chose dont il est sûr, c'est qu'il n'a besoin que d'une heure...

Le journaliste Nicholas Roe, du *Telegraph*, raconte la nuit du 16 au 17 : « Pour éviter que son corps endolori ne se bloque, Obree prend la décision insolite de boire des litres et des litres d'eau, ce qui l'oblige à se réveiller toutes les deux heures la nuit pour aller aux toilettes. Chaque fois qu'il se lève, il étire ses muscles. Le lendemain, il est à 7 h 55 sur la piste du vélodrome désert, prêt à se lancer cinq minutes plus tard. Il a à peine dormi. »

Écoutons alors Obree décrire son état mental lors de sa seconde tentative : « J'étais Butch Cassidy, en termes d'assurance. Je ne

Vingt ans après

Graeme Obree s'intéressa au record de vitesse pure (qu'il ne battra pas) vingt ans après avoir battu le record de l'heure. On le voit ici sur le « vélo » de sa conception avec lequel il atteindra 91 km/h, loin toutefois des 133 km/h du cycliste néerlandais Bowier en 2013. Il déclara en 2020 : « Ma plus grande crainte n'est pas de m'écraser à vélo à 130 km/h et d'y laisser ma peau ; c'est d'avoir 90 ans, d'être assis dans une chaise et de penser que j'aurais pu faire plus. » Obree peut être aussi un prénom d'origine swahilie qui signifierait, dit-on, et d'une manière spécialement adaptée : *Jamais du genre à échouer*.

voulais rien de négatif. C'était une guerre éclair : j'y vais – laissez-moi faire. Je n'étais plus un petit Écossais timide, et c'est ce qui a fait la différence. C'est purement mental. Hier, j'étais une souris. Aujourd'hui, un lion. »

Le lion est bien le roi : le 17 juillet 1993, il établit un nouveau record de l'heure de 51,596 km, 445 m de plus que Moser. Faisons l'hypothèse que, pas plus en forme ce jour-là que la veille, mais vexé par son échec, ce soit sa force mentale qui ait fait la différence. On l'évalue alors par les 900 m d'écart entre ses deux tentatives. Traduit en vitesse, c'est un gain de 1,8 %, donc de 5,4 % sur la puissance, sensible au cube de la vitesse (p. 117). Si la puissance critique d'Obree est de l'ordre de 365 W, sa puissance mentale est donc d'environ 20 W. On la transforme en force en considérant le braquet (52/12), le rayon des roues (33,4 cm), la longueur des manivelles (17 cm) et la vitesse (51,6 km/h) – et on trouve une dizaine de newtons.

Transcrite en masse, ce que nous appelons ici la force mentale de Graeme Obree vaut donc environ 1 kilo.

C'est peu ? Non, c'est considérable. Car les athlètes s'entraînent pour avoir des performances régulières, alors que la fluctuation de puissance d'Obree a été supérieure à 5 % du jour au lendemain, un écart énorme. On ne saura jamais, bien sûr, ce qui a véritablement fait la différence le 17 juillet 1993 : Une pression trop forte la veille, ces tentatives de record étant largement publicisées à l'avance ? Le traitement hydrique qu'il s'infligea la nuit précédente, aussi peu académique que la position qu'il inventa sur son vélo (p. 115) ? Ou, comme nous le supposons ici, sa force mentale, ce réservoir de performance que tous les athlètes mentionnent et cherchent à activer – la souris devenue lion ? Il n'y a donc pas que chez La Fontaine qu'un petit rongeur délivre le roi des animaux…

SPORTS NAUTIQUES

EN NAGE

Huit nageuses ou huit nageurs tendus sur leurs plots s'élancent ensemble pour en découdre sur une distance qui va de 50 à 1500 m.

Ils plongent, disparaissent un moment avant qu'on les retrouve à la surface, produisant leur effort, progressant à la vitesse d'une marche très rapide : 2,1 m/s pour les hommes ou 1,9 m/s pour les femmes sur un 100 m nage libre, c'est-à-dire en crawl, la nage la plus rapide. Or, à la différence des sprints en athlétisme où l'on commence par accélérer (p. 46), les nageurs ralentissent dès leur entrée dans l'eau, après la phase édénique du plongeon où ils sont presque trois fois plus rapides que dans le bassin. Comment tirer parti de ce moment de grâce et faire de la décélération un art véritable ? C'est la question que nous nous posons ici.

Rien ne sert de courir…

Vitesse d'Alexander Popov et de Florent Manaudou lors de leurs 50 m respectifs à Barcelone (médaille d'or) et à Rio (médaille d'argent). On note la très forte décélération des deux nageurs, mais aussi des variations plus fines. Ainsi, Manaudou est plus rapide dans les vingt premiers mètres, et même si Popov va légèrement plus vite ensuite, le retard initial ne sera jamais comblé : 21,41 s pour Manaudou à l'arrivée contre 21,91 s pour Popov. La barre verticale montre la limite de la coulée.

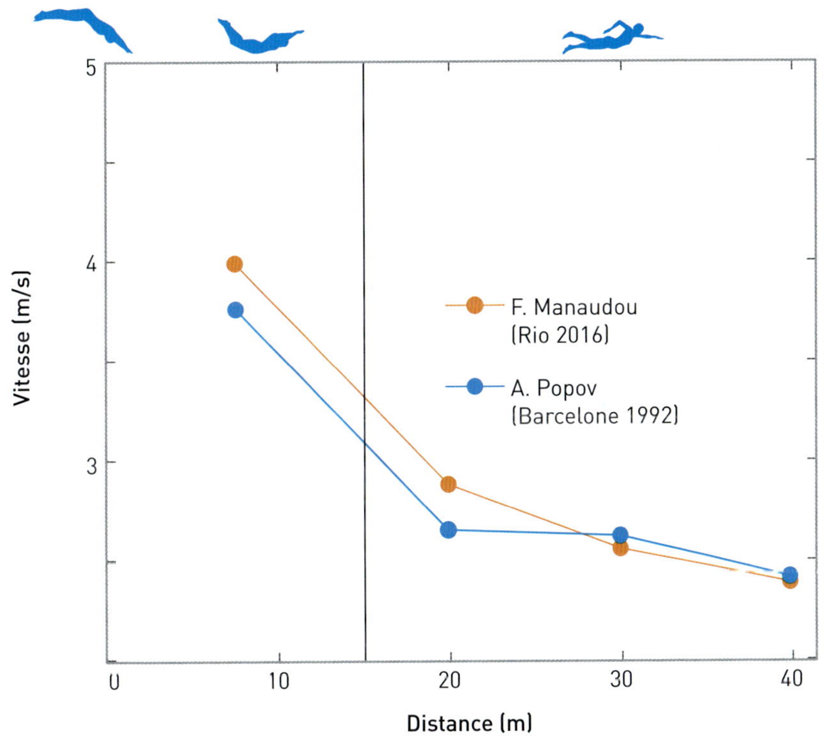

La principale source de résistance pour le nageur est sa traînée hydrodynamique. Son expression, $\rho V^2 S C_D$, est sensible à la masse volumique ρ de l'eau (1000 kg/m^3), au carré de la vitesse V (une fonction rapidement croissante, qui explique pourquoi il est si difficile d'accélérer à la nage), à la section S du nageur et au coefficient de traînée C_D, un nombre sensible à sa géométrie. Un athlète qui aurait l'idée saugrenue de rester en boule en agitant ses membres pour avancer décuplerait ce coefficient, par rapport à qui s'allonge dans le sens de la nage. La surface effective SC_D d'un homme ou d'une femme vaut alors environ 0,04 m^2, du moins quand ils sont inertes.

La formule pour la traînée hydrodynamique est la même pour un kayak ou un aviron, autres exemples de solides profilés dans le sens de la course. Mais les systèmes diffèrent sur un point essentiel : un nageur, quand il se propulse, voit sa forme changer. Cela a pour conséquence majeure de doubler sa surface SC_D par rapport à l'état inerte – elle devient de l'ordre de 0,08 m^2. Cette augmentation est logique puisque le nageur nageant est moins profilé que celui qui se laisse simplement glisser. Un poisson qui ondule subit la même croissance de sa surface effective, comparé à un poisson inerte. Or, un nageur connaît deux phases où il ne nage pas : d'abord quand il quitte son plot,

avec une impulsion qui le fait voler un peu plus de 3 m, puis le long de sa descente dans l'eau où il progresse de deux bons mètres supplémentaires. Si la course faisait 5 m, les nageurs resteraient passifs, hormis leur impulsion initiale !

La distance parcourue dans l'air, qui fait du prétendu 100 m à la nage un 97 m, résulte des lois élémentaires de la chute libre : c'est la portée du morceau de parabole que suit un corps pesant jaillissant d'une hauteur de 75 cm à une vitesse horizontale de 5 m/s acquise en poussant sur le plot. Puis l'athlète entre dans l'eau : c'est la phase de coulée, portée à un extraordinaire point de perfection par un Michael Phelps ou, plus récemment, par un Léon Marchand : le nageur se laisse glisser, bénéficiant du frottement réduit de son corps immobile, dans une phase qu'on est donc tenté de nommer la *coulée douce*.

La coulée bleue
Léon Marchand (au centre) au départ de la finale du 200 m quatre nages aux Championnats du monde de Fukuoka en 2023. Il gagnera, après avoir nagé la distance à la vitesse moyenne de 1,8 m/s (6,5 km/h).

La raison pour laquelle le nageur doit quitter l'état idéal de torpille est l'impitoyable freinage par l'eau, qui confère au corps immergé une très faible inertie. Cela vaut bien un petit calcul : un sportif de volume Ω et de vitesse initiale V va ralentir sur une longueur L que donne la loi de Newton : le produit de sa masse $\rho\Omega$ par sa décélération V^2/L s'équilibre avec le frottement $\rho V^2 SC_D$ discuté plus haut. On en déduit que la longueur L est de l'ordre de Ω/SC_D, formule admirable de simplicité puisqu'elle ne dépend de presque rien, pas même de la vitesse : entrer plus vite dans l'eau fait qu'on est freiné plus fort, si bien qu'on ralentit sur la même distance. Pour un athlète ($\Omega \approx 100$ litres) passif ($SC_D = 0{,}04$ m^2), la formule prédit une longueur L entre 2 et 3 m, qui est bien la distance typique parcourue pendant la phase de pure glisse, en début de course. Si l'on choisissait de nager

Plonger, glisser, ondoyer

Analyse d'un départ de Maxime Grousset (champion du Monde 2023 du 100 m papillon) plongeant de son plot, entrant dans l'eau après environ 3,5 m, glissant jusqu'à une profondeur de l'ordre du mètre, puis déclenchant des ondulations de son corps jusqu'à remonter à la surface. La distance alors parcourue, ici de 13 m, dépend du nageur, mais elle doit rester sous la limite autorisée de 15 m.

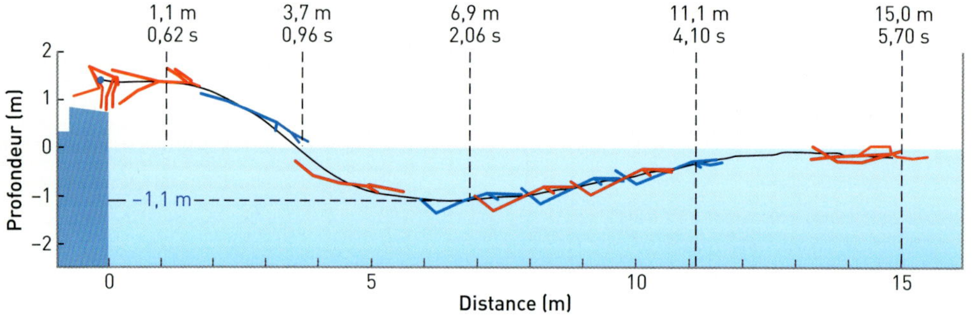

durant cette coulée, la surface effective SC_D doublerait et on serait (paradoxalement) freiné deux fois plus, tout en se fatiguant.

Au bout de la longueur *L*, la vitesse du nageur a donc décru significativement. Maintenant à 6 ou 7 m de son point de départ, ayant idéalement la vitesse qu'il aura dans la phase suivante, il déclenche une nage sous-marine faite d'ondulations. Les champions dans ce mode ondoyant atteignent une vitesse de 2 m/s, inférieure de 5 % à celle d'un crawl de surface. On pourrait donc penser qu'ils ont intérêt à vite sortir de l'eau, mais ce n'est pas ce qu'on observe : l'ondoiement sous-marin couvre de 5 à 8 m, la longueur exacte dépendant de la vitesse de chacun, le plus rapide sous l'eau tendant naturellement à l'augmenter. Mais méfions-nous des idées reçues : la résistance de l'eau dans cette phase d'ondulations n'est pas plus faible qu'en surface, elle est même comparable (certes, on fait moins de vagues, mais on déplace plus d'eau) et la vitesse qu'on y atteint est surtout liée aux qualités du nageur dans cet exercice.

La vitesse horizontale du nageur sous-marin ne fait ainsi que décroître à partir de sa valeur initiale de 5 m/s, une décroissance assez rapide dans le moment de glisse et moindre dans la phase d'ondulations; et tout l'art sera de ressortir quand le nageur a la vitesse qu'il conservera pour le reste de la course, environ 2,1 m/s pour un 100 m en crawl. On devine qu'un athlète émergeant à une vitesse inférieure serait en retard et dès lors condamné *à la recherche du temps perdu*, contraint de surcroît d'accélérer pour trouver son allure de course. Pour le papillon, plus lent (environ 1,9 m/s), il est intéressant de prolonger la coulée à cause de la vitesse supérieure qu'on y a. Mais l'intérêt de cette phase est également d'économiser ses bras, qui ne se mettront en action qu'à la surface : un nageur enchaîne deux nages différentes, l'ondoiement, commun au crawl et au papillon, et la nage spécifique qui le suit, en surface.

D'autres stratégies sont envisageables : dans les années 1970, les nageurs effectuaient en plongeant une sorte de plat, pour enclencher aussi vite que possible leur crawl ou leur papillon, solution logique si l'on nage plus vite à la surface qu'en profondeur. Cependant, outre l'énergie perdue dans un choc frontal avec le plan d'eau, il faut alors composer avec les vagues. On le voit en mesurant la décidément cruciale surface effective SC_D en fonction de la vitesse V pour un humain passif tracté par un câble à la surface de l'eau, une expérience qui permet de tester toutes sortes d'allures, y compris celles supérieures aux vitesses usuelles de la nage.

Sur la figure qui suit, on remarque que SC_D, quantité supposée indépendante de V, cesse de l'être au-delà de 2 m/s : elle croît d'environ 30 % jusqu'à V = 2,7 m/s, avant de redescendre lentement vers sa valeur plancher de 0,04 m^2. Cela montre une résistance accrue au mouvement, qui correspond à la force liée aux vagues :

quand le nageur en crée, qu'il soit inerte ou pas, il fait monter le niveau de l'eau, ce qui correspond à une perte d'énergie (celle qu'il consacre à édifier ces collines molles), et donc à une résistance supplémentaire.

Le calcul montre que cette traînée de vague a bien la forme en cloche qu'on voit sur la figure. En choisissant le régime sous-marin quand ils vont plus vite que 2 m/s, les nageurs évitent donc ce frein supplémentaire. Certes, la distance qu'ils parcourent sous l'eau est un peu plus grande : mais ils ont beau descendre à une profondeur de 1 m environ, leur course ne s'accroît que

La bosse des vagues

Surface effective SC_D d'un humain inerte remorqué à vitesse V à la surface d'une piscine. La surface SC_D, qui traduit la résistance à la nage, suit un plateau jusqu'à 2,1 m/s (pointillés). Au-delà, SC_D croît de 30 %, à cause de la traînée de vague. Cette augmentation justifie la coulée dans les phases où la vitesse du nageur dépasse 2,1 m/s, c'est-à-dire après le plongeon initial et la culbute en bout de bassin. La barre verticale montre la zone des records du monde sur 100 m : la vitesse moyenne croît de 0,1 m/s environ par nage, partant des 1,8 m/s de la brasse au 2,1 m/s du crawl, en passant par le dos crawlé et le papillon. Toutes ces nages restent au pied de la cloche que fait la traînée de vague.

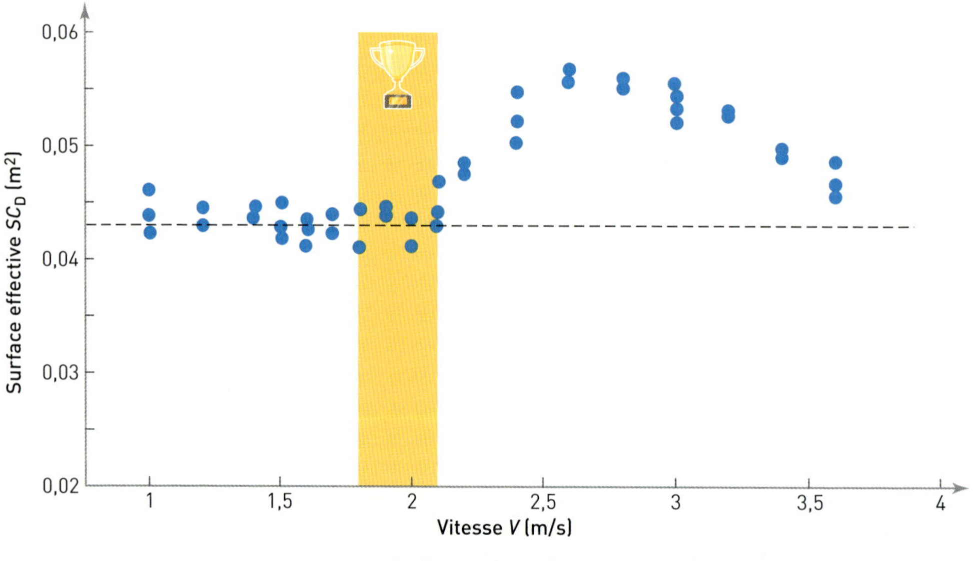

d'une trentaine de centimètres, un investissement modeste et largement compensé par le gain que procure la coulée.

Il y a une seconde circonstance où le nageur s'enfonce dans l'eau, à savoir le demi-tour après chaque longueur de 50 m du bassin olympique. C'est une culbute (suivie d'une vrille pour se retourner), qui a l'avantage de faire passer le nageur sous son sillage, dont le choc sur le mur serait une autre cause de ralentissement. En outre, il profite de ce mur pour exercer avec les pieds une poussée qui le relance à environ 3 m/s – moins vite qu'au moment du plongeon, mais assez pour qu'une nouvelle coulée soit favorable. Celle-ci s'épanouira sur une distance de l'ordre de 8 m, comparable à celle observée au départ, confirmant le bien-fondé de cette stratégie subaquatique. Sur un 1500 m, avec son plongeon initial et ses 29 culbutes, ce ne sont pas moins de 250 m, soit cinq longueurs de bassin, que le nageur passera sous l'eau ! Quant au 50 m, la plus courte des distances, presque 25 % s'y effectueront entre vol et coulée.

Un essor dans l'air, une glissade dans l'eau, oiseau puis poisson : c'est par un compromis que les nageurs retrouvent la condition humaine, en se plaçant à la frontière entre les deux fluides qui nous font vivre – même si certains, on l'a noté, optent alors pour le papillon…

ANECDOTIQUE OU ACCESSOIRE ?

Comme pour les courses à pied, la nage olympique se partage entre sprint (50 et 100 m), demi-fond (400 m) et fond (de 800 m à 10 km), le 200 m étant comme un sprint long.

Et comme pour elles, la spécialisation s'impose : le plus titré des nageurs de l'histoire, Michael Phelps, a obtenu 45 de ses 49 médailles d'or aux Jeux ou aux Championnats du monde dans des disciplines de sprint – les 4 dernières l'étant dans des 400 m quatre nages.

Les nageurs peuvent être vus comme des sportifs à l'état élémentaire, dotés de leur seul corps, à l'instar des lutteurs, des judokas ou des gymnastes – sans doute l'une des raisons de l'admiration qu'ils inspirent. On lit souvent que les athlètes grecs concouraient nus, mais il semble désormais établi que ce

Un coton hydrophile

Johnny Weissmuller posant en maillot de coton pour un tableau à sa gloire, en 1924, l'année de ses premiers titres olympiques sur 100 m, 400 m et 4 x 200 m (relais). Weissmuller, futur Tarzan à Hollywood, fut le premier à nager le 100 m sous la barre de la minute. C'était à Alameda, faubourg d'Oakland, dans l'année 1922. Actuellement, les records masculin et féminin du 100 m sont 46,80 s et 51,71 s.

soit une légende : ils étaient, pense-t-on, couverts d'une sorte de pagne ou de suspensoir attaché autour des reins, une assez bonne approximation du seul accessoire (à première vue) du nageur, son maillot.

La matière des maillots et la surface qu'ils couvrent ont beaucoup changé en un siècle : en laine à l'origine, en coton et soie dans les années 1930, en lycra vingt ans après. Le lycra est un matériau synthétique élastique qui tend la peau, promouvant le maillot au rang d'accessoire technologique, ce que le bref règne du polyuréthane consacrera à partir de 2008 : en moins de deux ans, plus de 200 records du monde seront battus par ce polymère (et par la femme ou l'homme qui s'en couvrent), jusqu'à son interdiction le 1er janvier 2010.

La forme des maillots a autant changé que leur matériau. Les nageurs, encore très couverts au début du XXe siècle, laissent l'épaule se dégager vers 1920, puis le torse entier pour les hommes, leur maillot devenant slip de bain toujours plus minimal jusqu'en 1990, année à partir de laquelle on va franchement se rhabiller, comme en témoignent les tenues intégrales d'un Ian Thorpe autour de l'an 2000. À cette époque, on voit d'ailleurs s'aligner anarchiquement combinaisons, shorts et autres maillots très courts, un désordre mal considéré que le règlement interdisant le polyuréthane normalisera en limitant les tenues des garçons à des shorts un peu longs – les filles ayant pendant toutes ces années limité l'évolution des échancrures de leur maillot aux cuisses et aux épaules.

Comme pour les autres sports, mais sans pouvoir attribuer le progrès à un nouveau design de roue, de coque ou de voile, les performances en natation n'ont cessé de s'améliorer depuis un siècle. Pour le quantifier, il est utile de montrer l'évolution de la vitesse des courses. On y considère la vitesse moyenne *V* des dix meilleurs nageurs et nageuses sur trois nages, pour les années où l'on dispose d'au moins 25 courses pour consolider la statistique.

La moyenne aide à s'affranchir des effets liés à un athlète exceptionnel et à obtenir une mesure fiable de la qualité de nage de l'élite mondiale, en gros l'ensemble de ceux qui composent la finale d'une compétition. Les courses sont le 100 m libre (données noires), le 200 m brasse (données orange) et le 1500 m pour les hommes et le 800 m pour les femmes (données bleues). Les vitesses diffèrent dans ces trois disciplines et afin de comparer les données, on les divise par V_{max}, la vitesse du record(wo)man du monde en 2024 dans chaque cas.

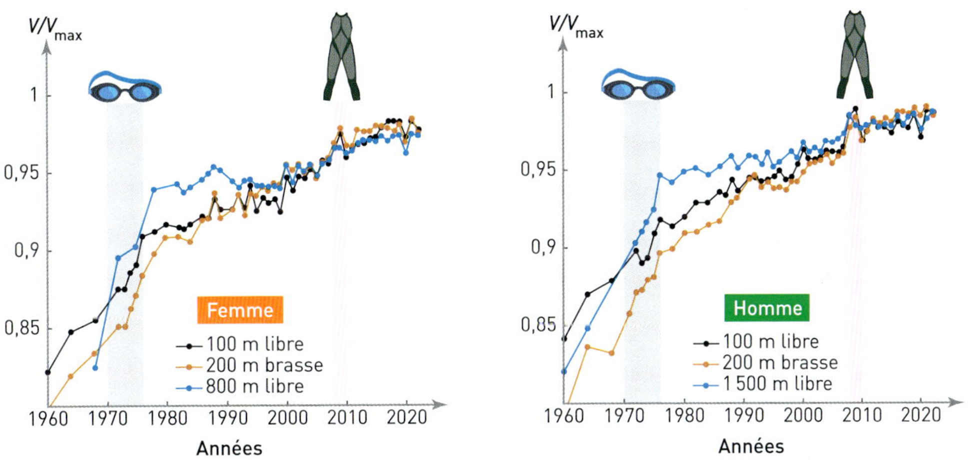

Toujours plus vite

Vitesse moyenne entre 1960 et 2022 des dix meilleurs nageuses et nageurs pour trois disciplines : le 100 m libre (en noir), le 200 m brasse (en orange) et le 1 500 m pour les hommes ou le 800 m pour les femmes (en bleu). Toutes ces vitesses moyennes sont divisées par V_{max}, celle du record actuel dans la discipline : 2,1 m/s pour les hommes (H) et 1,9 m/s pour les femmes (F) au 100 m nage libre ; 1,6 m/s (H) et 1,5 m/s (F) pour le 200 m brasse ; 1,7 m/s (H) et 1,6 m/s (F) au 1 500 m et au 800 m nage libre. Des barres de couleur indiquent deux des rares événements « technologiques » survenus en natation : les lunettes, d'abord tolérées à partir de 1970 puis officiellement autorisées en compétition en 1976 (en gris) ; la combinaison en polyuréthane, qui s'impose en 2008 avant d'être interdite début 2010 (en rose).

Le graphe court sur soixante ans et on cherche à comprendre ce qu'il reflète, entre innovations, supposées marginales en natation, événements géopolitiques, qui nous rappellent que sport et politique sont plus mêlés qu'on ne le souhaiterait, ou pandémie, si malencontreusement il s'en rencontrait une entre 1960 et 2022... On note d'abord la nette croissance des courbes : les six dernières décennies ont vu les sports se professionnaliser et il est logique que la performance l'exprime, vite au début, moins ensuite : les records sont de plus en plus difficiles à battre. Nous frappe aussi le caractère accidenté de chaque courbe, les moyennes effectuées sur un petit groupe (dix nageurs) s'accompagnant de fluctuations non négligeables.

Au moins trois accidents semblent échapper à ce « bruit », chez les femmes comme chez les hommes. En premier lieu, et comme on pouvait s'y attendre, un pic très net entre 2008 et 2010 marque pour les trois nages l'ère aussi brève que totalitaire du polyuréthane (zone rose sur la figure). On attribue l'efficacité de ce polymère à la flottabilité qu'il donnait aux athlètes, certains allant même jusqu'à superposer deux maillots pour mieux sortir de l'eau. Outre une moindre résistance au mouvement, la flottabilité favorise les gros gabarits, donc les nageurs puissants. L'élasticité du polyuréthane contribuerait aussi à gainer le corps et ainsi à diminuer sa section, donc le frottement avec l'eau. Les triathlètes, qui portent une même tenue pour leurs trois épreuves, (nage, vélo, course à pied) ont une combinaison en néoprène qui améliore d'environ 5 % leurs performances dans l'eau par rapport à un maillot classique – un écho de l'effet polyuréthane de la fin des années 2000.

En deuxième lieu, on note un trou de performance en 2020, symétrique en creux du pic de polyuréthane et signature de la pandémie de Covid – moins d'entraînements et moins de compétitions provoquent une baisse inéluctable des résultats, d'ailleurs vite rattrapés après cet épisode morose. Enfin, on relève un creux durable après 1990 pour la brasse homme, une spécialité soviétique. L'effondrement de l'URSS l'explique sans doute, par exemple à cause d'une baisse du dopage dont le bloc de l'Est avant 1990 avait fait une terrible spécialité, aujourd'hui avérée. On observe d'ailleurs un effet semblable avec le 800 m femmes, où un tiers des dix meilleures nageuses entre 1980 et 1990 sont Est-Allemandes : la disparition de leur pays après 1990 a fait chuter la performance.

Une quatrième tendance va nous intéresser, qui est l'accroissement vertigineux des vitesses du 1500 m hommes et du 800 m femmes dans les années 1970. Nous soupçonnons un accessoire d'en être la cause, au moins partielle. Apparu vers 1970, cet objet presque insignifiant a été toléré avant d'être officiellement autorisé aux Jeux de 1976 (barre grise sur la figure) : il s'agit des lunettes de natation, indissociables du bonnet qui émergea au même moment, d'abord pour retenir les lunettes qui souvent plongeaient avec le nageur. Le bonnet s'est maintenu depuis pour les hommes et surtout pour les femmes : prévenir le gonflement d'une chevelure par l'eau évite de s'alourdir et favorise la performance.

L'année de tous les records
Amaury Leveaux en 2008, l'année où il bat en une semaine 5 records du monde, ceux du 50 m nage libre, du 50 m papillon (deux fois) et du 100 m nage libre (deux fois) en petit bassin (25 m). Il revêt les trois accessoires de l'époque : un bonnet, des lunettes et une combinaison en polyuréthane.

Mais les lunettes ? On voit mal quel bénéfice elles apportent, et, s'il y en a un, pourquoi c'est la course longue qui en profiterait. Pas d'amélioration hydrodynamique à espérer, pas de vision accrue dans une atmosphère brouillée par les gouttelettes, rien de particulier. À se demander s'il ne faut pas les ranger au rang des accessoires fantasmatiques, comme la moustache, réputée catalyseur de performance après les exploits de Mark Spitz à Munich en 1972, pour de prétendues capacités à stocker un peu d'air…

Les lunettes semblent pourtant jouer un rôle. Quand on interroge des athlètes qui enchaînaient chaque jour une douzaine de kilomètres dans l'eau, tous témoignent que la présence de chlore dans l'eau provoquait des brûlures oculaires suffisamment vives pour compromettre leur concentration en fin de journée. Le problème était aussi prégnant en compétition, comme en témoigne Michel Rousseau, très grand nageur des années 1970, quarante fois champion de France : « dans un 1 500 m, on n'y voyait plus rien au bout de 800 m, tant la douleur était vive ». En protégeant ses yeux, le nageur de 1 500 m pouvait donner le plein de ses capacités, cause plausible de l'amélioration spectaculaire des performances sur cette distance, il y a 50 ans. Cela montre comment un accessoire modeste, dans un sport qui en est dépourvu, est susceptible de modifier la donne – mais aussi que les envolées scientifiques doivent parfois être troquées pour des enquêtes plus prosaïques…

« On a souvent besoin d'un plus petit que soi », confirme *Le Lion et Le rat*. On y lit aussi : « Patience et longueur de temps font plus que force ni que rage », deux octosyllabes qui sont un bel hommage par anticipation à l'abnégation des nageurs à l'entraînement. Mais on sait moins que La Fontaine écrivit un anecdotique conte grivois, peut-être accessoire dans son œuvre, qu'il intitula *Les lunettes*.

LE BASSIN PARISIEN (ET AUTRES BASSINS)

On courait, on luttait, on lançait (y compris soi-même, manière antique de qualifier le saut en longueur), mais on ne nageait pas à Olympie.

Cela en dépit d'un théorème dû à Platon : « Un homme qui ne sait ni lire, ni écrire, ni nager est mal éduqué. » Mais on se mit à l'eau dès le renouveau des Jeux, en 1896 : la natation était l'un des neuf sports à Athènes, avec l'athlétisme, le cyclisme, l'escrime, la gymnastique, l'haltérophilie, la lutte, le tennis et le tir.

Serviette et plonge !

Départ du 200 m nage libre aux Jeux de Londres de 1908 : il n'y a ni plot de départ (on part d'une simple serviette), ni ligne d'eau, mais pour la première fois, les sportifs disposent d'un bassin en eau morte.

Trois épreuves furent proposées, le 100 m, le 500 m et le 1200 m, que complétait un autre 100 m réservé aux seuls marins grecs, en hommage peut-être à Ulysse qui réchappa à la nage de nombre de ses naufrages. La compétition eut lieu en un seul jour, dans la baie d'Athènes, les spectateurs se massant sur des bateaux. L'étonnant Hongrois Alfréd Hajós qui, 28 ans plus tard, fut médaillé d'argent en architecture à l'Olympiade de Paris, dans la période où il y eut aux Jeux des compétitions artistiques, sut enchaîner victorieusement les deux distances extrêmes. Au roi Georges de Grèce qui lui demandait, impressionné : « Où avez-vous appris à nager aussi bien ? », il répondit avec à propos : « Dans l'eau. »

L'eau reste vive en 1900, à Paris, où l'on s'affronte dans la Seine, entre Asnières et Courbevoie, sur le 200 m libre, le 200 m dos, le 1000 m et quatre épreuves sans lendemain, le 4000 m (amateur ou professionnel), le 5 x 40 m par équipe, le 200 m avec obstacles et le 60 m sous l'eau. Les femmes font une apparition très modeste dans ces Jeux (deux épreuves, mais pas aquatiques), Mesdames Desprès, Filleul-Brohy et Ohier ouvrant le bal aux épreuves de croquet. On pourrait d'ailleurs dévider à l'infini ces faits pittoresques, mais nous nous concentrerons dans ce chapitre sur le principal complément du nageur et de son maillot, qui est le bassin. 1908 est, de ce point de vue, une date importante : à Londres, pour la première fois, on nage en eau morte, dans un bassin de 100 m de long installé dans le stade. Peu profond et malcommode (on y plonge d'une serviette posée sur le bord), il marque néanmoins le début des courses en piscine, où il s'agit d'être à la hauteur de l'étymologie (le *piscis* latin) et moins tributaires des aléas (courants, vagues) d'une eau libre.

On a rivalisé d'inventivité pour proposer tous les quatre ans quelque chose de neuf. Nous privilégierons seulement quelques moments. 1912, Stockholm, d'abord, où les femmes sont enfin autorisées à concourir, certes bien timidement – un 100 m et un relais 4 x 100 m. Il faut attendre 1924 et Paris pour que trois nouvelles épreuves leur soient proposées : le 100 m dos, le 200 m brasse et le 400 m libre. Mais ces deuxièmes Olympiades parisiennes offrent aussi deux innovations majeures et définitives : un bassin de 50 m et des lignes d'eau. On pourrait penser que la piscine olympique moderne est née, mais elle est encore un peu étroite avec ses 18 m de largeur. Quant aux lignes d'eau, elles ont été créées pour mieux suivre la course et couper court aux fréquentes réclamations des concurrents, mais elles restent trop minces pour casser les vagues produites par les autres nageurs.

Or, la longueur du bassin a une influence sur les performances. Si la norme olympique est devenue 50 m en 1924, de nombreuses piscines n'en font que 25 – au point qu'il existe un championnat du monde « en petit bassin ». Les courses y sont sensiblement plus rapides, d'environ 1 s au 50 m et de 2 s au 100 m, alors que le nageur a fait respectivement un et deux demi-tours de plus. La conclusion est immédiate : un demi-tour bien exécuté fait gagner environ 1 s, un temps considérable dans un sport où les arrivées se jugent au 1/100e.

Si l'on raisonne à la louche, instrument approprié pour jauger l'élément liquide, on note d'abord que la poussée des pieds contre le mur permet de gratter un petit quelque chose : on l'a dit page 184, on repart à 3 m/s, plus vite que les 2 m/s de la course que l'on retrouve au bout de 2 m. On en déduit un bénéfice d'environ 0,5 s. Ce n'est pas suffisant pour comprendre la seconde gagnée, d'autant que la culbute demande elle-même du temps, celui pour tourner sur une distance de l'ordre du mètre : on a cette fois perdu 0,5 s, ce qui semble rendre équivalents les deux types de bassin. Or, le plus grand bénéfice du demi-tour, auquel on ne pense pas immédiatement, est que le centre de gravité du corps n'atteint pas le bout de la piscine : en moyenne, il s'arrête à 75 cm du mur, puisqu'il suffit au nageur de frapper ce dernier avec ses pieds pour valider la manœuvre. L'affrontement avec le mur soustrait donc à la distance totale deux fois 75 cm, ramenant un 50 m en petit bassin à 48,5 m, 1,5 m de moins : c'est bien environ 1 s récupérée à chaque demi-tour.

En 1932, les piscines gagnent en profondeur (2 m) et en largeur (20 m), ce à quoi on attribue parfois les performances sans précédent enregistrées à Los Angeles, où 10 records mondiaux sont battus en 11 épreuves. Cet épisode glorieux, peut-être, fait que rien ne change pendant vingt ans, jusqu'à une période commençant à Rome et se terminant à Munich où la largeur fluctue sans logique apparente entre 20 et 25 m. C'est Montréal, en 1976, qui impose le canon actuel : 25 m de large et 10 couloirs, les deux extrêmes étant laissés libres pour éviter l'effet des réflexions des vagues sur les bords. Chaque nageur dispose d'un canal de 2,5 m, mieux protégé de ses voisins à partir de 1992 quand les lignes d'eau s'épaississent à 15 cm.

Plaques et plots

Jeux de Mexico, en 1968, les plots ont une légère pente tandis que les plaques de chronométrage font leur apparition : de la largeur de la ligne d'eau, immergées de 60 cm et dépassant de 30 cm, les nageurs les frappent pour établir un contact électrique qui arrête le chronomètre. Si le plot est l'alpha de la course, les plaques en sont l'oméga, comme on le voit d'ailleurs. Mais la technique encore embryonnaire, pourrait être défaillante : aussi trois juges, chronomètre traditionnel à la main, sont-ils postés au-dessus de chaque ligne, ce qui crée un véritable comité d'accueil, toute une foule même.

Deux courses célèbres montrent l'importance de ces réglages : la même histoire, les mêmes nations, mais des rôles qui s'inversent : la France perd le relais 4 x 100 m à Pékin en 2008 parce que le dernier relayeur, recordman du monde, en tête de surcroît, est trop près de sa ligne, si bien que son voisin américain attrape sa vague en bodysurfeur et le coiffe au poteau (qui est un mur). En 2012 à Londres, c'est l'inverse, le dauphin français se collant volontairement à la ligne pour surfer sur la vague de son rival américain et le doubler *in extremis*.

Un autre aménagement, extérieur au bassin mais crucial, concerne l'aire de départ. À l'anarchie relative des premières décennies succède l'ordre en 1936 quand on propose aux athlètes de partir de plots un peu surélevés – accroissant la vitesse de leur plongeon. Les premiers plots étaient de véritables patinoires ; on les couvre en 1948 d'un revêtement adhésif, ce qui permet de les incliner légèrement vingt ans plus tard.

Jusqu'en 1992, les nageurs partent pieds joints, avant que quelques précurseurs audacieux en 1996, plus nombreux en 2000, ne se lancent pieds décalés, à la manière des coureurs à pied – on mesure un gain d'environ 0,1 s pour ce type de départ qui met le nageur dans le sens de la course. Dès 2004, tous les nageurs adopteront cette position. En toute logique sportive, on munit donc en 2008 l'arrière du plot d'un plan incliné, évoquant, comme dilatés, les starting-blocks de la piste. Et après les jambes, on se soucie des bras : à Paris, en 2024, le plot sera doté de deux poignées sur les côtés, autorisant une poussée des quatre membres. Quant aux dossistes, qui partent dans l'eau, ils disposent depuis 2016 de barres qui rendent leur essor plus explosif.

Comme aux premiers temps de l'olympisme moderne, on pourrait se passer de bassin et de plots, mais pas d'eau, comme le constatait judicieusement Alfréd Hajós. C'est une eau de piscine dont on surveille le pH et dose le chlore. Mais on peut modifier sa température. Des 13 °C de la baie d'Athènes ou des douves d'Anvers en 1920, la

Starting-plots

Un plot moderne : on remarque le plan incliné à l'arrière et la barre d'accrochage pour le départ des dossistes.

température monte à l'apparition des piscines, d'abord ouvertes aux *Tourelles* parisiennes de 1924, puis pourvues d'un toit à l'*Empire Pool* de Londres en 1948 et depuis, à trois exceptions près : Helsinki en 1952, Rome en 1960 et Mexico en 1968. Si les deux dernières se conçoivent, la piscine de Jorma Järvi à Helsinki sera chauffée, ce qui pose la question de la température optimale – une question difficile puisqu'elle mêle données physiologiques et physiques : on nage mal dans une eau trop chaude, dont la densité et la viscosité sont pourtant moindres. Des 24 °C choisis initialement, on est arrivé après quelques errances empiriques à 26 °C, la température des eaux de Bali ou de Zanzibar. On ne peut donc tout à fait exclure que la prochaine innovation soit un récif corallien.

Le grand bleu

Le *Water cube* de Pékin, en 2008 (architectes PTW et Arup). La façade reproduit la surface minimale d'une mousse imaginée par les physiciens irlandais Denis Weaire et Robert Phelan en 1993. Cependant, les architectes en modifièrent légèrement la structure pour des raisons esthétiques – un cas où science et art n'ont pu parfaitement s'accorder.

OÙ L'ON VA RAMER UN PEU

Que ce soit en marchant, en courant, en nageant, en pédalant ou en ramant, on répète un mouvement qui produit de la propulsion.

Dans toutes ces courses, qui concernent cent dix-huit épreuves des Jeux de Paris, il s'agit simplement d'aller le plus vite possible – donc de raccourcir le temps entre deux enchaînements successifs, mais sans diminuer la distance parcourue par cycle. Nous allons voir que cela n'a rien d'évident...

Un mouvement cyclique permet d'avancer d'une distance L en un temps T, la période du cycle. On en déduit une vitesse $V = L/T$, ou encore $V = Lf$ en introduisant la fréquence $f = 1/T$ de l'enchaînement, c'est-à-dire le nombre de fois par seconde où on l'effectue. À la marche, un cycle est un double pas, qui se fait en une seconde ($f = 1\ s^{-1}$) et nous déplace de 1 m : la formule prédit alors une vitesse de 1 m/s, à peu près les 4 km/h du piéton usuel. Et si l'on veut marcher plus vite, on allonge son pas tout

Teinture diode
Le kayakiste canadien Adam Van Koeverden devant le centre-ville de Toronto. Des diodes électroluminescentes attachées aux extrémités de sa pagaie révèlent leur mouvement périodique.

en augmentant sa fréquence, les champions de la discipline allant jusqu'à quadrupler la vitesse du piéton, eux qui couvrent leurs 20 km à plus de 15 km/h de moyenne – bel exemple de marche forcée.

Selon la résistance à affronter, la relation entre vitesse et fréquence risque de ne pas rester aussi élémentaire que pour la marche. C'est le cas dans l'eau, par exemple pour le crawl ou le kayak, deux disciplines aquatiques qui semblent comparables, puisque l'on y voit des objets fuselés ramant alternativement à droite et à gauche, avec les mains pour l'un et une pagaie pour l'autre. Un nageur de 2 m avance ainsi à 2 m/s, tandis qu'un kayak de 5 m progresse à 5 m/s – nous laissant croire qu'il n'y a aucun problème à se poser, juste appliquer la formule $V = Lf$ en arguant que la seconde est un temps de cycle naturel pour la propulsion ($f = 1\ s^{-1}$) et qu'on avance de sa propre taille L à chaque cycle. Archétype d'une coïncidence perfide, puisque rien ne prouve qu'on se propulse de sa propre longueur par cycle de rame dans une situation où l'on lutte contre un élément pesant et visqueux, l'eau.

Le lecteur doit lui aussi se préparer à ramer un peu et nous lui recommandons un stylo en guise de pagaie et une feuille de papier comme surface plane. Cela en vaut la peine : le petit calcul que nous allons entreprendre est une véritable leçon de loi d'échelle, cette construction légère qui nous fait comprendre en profondeur des phénomènes compliqués. Il s'agit d'établir ce que devient dans l'eau la relation, si simple pour un marcheur, entre la fréquence du mouvement et la vitesse qui en résulte. Comme il faut composer avec un frottement élevé, on anticipe que la distance parcourue L devrait dépendre de la fréquence et même décroître avec elle : plus on raccourcit le cycle, c'est-à-dire plus f est grand, moins on avance à chaque « pas »… L'égalité $V = Lf$, qui est toujours vraie, n'implique plus de proportionnalité entre V et f si L lui-même dépend de f.

L'expérience le confirme : on demande à un nageur stoïque de pratiquer sa nage favorite (toutes sont cycliques) au rythme d'un tambour, comme on en voit sur les galères dans les aventures d'Astérix. On lui impose ainsi une période T pour son cycle de nage – et donc une fréquence f. On mesure sa vitesse moyenne V pour chaque valeur testée de f (données bleues), avant de conduire la même expérience avec un kayakiste tout aussi docile (données orange).

Pour les deux sports, les données montrent bien un accroissement de la vitesse avec la fréquence, mais qui est loin d'obéir à une loi de proportionnalité. Pour la nage, où la fréquence est multipliée par 2,4, de 25 à 60 cycles par minute, la vitesse croît seulement de 50 % (facteur 1,5). C'est encore plus désespérant pour le kayak : tripler la fréquence du pagayage n'augmente la vitesse de l'embarcation que d'un facteur 1,3. Dans les deux cas, la fréquence maximale est celle adoptée en compétition, où l'on approche les 2 m/s et les 5 m/s déjà mentionnées.

On remarque que les deux familles de données s'alignent sur des pointillés. On a choisi pour le graphe des échelles logarithmiques, le logarithme étant cette fonction mirobolante qui transforme les multiplications en additions. Un alignement dans un tel diagramme implique une relation de puissance entre V et f (c'est-à-dire $V \sim f^n$), la pente de la droite étant l'exposant n. Cet exposant diffère entre nage et kayak : ces

Les faux frères

Vitesse moyenne *V* d'un kayakiste et d'un nageur à qui on impose une fréquence pour leurs cycles de propulsion, en fonction de cette fréquence *f* exprimée en cycles par minute. Le kayak (données orange) est nettement plus rapide que le crawl (données bleues), mais la croissance de *V* avec *f* est plus lente. Les échelles sont logarithmiques, comme en témoignent les espaces de plus en plus rapprochés entre les valeurs portées sur les axes. Si les données sont ajustées par des droites dans ces échelles, c'est qu'il y a une relation d'échelle entre vitesse et fréquence ($V \sim f^n$). La puissance *n* vaut 1/3 (une racine cubique) pour le kayak et 1/2 (une racine carrée) pour le crawl.

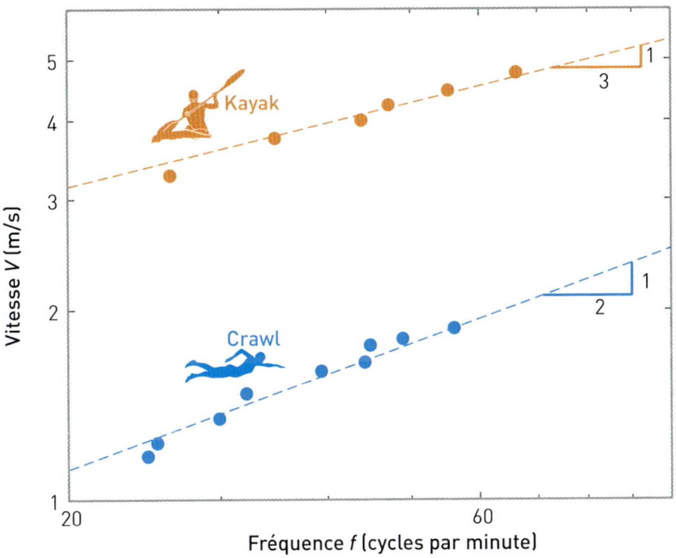

deux sports qu'on était tenté d'assimiler à une même famille obéissent donc à des principes différents. Les lignes pointillées qui épousent les données ont pour pentes respectives ½ et ⅓, ce qui implique des fonctions racine carrée dans la piscine et racine cubique sur le plan d'eau. Doubler la vitesse exige ainsi de multiplier la fréquence par 4 pour le nageur et par 8 pour le kayakiste – montrant combien il est ardu d'accroître sa vitesse à la nage, et plus encore à la pagaie. Triste pagaie, est-on tenté de conclure…

La pelle du large

Chronophotographie du kayakiste Augustin Reboul en action. Les images successives dans le temps ont été recalées horizontalement de manière à soustraire le mouvement du bateau et à réduire le mouvement de rotation de la pagaie à un coup de pelle dans l'eau, soit une demi-période du cycle de propulsion.

Observer des lois de puissance (ici, $V \sim f^{1/2}$ et $V \sim f^{1/3}$) est un stimulus puissant pour l'amateur de ce genre d'exercice : on doit pouvoir expliquer ce qu'il se passe avec une loi d'échelle. Il suffit de trouver le chemin. La méthode est connue : partant des principes généraux de la physique, on les traite de façon rudimentaire, un peu à la manière d'un sculpteur qui, d'un bloc grossier, fait sortir une forme simple, presque une ébauche, et décide de s'en contenter là où d'autres raffineraient le travail à l'infini ; car la forme brute peut nous suffire, et même nous enchanter, parce qu'elle porte les grandes lignes de force et donc l'essence de la chose – qu'elle soit d'ailleurs sculpture ou loi physique.

Munissons-nous donc d'un burin et entamons le bloc. La force $\rho V^2 SC_D$ qu'il faut vaincre pour avancer dans l'eau, souvent rencontrée dans ces pages, est le produit de la masse volumique ρ du liquide (1000 kg/m^3) par le carré de la vitesse V et par une surface effective SC_D qui prend en compte à la fois la surface S du corps en mouvement et son caractère profilé : SC_D vaut 0,08 m^2 pour un nageur en action et 0,006 m^2 pour un kayak, environ dix fois moins, l'embarcation étant justement dessinée pour minimiser la friction. On cherche la vitesse V, qui nous sera donnée par l'équilibre (donc l'égalité des termes) entre la résistance $\rho V^2 SC_D$ et la force propulsive. Pour avancer, nageur ou kayakiste rament pendant un temps *t* plus petit que la période *T* du cycle. La force *F* que produit cette action doit donc être multipliée par la fraction *t/T* du temps passé à l'activer, ce qui fournit une force moyenne *Ft/T* que nous allons affiner pour les deux sports qui nous occupent.

Pour le nageur, le temps *t* est celui que ses bras passent à glisser dans l'eau – un temps physiologique, indépendant de sa vitesse de nage. C'est une donnée propre à l'athlète, comme la force *F* qu'il peut produire (environ 100 N). L'équilibre des deux forces permet alors de déterminer la vitesse, $V \sim (Ft/\rho SC_D)^{1/2} f^{1/2}$, où l'on a introduit la fréquence du cycle $f = 1/T$.

Cette formule appelle de nombreux commentaires. En premier lieu, on comprend l'origine de la loi observée, avec une vitesse qui (ne) croît (que) comme la racine carrée de la fréquence *f*, contrastant avec la marche où elle était proportionnelle à *f*. Cet accord est-il suffisant pour valider le modèle ? Disons qu'il est encourageant, en particulier dans un cas où une loi n'avait rien d'évident. Mais il faut le fortifier par des chiffres. Pour $F = 100$ N, $t = 0{,}4$ s, $S = 0{,}08$ m^2 et $f = 1$ s^{-1}, on calcule une vitesse de 1 m/s – qui n'est pas la valeur exacte de la vitesse du nageur, et qui ne peut l'être puisque l'on a omis les détails du calcul. Mais l'ordre de grandeur est le bon, un test crucial dans l'examen critique de ce type de modèle.

Il arrive que les lois soient connues avant d'être formulées. C'est le cas ici : les entraîneurs avaient proposé depuis longtemps de quantifier l'efficacité d'un nageur par son *indice de nage* ou IdN, produit de sa vitesse *V* par la distance *L* qu'il couvre pendant un cycle. Pas de fréquence dans ce critère, mais la certitude qu'il faut viser un IdN élevé et que cette quantité est un révélateur de la performance de chacun. Magnifique intuition ! En effet, comme on a $V = Lf$, l'IdN *LV* s'écrit aussi V^2/f. En remplaçant la vitesse *V* par l'expression tout juste établie, on trouve que l'IdN s'écrit $Ft/\rho SC_D$: c'est une quantité indépendante de la fréquence du cycle f et fonction des seules caractéristiques du nageur (son F, son t, son SC_D), dont l'IdN constitue bien une sorte de carte d'identité, quasi son ADN nautique…

Et le kayak ? On repart de la force établie pour les deux sports, Ftf, où F est à présent de l'ordre de 200 N – mais où surtout le temps t n'est plus le même. Pour le comprendre, il faut se pencher sur la pelle, nom de la partie inférieure de la pagaie avec laquelle on propulse et dirige son esquif. Sa surface est six fois supérieure à celle d'une main, ce qui empêche toute opération rapide. De fait, tous ceux qui ont un jour descendu les gorges du Tarn ou de l'Ardèche ont constaté que la pagaie est comme plantée dans l'eau là où le nageur ramène prestement son bras : le temps de propulsion t vaut donc à présent l/V, où l est la longueur de la pagaie. L'égalité de la force propulsive Flf/V avec la résistance $\rho V^2 SC_D$ conduit à une loi nouvelle pour la vitesse, $V \sim (Fl/\rho SC_D)^{1/3} f^{1/3}$. C'est le comportement en racine cubique de la fréquence observé sur la figure ! Pour F = 200 N, l = 1 m, SC_D = 0,006 m^2 et $f = 1\ s^{-1}$, on prévoit une vitesse V de quelques mètres par seconde – à nouveau l'ordre de grandeur observé dans les bassins…

Les lois d'échelle semblent avoir rempli leur office : révéler l'ossature d'une réalité complexe en la simplifiant aussi loin que possible. Trop loin ? Avoir d'abord traité le nageur de kayak androïde a pu paraître insensible et inélégant. À raison, puisque nous avons démontré qu'il n'en est rien – et qu'il serait tout aussi imprécis de qualifier les kayakistes, qui trouvent de la vitesse à la pelle, de nageurs à coque…

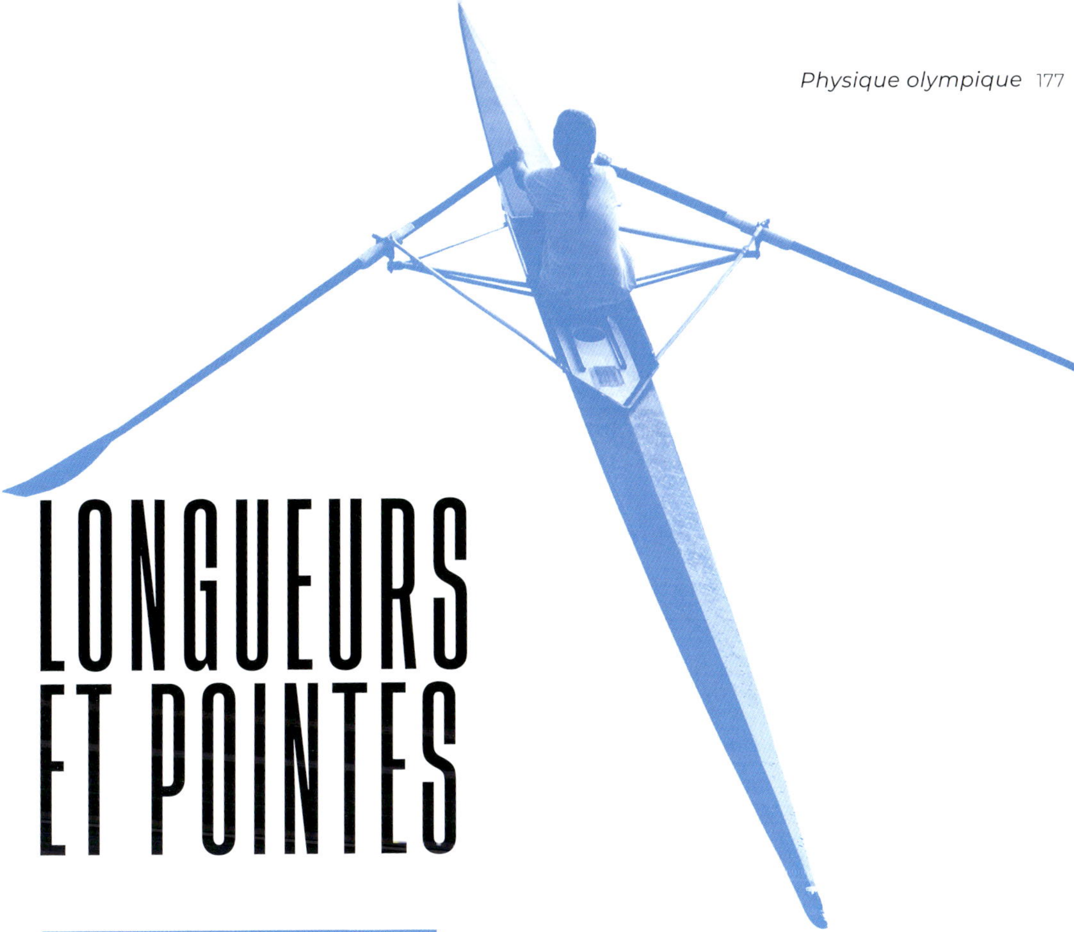

LONGUEURS ET POINTES

Le mot aviron est une métonymie, cette figure de style où l'on confond la partie (l'aviron qui est la rame) et le tout (l'embarcation).

Il désigne cette famille de bateaux élancés qui semblent taillés pour la performance ; et quand on les voit filer sur l'eau, si élégants, on imagine mal comment leur forme pourrait être autre que ce qu'elle est. La question mérite cependant qu'on s'y arrête : pourquoi sont-ils si longs ? et si pointus ?

Un aviron est archimédien : il flotte grâce à l'air qu'il contient. Si l'on réduit sa masse à celle de l'équipage, l'équilibre entre poussée d'Archimède et poids des rameurs se traduit par l'équation

Huit + Huit

Deux huit qui se croisent, avec leurs rameurs alternés ayant chacun un aviron de 3,9 m. Que les rameurs soient seuls, à deux, à quatre ou à huit, toutes les épreuves se font sur une distance de 2 000 m. La vitesse d'un 8 y est d'un peu moins de 22 km/h pour les hommes et d'un peu plus de 20 km/h pour les femmes – à peu près celles auxquelles un champion kenyan court un marathon.

$\rho\Omega = NM$, où ρ est la masse volumique de l'eau (1000 kg/m³), Ω le volume immergé de l'embarcation et N le nombre de rameurs dont la masse est M en moyenne. On en déduit logiquement que le volume $\Omega = NM/\rho$ est dicté par la valeur de N, passant d'une centaine de litres à un petit mètre cube quand N croît de 1 à 8. Si ce volume était plus grand, l'aviron flotterait mieux, mais il serait plus lent, pénalisé par sa taille. Il est donc logique de considérer qu'il aura pour volume le minimum Ω suffisant pour se maintenir à la surface de l'eau.

À la vitesse V à laquelle glissent les avirons (une vingtaine de kilomètres par heure), la force de résistance de l'eau s'écrit $\rho V^2 S C_D$, une formule désormais familière pour vous, ô lectrice, ô lecteur, où S désigne la surface immergée et C_D le coefficient de traînée, qui dépend de la forme du bateau. On pourrait écrire une expression semblable dans l'air, mais on devine que la résistance aérodynamique est petite devant celle qu'oppose l'eau, à cause de la faible densité de l'air. Notre formule devrait donc résumer la friction, mais c'est oublier la surface de l'eau dont nous verrons qu'elle joue un rôle important…

Examinant l'expression de la résistance hydrodynamique $\rho V^2 S C_D$, on est tenté de la minorer en choisissant la forme d'embarcation qui rend la surface S minimale à volume Ω donné : on élirait sur ce critère des bateaux hémisphériques. Mais ces pataudes coquilles de noix font à peu près le contraire de ce qu'on attend sur un plan d'eau olympique.

Panier, piano

Les bateaux paniers, ou *thuyen thung* en vietnamien, sont des embarcations en bambou tressé utilisées par les pêcheurs côtiers du Vietnam. Souples, légers, ils sont surtout d'une très grande stabilité, au détriment de leur vitesse : leur coefficient de traînée est deux cents fois supérieur à celui d'une forme élancée de même volume.

De fait, contrairement à ce que son nom suggère, un aviron n'est pas un navire rond. Car la surface S n'est pas seule en cause : le coefficient de traînée C_D, qui vaut 0,5 pour une sphère, est très différent pour un profil effilé dans le sens du mouvement, allant jusqu'à être divisé par 200 pour des formes élancées, pour lesquelles l'écoulement de l'eau suit la coque, sans se détacher et engendrer des tourbillons, comme il le fait derrière une sphère. De tels bateaux auront certes une surface S supérieure à celle de la coquille de noix ; mais le gain sur le coefficient de traînée est tel que le produit SC_D diminue *grosso modo* d'un facteur 50 quand on passe du circulaire à l'effilé.

Ce résultat est général et il explique la morphologie des poissons : plus longs que larges, souvent fuselés à l'arrière, arrondis à l'avant – tout comme les quilles sous les grands navires. La rondeur à l'avant est ce qui reste de la coquille de noix, évitant de développer trop de surface, tandis que la pointe arrière muselle la formation de tourbillons. Si les avirons étaient sous-marins, on peut parier qu'ils adopteraient cette forme. Mais ils avancent à la surface de l'eau et, à la différence des poissons, engendrent des vagues qui elles aussi prélèvent de l'énergie, comme on l'a vu pour les nageurs, et résistent donc à la progression du bateau.

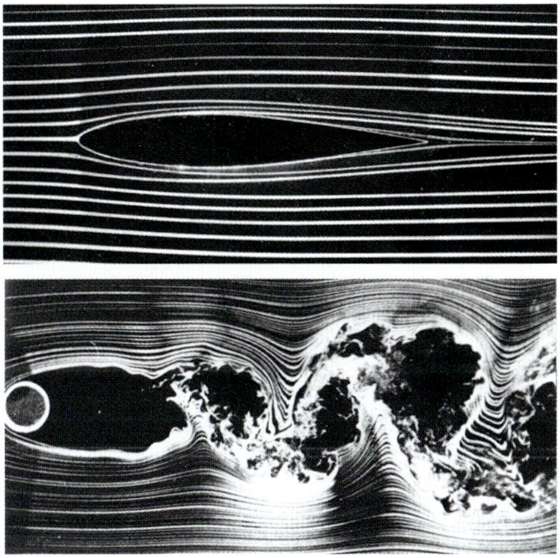

Torpillons les tourbillons

Vue aérienne des écoulements autour d'un solide effilé ou circulaire. Un objet profilé (en haut) voit disparaître les tourbillons qu'engendre une coquille de noix (en bas) avançant dans l'eau à la même vitesse. Cela se traduit par une réduction de son coefficient de traînée C_D d'un facteur 200 environ, les tourbillons emportant une énergie perdue pour la propulsion : la situation sans vortex est donc beaucoup plus favorable.

Comment minimiser la traînée de vague ? La solution s'impose en examinant comment avance un objet pisciforme, mais aussi comment il recule. La figure ci-dessous montre la force de résistance au mouvement d'un objet pourvu d'un bulbe et d'une pointe, en fonction de son enfoncement. On le déplace à la façon d'un poisson conventionnel (bulbe en avant, données vertes) ou d'un hypothétique poisson rétrograde (pointe en avant, données rouges).

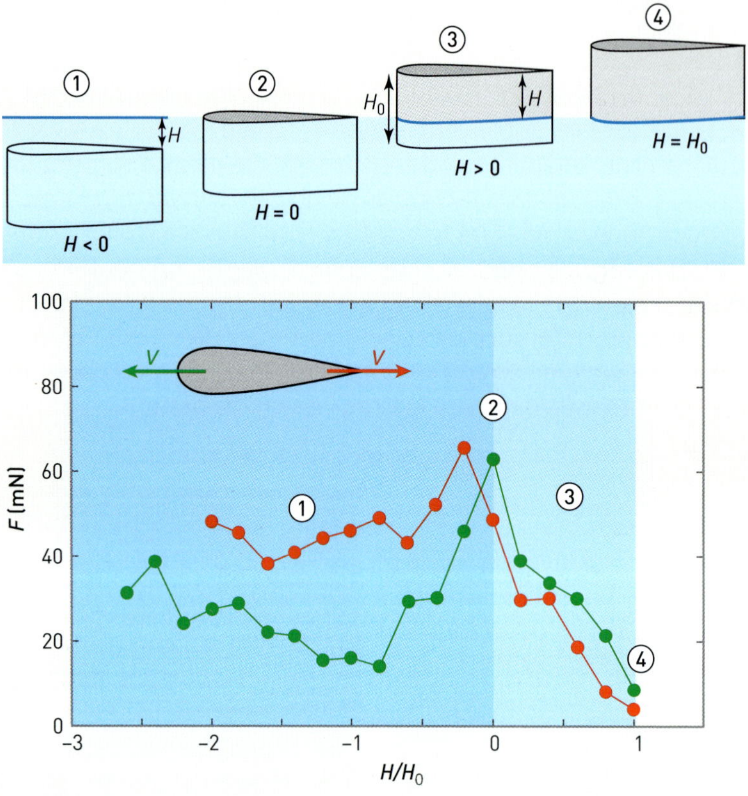

Le poisson standard et le poisson rétrograde

Objet pisciforme de hauteur H_0 tiré dans l'eau (H négatif) ou à sa surface (H positif) à une vitesse V fixée. Cette maquette a une longueur de 18 cm, une hauteur H_0 de 5 cm et la vitesse V vaut 60 cm/s. Le paramètre H/H_0 vaut au plus 1, cas où l'objet est posé sur l'eau ; la valeur 0 correspond au cas où l'objet sous-marin affleure à la surface ; on peut aussi l'enfoncer et donner à H/H_0 des valeurs négatives. Dans tous les cas, on mesure la force F requise pour le déplacer à la vitesse V en fonction de son enfoncement, à la fois dans le mode direct (points verts) et dans le mode rétrograde (points rouges).

D'une très grande richesse, ce diagramme demande à être commenté pas à pas. En abscisse, H désigne la position du haut de l'objet (d'épaisseur H_0) par rapport au niveau de l'eau. En régime d'immersion, d'abord, correspondant aux valeurs négatives de *H*, il apparaît plus avantageux (force plus faible) d'avancer avec une pointe à l'arrière, comme on l'a vu, et comme les poissons en témoignent. Quand le nombre H/H_0 dépasse la valeur – 1 (objet immergé de sa propre hauteur), la force se met à croître nettement jusqu'à atteindre un maximum autour de $H = 0$: des vagues apparaissent quand l'objet approche de la surface, si bien que le faire avancer demande plus de force. Or, dès que ce dernier sort de l'eau (valeurs positives de *H*), les courbes se croisent : malgré la présence d'un bulbe producteur de tourbillons à l'arrière, la belliqueuse configuration « pointe en avant » s'avère plus efficace, une proue aiguë engendrant moins de vagues qu'un bulbe. Plus l'objet émerge, plus la force décroît, car les frottements le long de sa coque diminuent, mais fendre l'eau par la pointe reste toujours favorable.

Notre aviron commence à prendre forme : nous avions deux problèmes à régler, liés aux deux principales sources de résistance au mouvement, et il s'avère que chacun se résout par un éperon – à la proue, contre les vagues, et à la poupe, contre les tourbillons. « La poésie est un métier de pointe », écrivait René Char – l'aviron aussi, et plutôt deux fois qu'une.

Reste à donner à l'embarcation sa longueur *L*. On l'a dit, l'eau résiste à la fois par le frottement le long de la coque et par la traînée de vague. La première de ces forces croît avec *L*, puisqu'une embarcation plus longue a plus de surface. Il en va différemment pour la seconde. En effet, si *L* est plus petite que la distance entre les vagues, quelques mètres pour les avirons, le bateau s'incline sur l'onde de surface qu'il a produite, situation peu favorable, un peu comme pour qui skie sur des bosses. Pour diminuer sa sensibilité aux vagues, il lui faut être aussi long que possible et la « traînée d'onde » diminue avec *L*.

Fonction croissante d'un côté, décroissante de l'autre : il existe une longueur idéale qui occasionne un minimum de friction. Les deux forces étant sensibles au carré de la vitesse, cette longueur ne dépend pas de V, mais du seul volume Ω. La longueur s'exprimant en mètre et le volume en mètre cube, la première s'écrit donc nécessairement comme un nombre que multiplie la racine cubique du second. Or, nous l'avons vu, Ω est proportionnel au nombre de rameurs N. On en déduit que la longueur L croît comme $N^{1/3}$. Alors qu'on aurait imaginé une longueur proportionnelle au nombre des équipiers, on préconise une croissance de L avec N beaucoup plus faible – avec une conséquence fâcheuse : les rameurs seront d'autant plus serrés qu'ils seront nombreux.

Reste à déterminer sa largeur l et son tirant d'eau h pour pleinement définir l'embarcation. En exprimant le volume immergé, $\Omega \sim Llh$, et en y introduisant la loi trouvée pour la longueur, $L \sim \Omega^{1/3}$, on en déduit une relation entre l et h, $lh \sim \Omega^{2/3}$. Comme on cherche la surface minimale de coque à longueur donnée (celle qui est optimale pour l'aviron), les deux distances l et h doivent être du même ordre. On a donc $l \sim h \sim \Omega^{1/3}$. Ainsi, toutes les dimensions d'un aviron, sa longueur L, sa largeur l et son tirant d'eau h, sont fixées par une seule longueur, qui est la racine cubique du volume, $\Omega^{1/3}$. Ce résultat peut paraître modeste mais il est surtout déconcertant, puisqu'il prévoit des rapports L/l et L/h indépendants du volume, donc du nombre N de rameurs. En d'autres termes, les avirons sont *autosimilaires*, telles des poupées russes (filiformes) : une seule distance détermine toutes les autres. Cette propriété est vérifiée dans les faits, le rapport L/l variant très peu, entre 30 et 32, quand N passe de 1 à 8.

Les gigognes au long bec

Vue aérienne des différents types d'aviron olympique : skiff (mot tiré du français esquif, lui-même venu de l'italien *schifo*, issu du proto-germanique *skipan*, qui a donné *ship* en anglais et *Schiff* en allemand), double de couple (ou de pointe), quatre de couple (ou de pointe) et huit. On remarque que leur longueur est loin d'être proportionnelle au nombre N de rameurs. Et leur rapport d'aspect, qui est leur longueur L que divise leur largeur l, est presque constant, avec une valeur de $30{,}6 \pm 1{,}0$: les avirons sont gigognes ou, en termes plus savants, autosimilaires.

Le bateau palindrome

Kayak utilisé dans les épreuves d'eau vive, où les concurrents doivent descendre un torrent en respectant des portes à la façon d'une descente à ski. La maniabilité et la stabilité sont alors primordiales : l'embarcation conserve la symétrie promise par son nom, mais son rapport d'aspect est deux fois moindre que celui des avirons.

Cet allongement extrême ($L/l \approx 30$) pose un problème de stabilité pour l'embarcation, qu'on pressent toujours au bord de chavirer : l'aviron est aussi un sport d'équilibre. Mais il est viable, grâce à la symétrie de la propulsion, où des paires de rames de part et d'autre du bateau plongent au même moment dans l'eau – que ce soit dans les épreuves de couple, où chacun manie deux rames, ou de pointe (décidément…) où on n'en a qu'une, mais placée alternativement à bâbord et à tribord. Les rameurs de canoë et de kayak n'ont qu'une seule pagaie, une propulsion asymétrique qui rend les bateaux moins stables, raison pour laquelle, en compensation, leur rapport d'aspect $L/l \approx 15$ est si nettement inférieur à celui de l'aviron.

Quant au *varino*, nous aurions aimé l'inclure dans ce chapitre pour un criant motif anagrammatique ; mais cette barque plate portugaise n'est hélas ni à rame, ni olympique.

N		L (m)	l (cm)	L/l
1	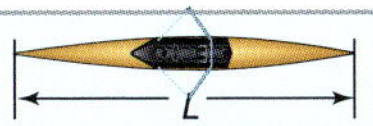	8,3	28	29,6
2		9,9	33	30
4	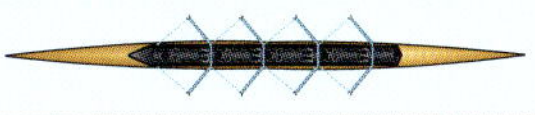	12,4	41	30,2
8	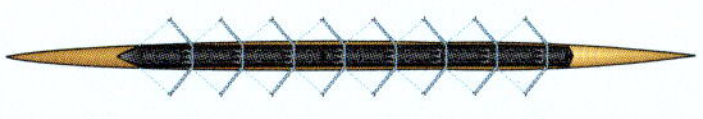	17,4	55	31,6

ÉCONOMIES D'ÉCHELLE

Les raisonnements en loi d'échelle sont une manière de condenser certaines équations compliquées en réduisant l'outil mathématique à la seule opération de multiplication, donnant à cette approche un extraordinaire rapport qualité des résultats/prix à payer. C'est la courte échelle pour le temps qu'on y passe, et la grande pour ce qu'elle produit.

Et ces lois sont spécialement pertinentes lorsqu'on procède par comparaison, comme ici, où l'on se demande comment la vitesse d'un aviron augmente avec le nombre de ses rameurs. L'aviron est en effet le seul sport olympique où la taille des équipes varie, entre un (le skiff) et huit athlètes. C'est presque un facteur 10, l'amplitude qui convient pour tester ces lois.

L'idée la plus naïve est que, la puissance des rameurs s'additionnant, un bateau de huit rameurs ira huit fois plus vite qu'un skiff, proposition aussi démente que démentie (par les faits) : on verrait les embarcations les plus longues littéralement voler à la surface de l'eau, un peu comme si un aviron sans erre

Un géant empêché

Le *Stämpfli Express*, aviron géant à 24 rameurs. Le triplement du nombre d'athlètes par rapport à un huit ne permet pas à cette embarcation d'aller plus vite que le bateau olympique – il est même 7 % plus lent…

était un avion. Or, un huit va seulement 1,25 fois plus vite qu'un skiff, dénonçant les erreurs colossales de notre pseudo-raisonnement : huit rameurs occupent une embarcation nettement plus grande, donc plus énergivore, qu'un seul ; mais surtout, puissance et vitesse ne sont *vraiment* pas proportionnelles.

Le raisonnement que nous allons suivre se fonde sur le caractère gigogne des embarcations, discuté au chapitre précédent (p. 184) : l'aviron est à peu près le même bateau qu'on dilate en le peuplant. Du skiff au huit, sa longueur L augmente de 8 à 18 m, tandis que sa largeur l double, de 30 à 60 cm. La longueur L peut ainsi s'écrire kl, où le rapport d'aspect $k \approx 30$ témoigne du caractère très effilé de la coque. Tirant d'eau h et longueur L sont également proportionnels ($L = k'h$ où k' vaut environ 100), si bien qu'une seule longueur, suffit à caractériser l'embarcation, les autres s'en déduisant par ces lois de proportionnalité. Même sur un exemple aussi simple, on mesure le bénéfice des raisonnements d'échelle. Comme la surface et le volume immergés varient comme L^2 et comme L^3, doubler la longueur L augmente ces deux quantités d'un facteur 4 et 8, indépendamment des coefficients k et k', inutiles pour calculer des valeurs relatives.

En notant M la masse moyenne d'un rameur, 80 kg environ, les N occupants du bateau ont une masse totale NM. C'est la poussée d'Archimède, proportionnelle au volume immergé Ω, qui permet de résister au poids NMg de l'équipage, où g est l'accélération de la pesanteur. De l'équilibre $NMg = \rho\Omega g$, on en déduit que la longueur L, proportionnelle à $\Omega^{1/3}$, augmente comme $N^{1/3}$, la racine cubique du nombre de rameurs. Si l'on passe d'un à huit rameurs, l'aviron censément s'allonge d'un facteur $8^{1/3} = 2$ seulement. C'est bien le cas, un huit est à peu près deux fois plus long qu'un skiff.

Attaquons-nous à présent à la vitesse V de l'embarcation, quantité cruciale quand il s'agit de concourir. Simplifions le problème en supposant la résistance au mouvement réduite à sa principale composante, celle de la résistance de l'eau au déplacement. La formule est à présent sans surprise : en notant ρ la masse volumique de l'eau (1000 kg/m^3), S la surface immergée et C_D le coefficient de traînée, elle s'écrit $\rho S C_D V^2$, une loi dont la forte sensibilité en vitesse (un carré) a été discutée par Newton et d'Alembert. Comme la surface immergée $S \sim hL$ varie comme L^2 et comme la puissance est le produit de la force par la vitesse, on en déduit une puissance résistive $\rho C_D L^2 V^3$, une loi nettement non linéaire en L et plus encore en V.

La puissance est celle des rameurs : chacun contribuant avec une quantité P, elle s'écrit NP. En égalant les puissances motrice et résistive, on trouve (après deux lignes de calcul) une relation que l'on mettrait quiconque au défi de deviner : la vitesse V d'une embarcation s'écrit $V \sim (P^3/\rho C_D{}^3 M^2)^{1/9} N^{1/9}$, une loi proposée en 1971 par Tom McMahon, un atypique professeur de Harvard, héraut des lois d'échelle en biomécanique et lucide analyste de son métier. « Les théories, a-t-il écrit, menacent rarement le mystère des lois de la nature. Les meilleures d'entre elles s'accordent avec ce mystère et le rendent plus fascinant encore. ».

La loi de McMahon a d'abord l'air de dire des évidences : la vitesse augmente avec le nombre N des rameurs, avec leur puissance P, etc.

1, 2, 4, 8 & 1/9

Vitesse des avirons en fonction du nombre N de rameurs. Faiblement croissante (augmentation d'un peu plus de 20 % de la vitesse quand N passe de 1 à 8), la courbe est bien décrite par la loi de McMahon, tracée en pointillé. C'est une droite de pente 1/9 dans ce diagramme aux échelles logarithmiques, indiquant pour la vitesse une loi de puissance avec N, d'exposant 1/9, c'est-à-dire une racine cubique de racine cubique. Le *Stämpfli Express*, avec (ou malgré) ses 24 rameurs, est très en dessous de cette courbe, à cause du changement de forme de l'embarcation qu'impose sa surpopulation.

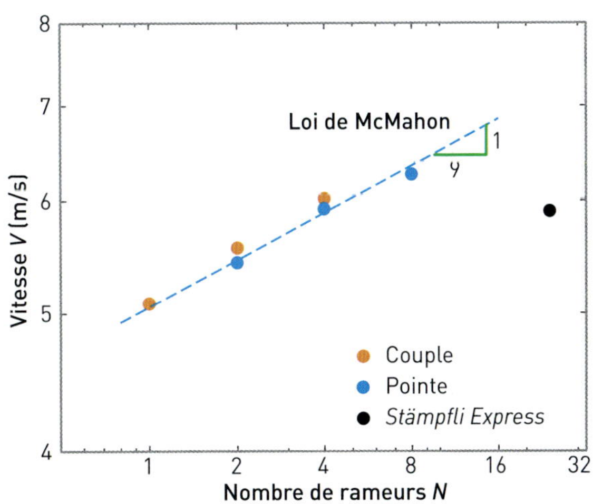

Mais elle est surprenante à d'autres égards, en prévoyant de très faibles variations, tout particulièrement avec N : $N^{1/9}$ est la racine cubique de la racine cubique de N, une fonction *très* lentement croissante. Si on applique la loi, on trouve que la vitesse des avirons n'augmente censément que de $8^{1/9}$, c'est-à-dire $2^{1/3}$, ou encore de 25 %, quand N passe de 1 à 8 : c'est à peu près ce qu'on observe en course, où la vitesse croît de 18 km/h à 23 km/h.

Poussons la formule dans ses retranchements : si l'on cherchait à doubler la vitesse par rapport au skiff, il faudrait faire ramer $2^9 = 512$ athlètes. Quant à gagner un facteur 10, cela nécessiterait l'embauche d'un milliard de galériens ! La formule, à ces grands nombres, montre manifestement quelques faiblesses... En assemblant plusieurs coques de huit, la firme suisse Stämpfli a mené à bien la construction d'une embarcation colossale, le *Stämpfli Express*, long de 44 m et propulsé par 24 rameurs. La loi de McMahon laisse espérer un gain de vitesse de 13 % par rapport à un huit, mais l'aviron géant, empêtré comme un albatros baudelairien, n'est jamais parvenu à dépasser le huit, allant même légèrement moins vite que les quatre. Car la longueur du *Stämpfli* (prétendument) *Express* n'obéit plus à la loi en $N^{1/3}$...

La loi des bateaux gigognes implique que l'espace L/N dévolu à chaque rameur diminue avec N, comme $1/N^{2/3}$. C'est une décroissance rapide, donc contradictoire à grand N, avec la nécessité d'étendre ses jambes pour exprimer sa puissance musculaire. Elle condamne ainsi les embarcations peuplées à être plus longues qu'un bateau gigogne – donc moins mobiles. En pratique, il semble ainsi difficile d'imaginer un aviron plus rapide que le huit. Raisonner en loi d'échelle, c'est aussi établir le domaine où elles sont applicables.

Si l'on construit à l'inverse un navire où chacun dispose du même espace, largeur et tirant d'eau seront constants tandis que la longueur L deviendra proportionnelle à N. La puissance résistive du navire variant à présent comme NV^3 et celle des rameurs

Et vogue la trirème...

Gravure d'après le relief Lenormant, conservé au Musée de l'Acropole, à Athènes. On y voit une trirème (ou trière) grecque datant de — 400, à peu près l'époque de la centième olympiade antique. Ce type de navire embarquait 170 hommes, les thalamites, les zygites et les thranites, selon l'étage où ils ramaient. On estime que les trirèmes allaient à des vitesses comprises entre 4,5 m/s et 5 m/s, un peu inférieures au Stämpfli Express, confirmant donc l'érosion de la vitesse quand l'embarcation se peuple trop.

comme *NP*, on conclut que la vitesse dans cette configuration devient indépendante de *N* – s'alignant donc sur celle du skiff ! Illustration des vertus émollientes du luxe, huit hommes confortablement installés ne font pas mieux qu'un seul... Guère étonnant qu'on ait privilégié la solution confinée pour rendre les courses spectaculaires, quitte à faire galérer un peu les rameurs.

LA FOLIE DU FOILE

On sait (plus ou moins) comment bactéries, végétaux et animaux ont petit à petit quitté les océans du Paléozoïque pour gagner les territoires émergés. Il était donc fatal que les bateaux finissent à leur tour par sortir de l'eau, une évolution si bien engagée qu'elle concerne aujourd'hui la moitié des épreuves olympiques de voile.

Les six séries de voile olympique sont le 470, le laser, le 49er (skiff), le catamaran, la planche à voile et le kitefoil, nouveau venu qui remplace le finn, un bateau très physique datant des années 1950. Sensible au matériel comme aux goûts des amateurs, et toujours à la recherche de spectaculaire, la voile est une discipline en constante évolution. Si le laser et le skiff sont inchangés en 2024, l'équipage du traditionnel 470 doit à présent être mixte, tandis que la planche à voile comme le *kite* se sont vus pourvus d'un *foil*, à l'instar du catamaran depuis les Jeux de Tokyo.

La planche furtive

Lucie Belbeoch, membre de l'équipe de France d'IQFoil, à l'entraînement en baie de Quiberon. Même par vent modéré, le foil permet à la planche de voler au-dessus des flots en ne créant qu'un très mince sillage, synonyme d'une faible résistance hydrodynamique.

Foil est un mot anglais tiré du vieux français *foile*, ou feuille (*folia*), faisant que les embarcations dont nous parlons ici sont à la fois à voile et à foile. Placé sous la coque, cet appendice consiste en un mât, une barre verticale pouvant atteindre 1 m, équipé d'un fuselage et de deux ailes. Quand le foil avance dans l'eau, ces ailes induisent une force de portance, comme pour un avion dans l'air. Si cette force dépasse le poids de l'embarcation et de son passager, l'ensemble se soulève et sort de l'eau, ne laissant immergés que le bas du foil et ses ailes. Le navire ou la planche semblent alors voler, à quelque 50 cm des flots, une hauteur en général supérieure à celle des vagues.

Par quel miracle la planche décolle-t-elle ? En loi d'échelle, la force de portance est le produit $\rho V^2 S$ de la masse volumique ρ

du fluide par le carré de la vitesse V et par la surface effective S de l'aile. Si un avion doit aller à une vitesse de l'ordre de 300 km/h pour décoller, c'est parce que la masse à soulever est élevée, de l'ordre de 100 tonnes, mais aussi parce que la masse volumique de l'air est faible (environ 1 kg/m^3). Dans l'eau, où elle est mille fois plus grande, même une vitesse modeste permet à un bateau ou à une planche de s'élever : si M est la masse à soulever et g l'accélération de la pesanteur, le critère d'émersion $\rho V^2 S > Mg$ indique un décollage imminent quand V dépasse $(Mg/\rho S)^{1/2}$. Pour $M = 100$ kg et $S = 0{,}1$ m^2, on prédit ainsi une sortie de l'eau pour une vitesse de quelques mètres par seconde, manifestement à la portée de ces embarcations.

La vitesse d'un bateau résulte d'un équilibre entre force éolienne motrice et résistances diverses au mouvement. On pense d'abord à des résistances hydrodynamiques, liées au contact avec l'eau. Pour la plupart des bateaux, leur composante principale, environ 50 % du total, est la traînée de forme, liée au fait qu'une embarcation qui avance déplace de l'eau. Cela exige une certaine force, d'autant que l'eau a une masse volumique élevée. Or, faire décoller un bateau fait presque disparaître cette résistance puisque seul le foil reste immergé. Est également abaissée la traînée de vague qu'engendre le sillage, celui-ci étant limité par la dimension réduite du mât.

En atténuant les frictions sans modifier la propulsion, le foil va donc rendre les embarcations nettement

Une escadrille d'hydravions

Aux championnats de monde de kitefoil, en 2023 à Scheveningen (Pays-Bas). On parvient à distinguer au premier plan que leurs foils ont fait sortir les planches de l'eau.

plus rapides et on ne s'étonne pas que le record de vitesse d'un bateau à voile, 121 km/h sur 500 m de distance, soit, depuis 2012, la propriété du *Sailrocket 2*, un prao équipé d'un foil. La principale source de frottement de ces engins futuristes est aérodynamique, au contraire d'un bateau archimédien (partiellement immergé) pour lequel elle est essentiellement hydrodynamique.

La résistance aérodynamique a la même structure que la traînée hydrodynamique, mais elle fait intervenir la masse volumique ρ_a de l'air. Elle s'écrit $\rho_a V^2 S$ où V est la vitesse du bateau et S la surface de la voile. Les bateaux à foil atteignant des vitesses élevées, cette force le devient aussi. En outre, elle permet de comprendre une observation à première vue paradoxale : alors

Au labo...

Gros plan sur le foil, ici lors d'un essai en laboratoire. Ce véritable petit avion induit une portance suffisante pour soulever et la planche et l'athlète.

que l'on pourrait penser bénéfique d'avoir des athlètes légers, de façon à faire émerger plus facilement le bateau ou la planche, l'apparition des foils a au contraire favorisé des gabarits plus imposants. Une embarcation émergée perdant en stabilité, l'athlète aura pour tâche de contrer les forces élevées engendrées par la voile.

Si cette dernière a une surface de l'ordre de 10 m^2 et si le bateau va vite, la force $\rho_a V^2 S$ est de l'ordre de 1000 newtons. C'est le poids d'un humain de 100 kg, comparable à celui des champions de planche ou de kite, qui sont donc à même d'équilibrer avec leur corps les caprices de leur embarcation. À l'apparition du foil, les véliplanchistes olympiques ont dû ainsi choisir entre abandonner leur sport ou prendre 20 kg supplémentaires... Sortir de l'eau semblait impliquer de la légèreté, mais y parvenir demande une plus grande puissance musculaire. Foil qui s'y fie !

LE BATEAU IVRE

De toutes les courses olympiques (à pied, à vélo, à la nage, en aviron et même en kayak), les régates à la voile sont les seules où on a la liberté de choisir sa trajectoire, là où une piste, une route, une ligne d'eau ou une rivière canalisent les autres athlètes.

À première vue, cette liberté n'en est pas une : il faut suivre la voie la plus rapide, qu'on imagine être la ligne droite ; mais, au contraire des autres courses, c'est un élément extérieur, le vent, qui assure la propulsion et non des jambes, des bras ou une rame, ce qui modifie profondément la donne.

Zigzags

En rade de Marseille, lors du *test-event* de 2023, les skiffs (pas si frêles qu'on le dit) tirent des bords au vent portant vers la porte de parcours, matérialisée par les deux bouées rouges au bas de l'image. Des sillages et de la disposition des bateaux, on déduit que leurs trajectoires sont zigzagantes.

La voile olympique se court entre deux bouées marquant la ligne de départ et une troisième, au large, dite bouée au vent, autour de laquelle les embarcations doivent virer en la laissant sur leur gauche. Les bouées sont placées le matin de la compétition de façon que la première phase de la course s'effectue avec un vent de face. Quelle que soit la catégorie, les bateaux doivent donc partir en biais, avec un certain angle par rapport à la direction du vent. Un angle nul ne permettrait pas d'avancer, un angle droit serait efficace pour prendre de la vitesse, mais dans une mauvaise direction, de sorte qu'il existe un angle optimal permettant de conjuguer vitesse et direction, qui se trouve être proche de 45°.

Pour conserver cet angle, le virement de bord se fera donc à 90°, donnant finalement à la trajectoire une allure en zigzags très marqués qui visent, malgré la distance accrue, à minimiser le temps – l'objectif évident des marins. Selon qu'ils partent à gauche (tribord amures, dans le jargon) ou à droite (bâbord amures), ils auront à tirer un nombre pair ou impair de bords jusqu'à la bouée (tracés de gauche ci-dessous). On remarque sur la figure que ce nombre varie notablement selon les concurrents – et, plus surprenant encore pour le profane, que la trajectoire reste une ligne brisée dans la phase retour (tracés de droite) : le vent venant alors de l'arrière, on aurait imaginé les bateaux filant droit.

Examinons la situation dans laquelle on vise la bouée au vent, le bateau avançant au près (ce qui signifie avec un vent de face). Le souffle ressenti est la composition du vent réel (dont nous

Les dents de scie de la mer

Trajectoire de sept concurrents lors d'une manche de 470 à Marseille, dans une épreuve de préparation aux Jeux de 2024. En remontant vers la bouée au vent (à gauche), les bateaux font un angle compris entre 37° et 40° de la direction du vent (marqué par une flèche noire) mais le nombre de virements diffère, de quatre à dix. Au retour (à droite), ils font un angle d'environ 150° avec le vent et effectuent entre un et cinq virements. La distance entre les bouées de départ et la bouée au vent est d'environ 2 km. Au près, avec leurs zigzags, les marins augmentent cette distance d'un facteur de l'ordre de 1,4 et leur vitesse est de l'ordre de 15 km/h, une valeur qui monte à 20 km/h au portant. Le km/h n'est pas une unité de marin, qui s'exprime en nœuds : 1 nœud ≈ 1,85 km/h, ou, plus commode, 1 nœud ≈ 0,5 m/s.

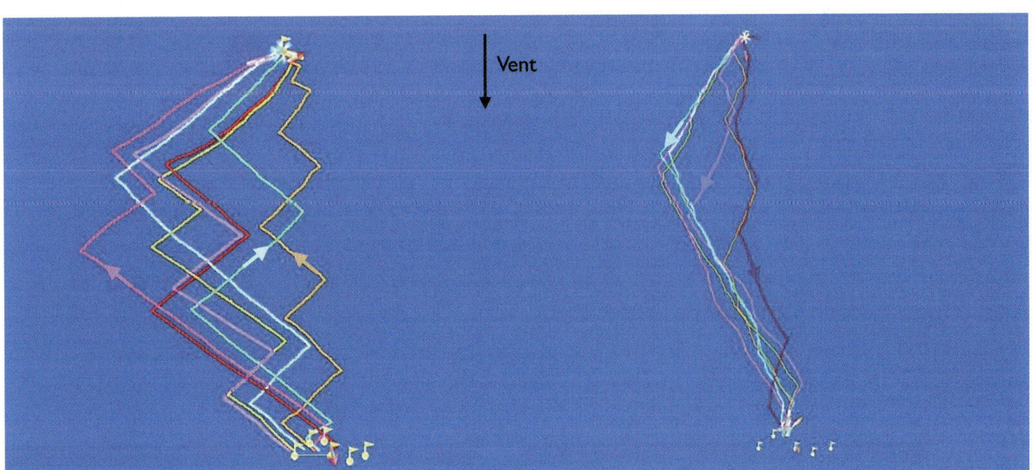

notons la vitesse V) avec celui créé par le mouvement, dont la vitesse est – U si l'embarcation avance à vitesse U. En résulte une vitesse apparente V_a, en rouge sur le schéma, qui est nécessairement plus grande que V et orientée différemment : plus le bateau va vite, plus V_a tend à s'aligner dans sa direction. Pour un vent de 10 à 20 nœuds (5 à 10 m/s), tous les cas sont possibles, d'un bateau lent avançant à 5 à 10 nœuds ($U < V$) à un rapide pouvant atteindre 20 à 40 nœuds ($U > V$), comme figuré ci-dessous.

C'est bien sûr la voile qui garantit la propulsion. Elle est galbée et, point crucial, orientée avec un angle réglable par l'équipage, mais qui restera fixe par rapport à la direction du vent apparent. Ce vent souffle sur la voile, la contourne et accélère

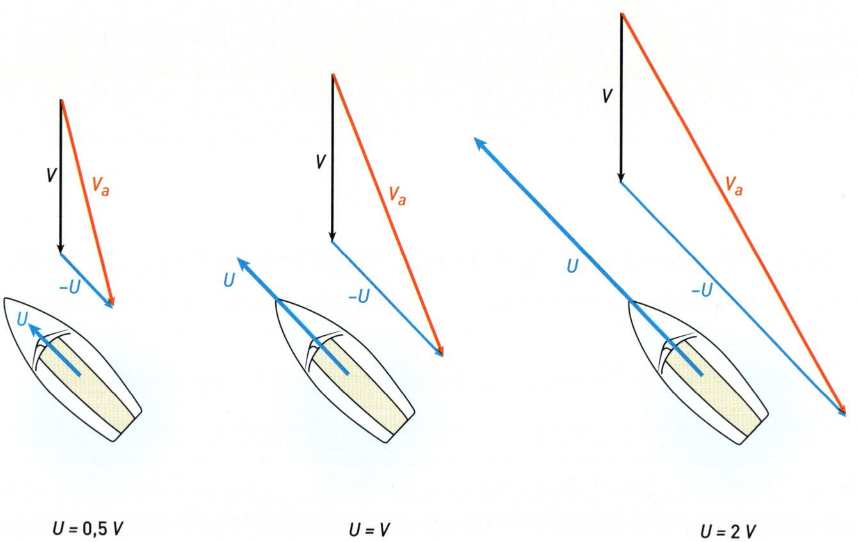

Au près

Un bateau au près (c'est-à-dire remontant le vent) subira un vent apparent V_a qui est la composition du vent réel V et de celui, de force $-U$, qu'engendre son mouvement à vitesse U. La vitesse V_a est toujours supérieure en intensité à V et elle change de direction en fonction de l'allure du bateau, comme le montrent les schémas.

sur la partie convexe, ce qui crée une différence de pression, comme nous l'a appris Bernoulli (p. 95) : c'est avec un principe semblable que le galbe d'une aile d'avion induit de la portance, c'est-à-dire une force pointant alors vers le haut. Ici, la déflexion du vent par la voile crée une force perpendiculaire à cette dernière (flèche orange sur le schéma) qui a une composante propulsive (en vert) : le bateau avance avec un vent contraire !

Elle a aussi une composante perpendiculaire à la force propulsive (en rose) qui induit à la fois de la dérive (ce que la quille du bateau minimise) et de la gîte – plus que visible, puisqu'elle fait pencher, parfois dangereusement, les embarcations dont on cherche alors à réduire ou à aplatir la voilure.

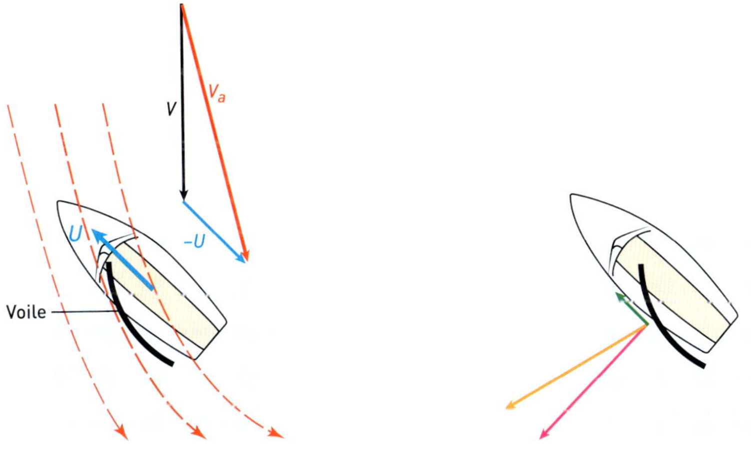

Autant en emporte le vent

La voile d'un bateau (forme noire en trait épais) défléchit le vent apparent qu'elle reçoit (tirets rouge). Son galbe accélère le vent du côté bombé, où donc la pression diminue (principe de Bernoulli) : la voile tire ainsi l'embarcation dans la direction perpendiculaire (flèche orange) à celle que lui ont donnée les marins. Cette force a une composante propulsive (flèche verte) et une autre de nature latérale (en rose) qui peut faire dériver ou gîter le bateau qui, ici, remonte au vent.

Plus léger qu'un bouchon, j'ai dansé sur les flots, écrivait Rimbaud, ce que confirme le bateau, tout joyeux d'avancer au près et de *dévorer les azurs verts*. Si l'on souhaite peu s'écarter de la ligne droite imaginaire qui amène à la bouée, on multipliera les changements de bord ; mais comme chacun demande du temps de manœuvre, on pourra préférer les minimiser en suivant un trajet plus long. Le choix de cette route sera dicté par les aléas du vent et par les qualités des navigateurs (par exemple, leur aptitude à tirer des bords rapides), ce qui explique la variété des trajectoires.

Et d'ineffables vents m'ont ailé par instants, poursuit le bateau dont on pourrait penser qu'il nous parle de la phase retour avec un vent arrière. Or, il n'en est rien : d'abord, parce que le vent apparent de sa course réduit d'une valeur $-U$ la vitesse V du vent réel, pouvant même égaler en intensité le vent ressenti ($U = V$) voire la dépasser ($U > V$), faisant que la phase retour se déroule finalement avec un vent apparent frontal ; et puis parce que, dans le cas où le vent le pousse, le mode « parachute » où le vent

En rade

Bâbord ou tribord, là est la question. Lors du départ de cette régate de 49er, le vent vient de droite et la ligne est orientée de bas en haut. La majorité de la flotte choisit de partir tribord amures. Les cinq bateaux en second rideau partent bâbord amures.

Au portant

Un bateau au portant (poussé par le vent) voit un vent apparent bien différent du réel. Là encore, ce vent dépend de la vitesse du bateau. Quand ce dernier est rapide ($U > V$), troisième schéma, le vent apparent en rouge devient même contraire à la marche du bateau qui, comme au près, sera contraint d'avancer en crabe.

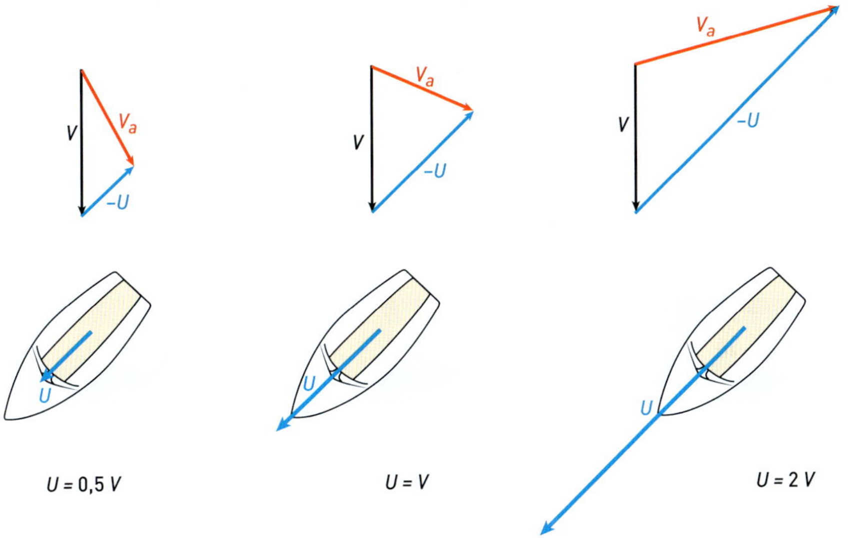

gonfle la voile et propulse le bateau est moins efficace que le mode « Bernoulli » décrit plus haut. Les embarcations vont donc également zigzaguer au portant, comme on appelle cette phase de vent arrière, continuant à donner à ces *fileurs éternels des immobilités bleues* la trajectoire à première vue déconcertante d'authentiques bateaux ivres, qui augmentent leur trajet d'environ 40 % par leurs incessantes divagations – tout en réduisant le temps de la course.

Que *d'ineffables vents* m'aient *ailé par instants* se comprend donc littéralement : la variabilité du vent pendant la course justifie ce pluriel qui oblige les équipages à des réglages supplémentaires ; et puis l'idée d'*aile* est la plus pénétrante qu'on puisse dire, les voiles tirant leur force des principes mêmes qui permettent à des oiseaux ou à des avions de voler. Le poète mérite bien le statut de *voyant* qu'il revendiquait…

DUALITÉ ONDE-CORPUSCULE

Shérif de Honolulu, chef pirate ou chasseur indigène dans des productions hollywoodiennes, champion olympique du 100 m nage libre en 1912 et en 1920, mais battu en 1924 par un certain Johnny Weissmuller : Duke Kahanamoku, qui tirait son prénom d'une visite du duc d'Édimbourg à Hawaï, eut plusieurs vies.

Et pas la moindre fut celle qu'il consacra à ce qu'on appelle aujourd'hui le surf, une activité ancestrale dans les îles du Pacifique. L'homme y excellait. Il inventa de nouvelles figures et fit connaître ce sport par des démonstrations publiques en Californie et en Australie et l'enthousiasme qu'elles suscitèrent fut déterminant pour son développement. Il alla jusqu'à plaider la cause du surf aux autorités olympiques, qui refusèrent cependant de l'inscrire au programme des Jeux, jugeant la discipline trop confidentielle. Il fallut ainsi attendre presque un siècle et les Jeux de Tokyo, en 2021, pour voir des hommes et des femmes dévaler des vagues olympiques. La discipline a été reconduite aux Jeux dits de Paris, où c'est la célèbre vague tahitienne de Teahupo'o que les sportifs devront affronter, à 16000 kilomètres du modeste mascaret de la Seine.

Le *Duke*

Duke Kahanamoku à Hawaï, en 1915. Marque des champions, son prénom est inscrit sur sa planche, même si le surf est alors une activité ultraconfidentielle.

Nous discutons dans ces pages trois faits connus de ceux qui pratiquent ce sport ou le bodysurf, sa variante sans planche. On sait d'abord que la vague doit être suffisamment haute pour « attraper » le surfeur ; mais aussi qu'une vague plus petite devient surfable si l'on nage avec elle ; enfin, que planche et vague font un angle d'environ 60°, qui est également observé pour des dauphins bodysurfers – dans le but commun de faire durer le moment de glisse.

Pour comprendre la capture, considérons sur un schéma le duo onde-corpuscule que composent la vague et le surfeur. L'onde déferle à une vitesse *c* qui sera par exemple de 4,5 m/s, environ 15 km/h – elle est en général plus rapide qu'un nageur. Dans cette ténébreuse affaire (la mystérieuse dualité onde-corpuscule), tout devient nettement plus clair en changeant de point de vue. Il s'agit d'être vague pour être précis… Si l'on est la vague, donc, on voit le surfeur venir vers soi à la vitesse *c* (deuxième schéma). Or, un objet mobile qui affronte une colline dessine une situation familière, celle d'un cycliste ou d'un skieur qui arrivent avec une

Par ce biais

Surfeur ou dauphins suivent une direction qui fait un angle d'environ 60° par rapport à celle de la vague.

certaine vitesse sur une bosse. La question est de savoir si, passifs, ils ont assez de vitesse pour parvenir au sommet de la bosse – une question dont la réponse dépend bien entendu de ladite vitesse, de la hauteur de l'obstacle et de l'existence de frottements, que l'on va négliger ici. Alors, et si M est la masse du corpuscule et g l'accélération de la pesanteur, une énergie cinétique $1/2\,Mc^2$ permet de se hisser à la hauteur H donnée par l'égalité de cette énergie avec celle de la pesanteur, MgH. On en déduit $H = c^2/2g$, une hauteur qui croît rapidement avec c et vaut environ 1 m pour une vague qui avance à 4,5 m/s.

Face à la vague

Un surfeur attendant une vague de hauteur A et de vitesse c (premier schéma). Si l'on choisit « le référentiel de la vague », c'est-à-dire que l'on se met à la place du sommet de cette vague, tout se passe comme si le surfeur avançait vers elle à la vitesse c (second schéma). Il y a deux possibilités : si c est élevée ou A petit, le surfeur va franchir l'obstacle (à la façon d'un skieur avalant une petite bosse) et poursuivre son mouvement au-delà de la vague ; dans le cas contraire, il restera sur le flanc droit de la vague, qu'il pourra alors surfer. À vitesse c donnée, il faut donc que la vague soit assez haute pour être surfable.

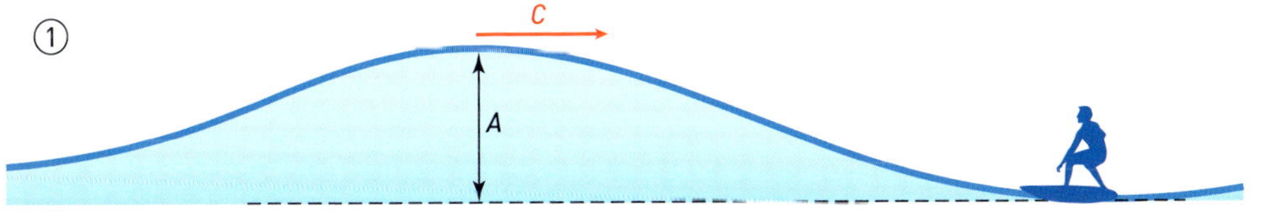

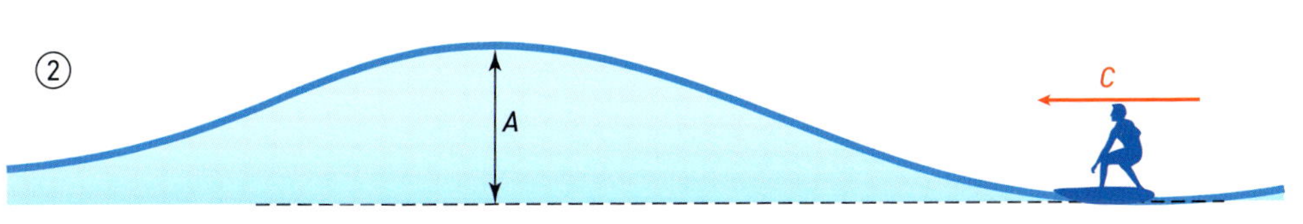

Deux cas de figure se présentent. Si H dépasse la hauteur A de la vague, l'énergie cinétique disponible permet d'aller plus haut que A, si bien que le surfeur traverse la vague comme un cycliste en roue libre passe une bosse modeste. Dans un langage plus pédant, nous dirons que l'onde n'accroche pas le corpuscule. Si, à l'inverse, H est plus petit que A, le surfeur (toujours passif) se retrouve à la hauteur H, sur la pente montante de la vague, tel le cycliste ralenti puis arrêté par la pente d'une bosse plus substantielle. L'onde, cette fois, capture le corpuscule et l'emmène ensuite avec elle : le surfeur se retourne et dévale en sens inverse la pente qu'il vient de gravir. Il existe donc une hauteur minimale de vague surfable, $A = c^2/2g$, qui vaut environ 1 m dans notre exemple. Elle est indépendante de la masse M, si bien que le critère est le même pour la future championne à Teahupo'o, un dauphin ou le Duke et son *papa he'e nalu*, planche traditionnelle de 5 m et de 50 kg.

Jusqu'ici, le surfeur était passif, du moins jusqu'à sa capture par la vague. Il va cesser de l'être pour augmenter le nombre de situations favorables. Voyant venir à lui une onde plus basse que H, donc en principe non-surfable, il se met à nager à vitesse v *dans le sens de la vague*. Du point de vue de cette dernière, qui va plus vite que lui, cela signifie qu'il arrive sur elle avec une vitesse moindre (il s'éloigne d'elle), qui est $c-v$. Il suffit de reprendre nos raisonnements en remplaçant c par $c-v$, ce qui conduit à un abaissement de la hauteur critique de vague : elle devient $(c-v)^2/2g$, ce qui, pour v = 1,5 m/s, donne 50 cm, deux fois moins que lorsque le surfeur était passif. On a donc en effet intérêt à nager de cette façon pour augmenter le nombre de *runs*, ce qui explique au passage l'excellente qualité de nage de la plupart des surfeurs – à commencer par le premier d'entre eux, Duke Kahanamoku.

Quand il redescend la vague, se laissant glisser, donc convertissant à présent son énergie de pesanteur en énergie cinétique, le surfeur pourra atteindre au bas de la pente la vitesse *c*, dans le référentiel de la vague, et donc la vitesse 2*c* pour qui le verrait de la plage. Une partie des sensations du surf est là, dans cette vitesse double, qui transforme les 4,5 m/s de notre vague en 9 m/s pour celui qui la dévale, soit environ 30 km/h – sur l'eau, près d'elle, avec tous les problèmes d'équilibre qui en résultent. Or, il s'agit de faire durer ce plaisir, donc de ne pas perdre la vague. Si l'on va tout droit, on laisse la vague en arrière : le *run*

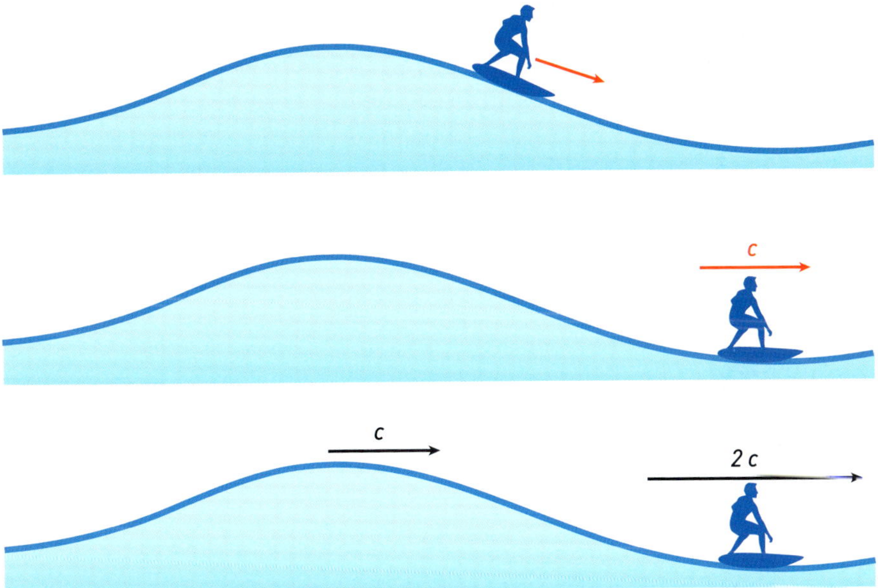

Après le take-off

Attrapé par une vague, un surfeur la dévale, ce qui lui permet d'atteindre la vitesse *c* dans le référentiel de la vague. Vu maintenant de la plage (ou de son point de vue à lui), le surfer atteint donc une vitesse 2*c*, où le facteur 2 n'est pas pour rien dans l'ivresse que procure ce sport. Pour ne pas perdre la vague et sa pente, le surfeur adoptera une trajectoire oblique, comme l'illustre nos photos.

ne durera que le temps de descendre la pente en chute libre. Il en ira différemment si le surfeur adopte une trajectoire oblique et le choix optimal est celui où la composante de la vitesse du surfeur dans la direction de la vague est justement la vitesse c. Si l'on note ϕ l'angle entre la planche et la direction de la vague, la projection de la vitesse du surfeur dans cette direction est $2c \cos \phi$. L'égaler à la vitesse c de la vague est possible, il suffit d'avoir $\cos \phi = 1/2$, c'est-à-dire $\phi = 60°$. On comprend ainsi les trajectoires obliques sur nos photos de surfeurs et de dauphins et, mieux, le fait qu'un angle spécifique, en effet proche de 60°, soit sélectionné par tous, humains ou animaux.

Une raquette de ping-pong ou de tennis qui frappe une balle à vitesse V la renvoie à la vitesse $2V$, un mécanisme d'amplification qui rend le jeu beaucoup plus vif (p. 79). Or, c'est ce même facteur 2 que va éprouver le surfeur qui dévale une lame, suggérant qu'il n'est qu'une sorte de projectile que vient frapper la raquette géante qu'est la vague. De ce point de vue, le surf est un sport de balle où l'on joue seul en y incarnant le projectile !

DE HAUT VOL

On donnerait cher pour voir la tête que fit Mario Napoli le 3 juin 1968, quand il souleva le couvercle de la *Tomba del Tuffatore* (la « tombe du plongeur », un nom qu'elle n'avait pas encore), dans la nécropole de Paestum, en Italie, qu'il fouillait avec son équipe.

La paroi intérieure de la pierre montrait, frais comme au premier jour, 2500 ans plus tôt, un plongeur nu et cambré s'élançant dans le vide ménagé par le fond blanc de la scène.

Allégorie transparente du saut dans l'inconnu, décantée par la présence de seulement quatre éléments de décor : un plongeoir posé sur des colonnes, sans doute celles d'Héraclès à Gibraltar, qui marquaient la limite du monde connu pour les Grecs anciens, tout en témoignant du dixième des travaux du fils de Zeus et d'Alcmène, ramener les bœufs du monstrueux Géryon ; l'onde courbée de l'Okenaos, le fleuve qui entoure la terre ; et deux arbres : le premier, aux branches mortes, fourchues et cassées, est laissé en arrière tandis que le second semble accueillir le *Tuffatore*, avec ses sept branches feuillues, un nombre symbole de renaissance : tout se passe comme si, de la mort, on plongeait vers la vie.

Il y a dans l'image de Paestum une confiance sereine et presque joyeuse qui contraste avec la circonstance – et plus généralement avec ce qu'appelle souvent le terme *plonger*, comme quand *le jour plonge au plus noir du gouffre*, chez Hugo, ou qu'on plonge *dans les froides ténèbres*, chez Baudelaire. On plonge dans le chagrin, dans l'addiction, vers la prison. Et *replonger* est pire.

Plonger, c'est en effet se mettre en danger. Aux Jeux, le sautoir est réglé sur deux hauteurs : 3 m, avec une planche flexible permettant, après quelques rebonds, de gagner 2 m de plus ; ou 10 m, épreuve dite de haut-vol, où la planche est rigide. La vitesse V atteinte par la chute libre (les pirouettes n'y changent rien), au moment d'entrer dans l'eau, est de 35 km/h dans le premier cas, et de 50 km/h dans le second – des chiffres qui attestent de l'audace qu'il y a à se lancer. Il existe même des compétitions non olympiques de *cliff diving* où la hauteur H du saut monte à 27 m pour les hommes et à 23 m pour les femmes et c'est alors à environ 80 km/h qu'on heurte l'élément liquide.

Il tuffatore

Découverte en 1968 à Paestum, 100 km au sud de Naples, la fresque du sarcophage de la tombe du plongeur est la plus ancienne peinture grecque figurée connue. Datée d'il y a 2 500 ans, elle est contemporaine des tombes étrusques de Tarquinia, où apparaît également un plongeur.

Nous allons considérer plus profondément (à proprement parler) la question de l'entrée dans l'eau, moment critique propice aux blessures et qui, *a minima*, occasionne douleurs et courbatures : un sportif professionnel limite ses entraînements quotidiens à trente sauts de 10 m et à six seulement s'il est *cliff diver*.

Comme dit le proverbe arabe, *mesure la profondeur de l'eau avant d'y plonger*. Viser une eau trop peu profonde engendre, comme on le sait, des accidents terribles. On pourrait penser que la profondeur qui convient est la hauteur d'où l'on s'élance. C'est suffisant en effet, mais pas nécessaire : l'eau étant mille fois plus dense que l'air, elle freine efficacement celui qui y entre – d'où le péril, si l'on estime mal la force de ce frein.

Cherchons ainsi à déterminer la profondeur d'arrêt D du plongeur, qui subit en entrant dans l'eau une décélération de l'ordre de V^2/D. Le produit de cette dernière par la masse M de l'athlète est équilibré par la résistance $\rho V^2 S$ de l'eau, en notant S la surface corporelle entrant en contact avec l'eau dont la masse volumique $\rho \approx 1000$ kg/m^3, est comparable à celle du corps. On en déduit une formule remarquable, $D \sim M/\rho S$, qui se simplifie encore si l'on introduit la taille L, la largeur l et l'épaisseur e moyennes d'un être humain. Comme on a alors $M \sim \rho Lle$ et $S \sim le$, la formule se réduit miraculeusement à $D \sim L$! Pour un plongeur qui arrive par les pieds ou par la tête ($S \sim le$), sa taille seule fixe la profondeur d'eau qui l'arrête, indépendamment de sa vitesse d'entrée, qui influe de la même manière sur l'inertie et sur le frein. C'est ce qui se passe aussi quand on frappe un ballon de baudruche : le ballon rempli d'air s'arrête dans l'air sur une distance qui relève de sa taille, quelle que soit l'énergie qu'on lui communique.

Il nous faut ici être pointilleux sur les coefficients numériques, ignorés dans la loi d'échelle : dans l'équation $D \sim L$, le coefficient devant L vaut environ 2, en pratique : l'eau nous arrête sur une profondeur qui vaut deux fois notre taille. Par sécurité, on choisira un facteur un peu plus grand, 2,5 par exemple, comme dans le bassin de réception du plongeon olympique où la profondeur est de 4,8 m.

Les formules, même les plus simples, doivent être non seulement commentées, mais également observées avec le plus grand soin. Alors qu'il traduisait en allemand un article de Satyendranath Bose, Albert Einstein, examinant une formule, y vit quelque chose d'extraordinaire qui avait échappé au grand savant indien : la formule, quasiment sans calcul, conduisait à ce qu'on appelle aujourd'hui la condensation de Bose-Einstein, le

Le grand saut

S'élançant d'une hauteur de 22 m dans la rivière Maggia, en Suisse, le plongeur frappe l'eau à 74 km/h, une vitesse à laquelle il faut impérativement entrer par les jambes. L'écart entre les clichés de cette chronophotographie est de 18 centièmes de seconde.

pendant pour les atomes de ce que Bose avait théorisé pour les photons. Trois prix Nobel furent attribués à ceux qui vérifièrent la réalité du phénomène, 70 ans après la théorie.

L'exemple ici est bien sûr moins grandiose, quoique spectaculaire à sa manière : quand c'est le ventre (et non les bras ou les pieds) qui touche la surface de l'eau, ce qu'on appelle un plat, une de nos lois d'échelle doit être légèrement modifiée. La surface à l'impact est alors $S \sim Ll$, si bien que l'équation $D \sim M/\rho S$ se simplifie en $D \sim e$, où e, rappelons-le, est l'épaisseur du corps. C'est extravagant ! En se souvenant qu'il faut ajouter un facteur 2, on prédit que quelques dizaines de centimètres devraient alors suffire pour nous freiner dans l'eau, même si nous tombons de haut... Le plat est douloureux, périlleux même, parce qu'il expose (ou explose) des parties sensibles du corps, mais c'est la manière la plus efficace de s'arrêter.

Parce qu'il a cru à cette formule, un Américain nommé Darren Taylor, alias *Professor Splash*, détient le record du monde de saut en eau très peu profonde : sur un film irréel tourné dans une université norvégienne, on voit ce quinquagénaire ventripotent et rendu plus que téméraire par sa confiance dans les équations s'élancer d'une plateforme de 11 mètres, en visant une piscine d'enfant en plastique remplie de 40 cm d'eau. L'expérience est terriblement risquée, à ne reproduire sous aucun prétexte, car la formule n'est applicable que si le plat est parfait, sans compter le grand danger qu'il y a de tomber sur le ventre d'une hauteur pareille. Mais le Professeur Splash survit à sa folle entreprise.

Une fois sa profondeur d'arrêt réglée, trois autres épreuves guettent le plongeur. Toutes impliquent le carré de la vitesse V^2, quantité elle-même proportionnelle à la hauteur H du saut : le danger, sans surprise, augmente avec cette hauteur et nous l'évaluerons dans le cas spécialement exposé du *cliff diving*.

1) L'impact sur l'eau est violent. La force qu'il met en jeu est le produit de la pression dynamique du liquide, ρV^2, par la surface de contact S (entre 50 et 100 cm^2 selon que ce sont les pieds, les bras ou la tête qui touchent). On obtient plusieurs milliers de newtons, l'équivalent de plusieurs centaines de kilogrammes. On n'est pas loin des seuils de rupture, les fractures du tibia ou du genou se produisant pour une force équivalente à 800 kg ; et l'on comprend qu'il faille protéger les mains et la tête, plus fragiles que les pieds : au-delà de $H = 15$ m, très peu se risquent à entrer dans l'eau autrement que jambes en avant. Pour les protéger, on envoie parfois du fond de l'eau des bulles d'air qui diminuent sa densité ρ et donc la force d'impact $\rho V^2 S$ qui s'exerce sur ces plongeurs en eau trouble. Mais cette eau gazeuse ralentira ensuite moins vite le corps, augmentant la distance d'arrêt en proportion de la baisse de densité.

2) Une fois dans l'eau, la décélération V^2/D est très forte, au moins 5 fois l'accélération de la pesanteur, voire davantage si les athlètes basculent pour accélérer le freinage – les amenant à vivre ce que subissent les pilotes de chasse.

3) Effet plus inattendu, celui qui entre dans l'eau par les pieds voit ses jambes soumises à une force qui tend à les écarter violemment l'une de l'autre. Dans le référentiel de celui qui s'enfonce, l'eau vient vers lui et, forcée de contourner le corps, elle accélère. Il en résulte une dépression (de nouveau le principe de Bernoulli) de l'ordre de ρV^2, environ 5 atmosphères, qui tire sur les jambes comme on le ferait sur les bras d'un compas – ce qui demande aux athlètes un travail spécifique de musculation pour contrer l'écartèlement.

4) Des images sous-marines révèlent une dernière cause de martyre. La vitesse d'impact est suffisamment grande pour que l'air s'engouffre avec le sauteur, comme il le fait avec l'araignée aquatique *argyronète*. « Argyros », c'est l'argent, le métal de la deuxième des médailles, du fait des reflets qui se créent quand

Jacuzzi
Quand un plongeur s'élance de 3 m ou plus, une grande quantité d'air s'engouffre avec lui. Sur cette vue en oblique, on distingue la plante de ses pieds, assez bien ses mollets et presque pas le reste du corps, à cause du foisonnement des bulles. En s'effondrant, celles-ci envoient sur le corps du sportif des petits jets douloureux – la dernière des nombreuses tortures que ce sport impose aux téméraires.

on est, sous l'eau, gainé d'air. L'arachnide transporte avec elle une bulle pour y puiser l'oxygène dont elle a besoin. Pour le plongeur, c'est différent. Il a plutôt le souffle coupé par ses exploits et l'énorme cavité d'air qu'il emmène très vite se pince et disparaît, créant à la surface de l'eau une espèce de bouillonnement mais aussi, sur son corps, des douleurs pénibles liées à l'effondrement des bulles (p. 240).

Le courage des plongeurs est donc loin de se résumer au vertige qu'ils éprouvent avant de se lancer : comme le *tuffatore*, ils sautent dans l'inconnu, celui où les vitesses atteintes engendrent quantité de phénomènes inimaginables pour ceux, bien plus nombreux, pour qui plonger se résume à entrer dans une baignoire ou dans un bon roman.

Terre, air, mer : le plongeur est des sportifs le seul qui compose avec les trois éléments : la terre, d'où il s'élance ; l'air, où il vole et enchaîne les figures ; l'eau, qui le reçoit. Aux Jeux, ces sauts deviennent vrilles et saltos, mais le scientiste obtus qui observe l'image de Paestum s'interroge : « Certes, comme vous le dites, son corps cambré le fait mi-oiseau, mi-poisson… Mais c'est d'abord un homme… Et sa position ne montre-t-elle pas tout de même qu'il recherche le plat, lui dont l'œil grand ouvert a jugé l'eau dangereusement peu profonde, en contrebas ? »

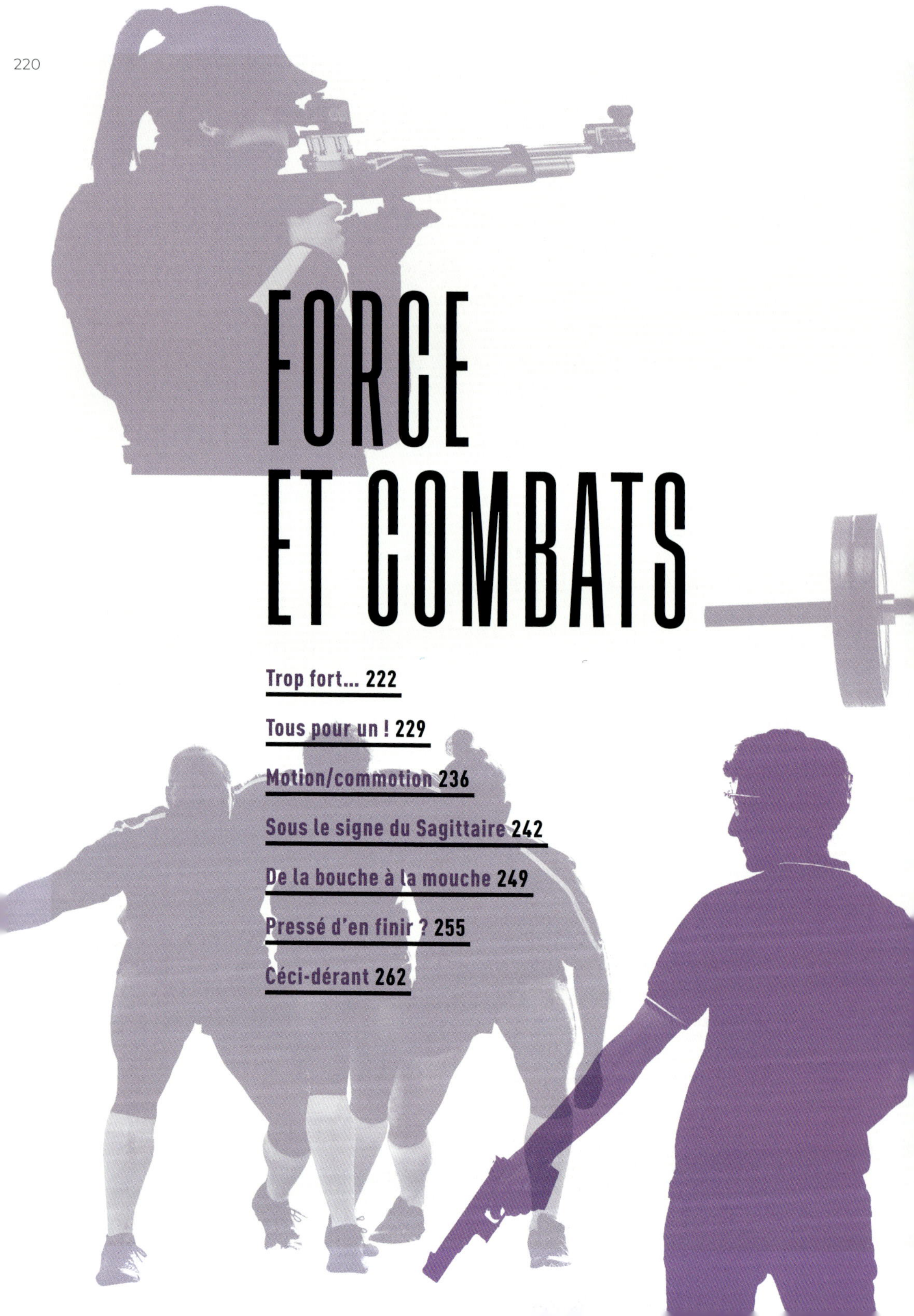

FORCE ET COMBATS

TROP FORT…

L'haltérophilie est la seule épreuve de force des Jeux olympiques présente depuis les débuts de l'ère moderne en 1896, du moins pour les hommes.

On concourt selon son poids, pour des raisons qui nous paraissent aussi évidentes qu'à la boxe ou au judo : si tous les athlètes étaient traités sur un même pied, le suspense serait faible, le plus lourd étant largement favori. C'est si vrai que les haltérophiles sont finement divisés : sept catégories, des plumes aux super-lourds chez les hommes, et des coqs (bizarrement) aux super-lourdes chez les femmes, qui ont dû attendre les Jeux de

Sydney, en 2000, pour avoir le droit de s'aligner. On notera aussi qu'il n'y a pas de limite en poids pour les catégories les plus fortes, même si la masse des super-lourds dépasse rarement 150 kg.

La figure page suivante, qui montre la masse *M* record soulevée en fonction de celle de l'athlète, notée *m*, confirme nos préjugés quant à l'influence de notre poids sur celui qu'on soulève. *M* croît avec *m*, quels que soient le geste considéré, arraché ou épaulé-jeté, et le genre du sportif. Les données suivent des courbes très semblables, dont la concavité indique que le bénéfice du poids de l'haltérophile diminue quand ce poids augmente. De ce point de vue, il est utile de présenter les mêmes données en montrant, au lieu de *M*, la masse relative *M*/*m* levée, toujours en fonction de *m*. Relativement à sa propre masse, le plus fort

Fort comme un Turc
Le légendaire haltérophile turc d'origine bulgare Naim Süleymanoglu (1967-2017), qui fut l'homme le plus fort du monde, si on choisit comme critère la capacité à soulever des masses relativement à la sienne. Les haltères de Süleymanoglu pouvaient faire jusqu'à trois fois son poids... On le voit ici au moment critique où il doit se redresser avec sa charge, à la force de ses jambes.

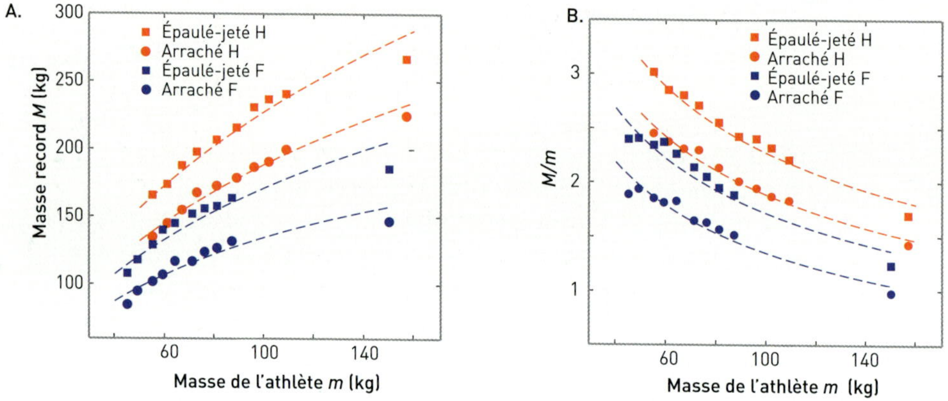

M & m

A. Masse record *M* soulevée en fonction de la masse *m* de l'athlète, pour les deux gestes de la compétition (arraché et épaulé-jeté), chez les hommes (en rouge) et chez les femmes (en bleu). La masse *M* croît avec *m*, et les lignes montrent le modèle discuté dans le texte. **B.** Si c'est le rapport *M/m* qu'on porte en fonction de *m*, les fonctions deviennent décroissantes : ce sont les plus légers qui soulèvent la masse la plus élevée dans l'unité de leur propre masse. Ce rapport varie entre 1, chez les super-lourdes féminines, et 3, chez les plumes au masculin.

est maintenant le plus léger, capable de soulever jusqu'à trois fois son propre poids, une prouesse surhumaine. Un haltérophile exceptionnel fut le Turc Naim Süleymanoglu, 1,47 m et 62 kg, qui parvenait à hisser 190 kg. *La main à plume vaut la main à charrue*, avait d'ailleurs pressenti Rimbaud.

Quelles sont les lois qui relient les masses de l'haltère et de l'athlète ? Décrivons au préalable les deux gestes de ce sport. L'arraché, comme son nom l'indique, consiste à soulever l'haltère du sol et à le projeter à bout de bras en un seul mouvement. L'essai est validé lorsque l'athlète stabilise sa position avec la charge. L'épaulé-jeté aussi parle de lui-même : la barre de l'haltère est d'abord hissée au niveau des épaules, puis rapidement en haut des bras. En compétition, l'athlète dispose de trois essais à l'arraché comme à l'épaulé-jeté ; on garde le meilleur pour chaque geste, et la somme des deux masses détermine le classement des athlètes.

Il est éclairant d'analyser le mouvement des segments du corps dans les deux exercices, comme nous y invitent les chronophotographies. Dans l'arraché, la barre est soulevée du sol par l'extension des jambes, bras tendus vers le bas, puis

Hisse et haut

L'arraché : l'athlète ne fait pas que soulever son haltère, il le projette vers le haut (premières images), ce qui lui permet de se soustraire un instant à la pesanteur (entre les images 4 et 5), le temps de placer ses bras tendus sous la charge – des bras sinon trop faibles pour amener seuls les haltères en position haute : ce sont les jambes qui font le plus gros du travail.

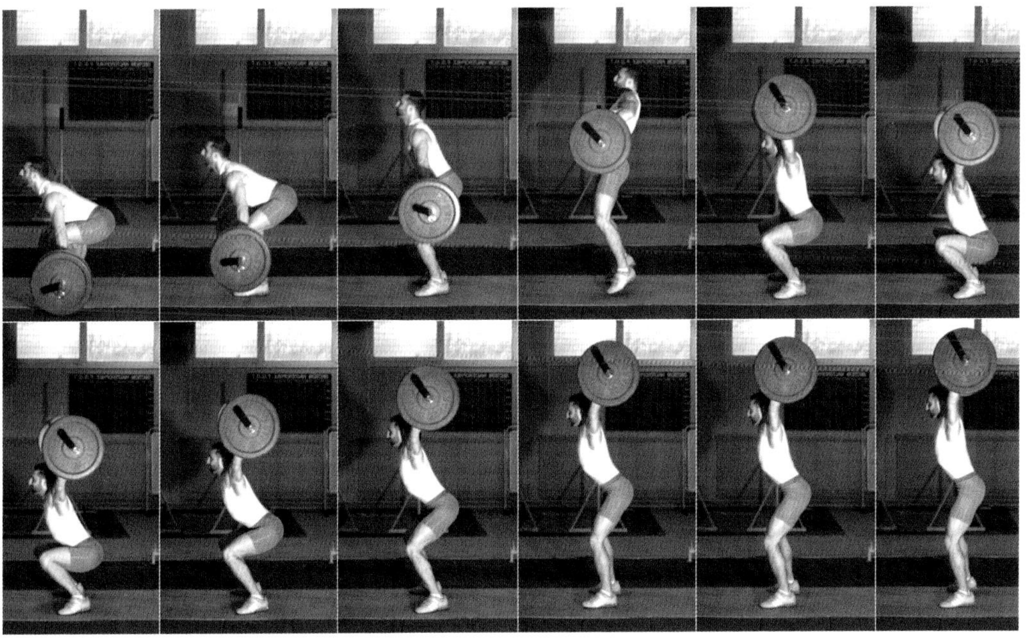

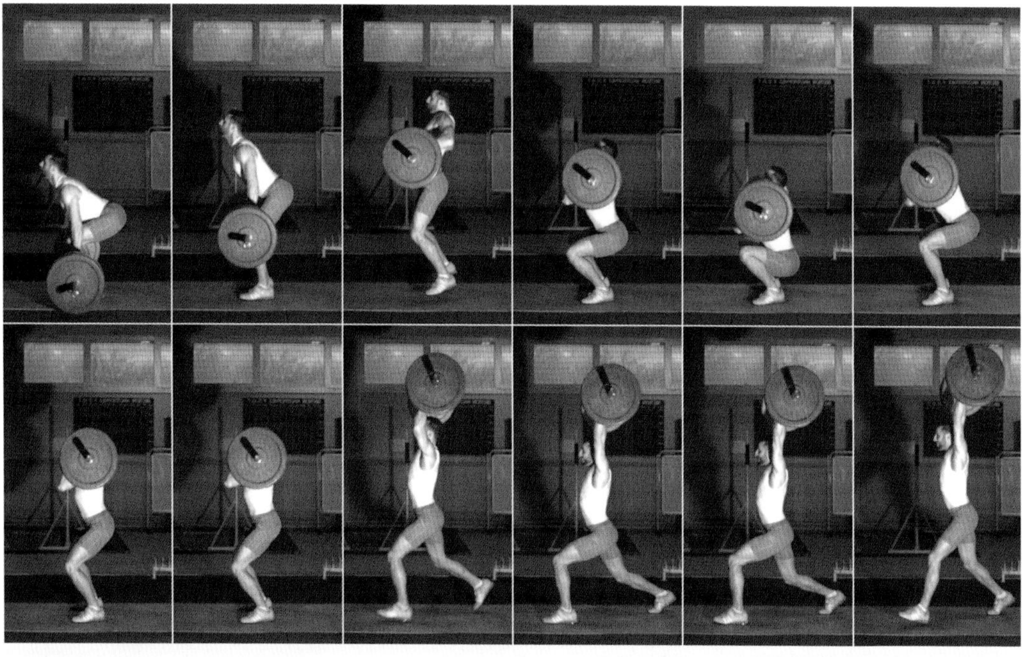

Ça en jette
L'épaulé-jeté : à deux reprises, l'athlète projette sa charge vers le haut, comme dans l'arraché. Une station intermédiaire lui permet d'augmenter la charge de plusieurs dizaines de kilos.

projetée à la verticale. En se fléchissant rapidement, l'athlète se glisse sous l'haltère pour le supporter, bras toujours tendus mais à présent vers le haut. Dans cette phase, la charge ne monte plus, mais au contraire descend légèrement (le moins possible). L'haltérophile, alors accroupi, déplie lentement ses jambes, bras tendus, vers la position finale.

Dans l'épaulé-jeté, la séquence initiale est similaire à l'arraché, à ceci près que la barre est d'abord portée au niveau des épaules et non immédiatement à bout de bras, ce qui permettra de lever une charge plus lourde. Là encore, les membres inférieurs assurent l'essentiel du travail pour retrouver la position debout, haltère aux clavicules. Les jambes sont maintenant fléchies puis ouvertes, et la barre projetée vers le haut, permettant à l'athlète de se placer sous elle, en fente – ses jambes toujours fléchies adoptant presque une position de marche. Dès lors, le haut du corps ne bougera plus, et l'haltérophile se redressera lentement jusqu'au sacre final.

Dans les deux cas, les bras de l'athlète partent d'en bas et finissent en haut, au contraire du non olympique *dead lift*, où on soulève des charges énormes en un seul mouvement (jusqu'à 465 kg !) en partant accroupi, puis en se redressant avec les bras constamment vers le sol. Comme il est plus difficile de monter les bras, qui sont moins forts que les jambes, le défi de l'haltérophile est de soulever sa barre principalement avec ses membres inférieurs et d'inventer un mouvement l'amenant au-dessus de sa tête, alors que ses bras seuls en seraient incapables. L'apesanteur (on attendait tout sauf ce mot, dans ce contexte) sera la manière géniale de résoudre ce casse-tête : l'athlète accélère la barre vers le haut avant de se laisser tomber quand elle arrive au niveau de ses épaules : lui et sa barre étant en effet alors en apesanteur, il peut lever les bras – phase dite du *turn*, visible par exemple entre les photos 4 et 5 de l'arraché.

Le tour est joué – l'haltérophile ayant très peu utilisé ses bras et plusieurs fois les muscles extenseurs de ses jambes pour parvenir à ses fins. Ses quadriceps sont constitués de quatre faisceaux musculaires, dont le fémoral, le muscle le plus volumineux du corps humain, qui court de la hanche au tibia. Les muscles étant formés de fibres motrices associées en parallèle, la force maximale qu'ils délivrent est fonction du nombre de fibres, donc de la section des muscles et non de leur volume – sinon, la masse soulevée serait proportionnelle à celle de l'haltérophile.

Faisons alors l'hypothèse d'individus similaires, telles des poupées russes : plus grands, ils seront plus larges et plus épais, ce qui rend leur masse proportionnelle au cube de leur taille. La section des muscles, donc la force maximale développée, croît seulement comme le carré de leur taille, c'est-à-dire comme la masse à la puissance 2/3. On peut donc l'écrire sous la forme $k\,m^{2/3}$ et l'équilibrer par le poids de l'athlète chargé de son haltère, $(M + m)\,g$, en notant g l'accélération de la pesanteur. On déduit ainsi une loi pour la masse M soulevée, $M = k'm^{2/3} - m$, où $k' = k/g$ dépend du type d'exercice et du genre de l'athlète, à cause de la différence de densité musculaire entre hommes et femmes. Traçant cette fonction de m sur la figure A précédente, on constate qu'elle décrit de manière convaincante les observations, expliquant en particulier l'origine de la concavité des courbes – seul le facteur k' diffère pour chaque série de données. On comprend ainsi pourquoi les athlètes plus lourds sont moins forts, non pas dans l'absolu, mais relativement à leur propre poids : la quantité $M/m = k'/m^{1/3} - 1$, tracée sur la figure B, est une fonction lentement décroissante de la masse m de l'athlète.

On déduit également de ces raisonnements qu'il n'est pas favorable d'être trop lourd, se souvenant que les plus puissants des haltérophiles modernes, la Chinoise Li Wenwen ou le Géorgien Lasha Talakhadze, ne pèsent respectivement « que » 150 et 157 kg – des masses comparables qui en font, pour ainsi dire, des haltères-égaux. Car il s'agit aussi de soulever son propre poids, et notre formule prédit qu'il existe une masse $m = k'^3$ pour laquelle M vaut 0, c'est-à-dire pour laquelle on ne peut plus soulever son propre corps, sans même porter de charge. Plus défavorable encore, la graisse et l'eau prennent le pas sur le muscle dans les cas d'obésité morbide, ce qui abaisse les constantes k et k', et donc l'aptitude à hisser des charges herculéennes. Il y a donc un optimum en poids corporel, qui se trouve être autour de 160 kg, si la question posée est celle du maximum absolu de la masse qu'une femme ou un homme peuvent soulever. Être très fort, c'est aussi ne pas être trop fort !

TOUS POUR UN !

Il arrive dans les sports collectifs que des athlètes s'unissent dans un même geste : rameurs en cadence, cyclistes groupés, footballeurs formant un mur – ou un tas informe pour célébrer un but. Mais peu de gestes symbolisent mieux le collectif et sa force que la mêlée au rugby.

La mêlée sanctionne une faute mineure comme un en-avant de passe. En dépit de son étymologie, qui suggère un mélange, rien de plus ordonné que cette construction : au rugby à XV, les 8 avants de chaque équipe, le pack, se font face, disposés sur trois lignes de 3, 4 et 1 joueurs. Au signal de l'arbitre, les deux moitiés antagonistes s'emboîtent, et le ballon est introduit par le demi de mêlée (le 9) sous cette coupole humaine. Chaque équipe pousse autant qu'elle peut pour gagner du terrain, jusqu'à ce que, de la talonnade qui lui vaut son nom, le talonneur (le 2) transmette le ballon au troisième ligne centre (le 8) ; alors, le 8 ou le 9 le récupère et orchestre la reprise du jeu tandis que le pack se disloque.

Il s'agit, dans ce moment singulier, d'exercer la plus grande poussée possible pour faire reculer l'adversaire. On rapprochera cette épreuve de force collective du tir à la corde, présent sous

le nom de *lutte à la corde* des Jeux de Paris en 1900 jusqu'à ceux d'Anvers en 1920. À Paris, la France obtint dans ce sport la médaille d'argent avec une équipe où Jean Collas, Charles Gondouin et Émile Sarrade seront aussi médaillés d'or en rugby. À Londres en 1908, le Royaume-Uni monopolisa le podium de la corde avec pour équipes de 8 (un vrai pack) celles de la *City of London Police,* de la *Liverpool Police* et de la *Metropolitan Police* – témoignant du goût des forces de l'ordre pour les sports de force.

Or ces deux efforts collectifs, corde ou mêlée, conduisent à une performance différente. À la corde, les forces logiquement s'additionnent, et 8 hommes de puissance comparable auront en moyenne 8 fois la force d'un seul – un résultat qui contredit l'idée de paresse sociale développée par l'agronome français Maximilien Ringelmann à la fin du XIXe siècle : selon lui, chacun se défausse discrètement sur ses collègues, l'*effet Ringelmann* quantifiant la baisse de productivité d'un groupe quand sa taille augmente. Mais peu de psychologie quand on tient la corde, juste l'effort maximal que chacun produit pour lui-même et pour les autres.

Au-dessus de la mêlée
Vue aérienne d'une mêlée de rugby : le demi de mêlée bleu (numéro 9) y introduit le ballon vers son équipe. Pour chaque équipe, la mêlée comporte 3 lignes successives faites de 3, 4 et 1 joueurs. Les deux extrêmes de la ligne de 4 (les *flankers* numéros 6 et 7) sont un peu détachés de leurs voisins.

Mais la mêlée, où l'abnégation de chaque joueur ne saurait être remise en cause, conduit à un constat différent. Alors qu'un rugbyman professionnel pousse avec une force typique de 2000 newtons, correspondant à 200 kg, le pack produit une poussée moyenne de 1000 kg, 40 % inférieure aux 1600 kg que donne l'addition des 8 contributions individuelles. (On exprime ici les forces par leur équivalent en masse, après division par $g \approx 10$ m/s², l'accélération de la pesanteur.)

Quand on mesure cette force sur le simulateur de mêlée du Centre National de Rugby de Marcoussis (une sorte de robot métallique à six pieds), le signal est un pic suivi d'un plateau fluctuant. Le pic correspond à l'impact : à la force s'ajoutent les effets de choc, au moment où la demi-mêlée se jette sur l'autre demi-mêlée. On a d'ailleurs réglementairement réduit à 20 cm la distance avant impact, pour limiter les blessures graves dans cette phase spécialement engagée. Le plateau, ensuite, donne la poussée moyenne produite par le pack, avec des variations d'intensité liées aux mouvements dans la mêlée ou aux reprises d'appui de chacun.

N = 1

N = 8

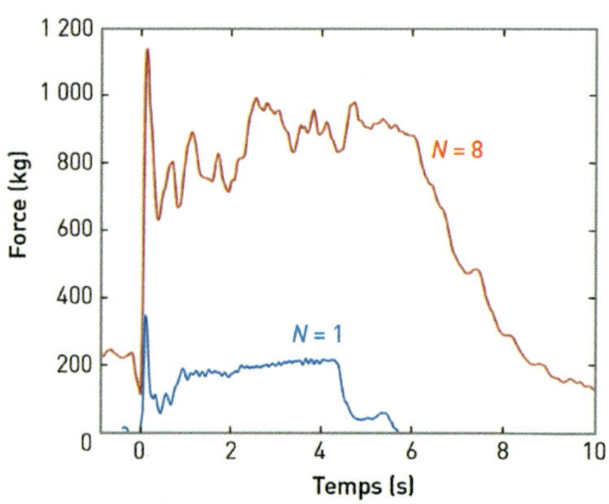

Sur un plateau

Un ou 8 hommes face au simulateur de mêlée de Marcoussis. La force de poussée est mesurée en fonction du temps, et sa division par 10 fournit son équivalent en kilos. Dans les deux cas, on observe d'abord un pic, qui correspond à l'impact, où s'ajoute un effet de vitesse. Puis on atteint un plateau assez constant pour 1 homme (données bleues), plus fluctuant pour 8 (données rouges). Sa moyenne donne la poussée pendant la mêlée. Si l'homme seul produit 200 kg, 8 individus n'engendrent en moyenne que 900 à 1 000 kg.

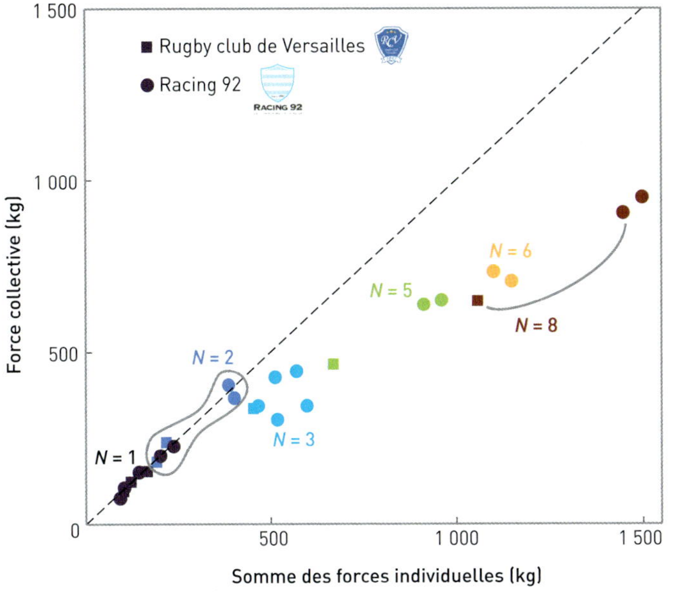

La force manquante
Poussée moyenne de collectifs composés de 1 à 8 individus. La force croît avec le nombre, que ce soient des amateurs de Versailles (carrés) ou des professionnels du Racing 92 (ronds). À partir de *N* = 3, cette croissance décroche de la droite en tirets qui exprime la somme des forces individuelles. Pour la mêlée (*N* = 8), le décrochement atteint 40 % de ce que laissait espérer la somme des poussées individuelles. Les forces, mesurées en newtons, sont divisées par 10 pour obtenir leur équivalent en kilogrammes.

C'est la valeur de ce plateau qui va nous intéresser, et pourquoi il est nettement plus bas que la somme des forces individuelles. La cause semble architecturale : il s'agit de construire une voûte stable, donc de lier des briques humaines les unes aux autres, ces liaisons étant d'ailleurs considérées comme la clé d'une mêlée réussie. Or les règles de construction (la façon dont s'encastrent têtes et épaules, mais aussi cuisses et épaules) contrarient l'alignement des forces individuelles dans une même direction, celle vers laquelle il faut tenter d'avancer. On a là un premier mécanisme de perte de force dans une direction donnée. En outre, les mêmes règles empêchent les athlètes d'adopter la position idéale visant à maximiser leur force : la hauteur de l'édifice, par exemple, est imposée par le collectif et non par chacun. Or cette hauteur varie selon là où l'on est dans le pack, ce qui se traduit à nouveau par une perte d'efficacité.

D'une façon générale, dès qu'il y a édifice, la transmission de la force n'est plus optimale, ce qui explique que la force collective cesse d'être la somme des forces individuelles très tôt, dès $N = 3$, et que l'écart avec la courbe idéale ne cesse de s'amplifier quand N augmente. C'est là une très grande différence avec les configurations en ligne comme on les trouve à la lutte à la corde. Il n'y a alors pas de construction humaine, juste des efforts individuels indépendants agissant dans une même direction, qui donc s'ajoutent pour ce qui est de leur moyenne. En outre, c'est un effort en traction, au contraire de la mêlée qui est en compression et donc susceptible de « flamber », comme une poutre que l'on comprime.

En effet, la voûte elle-même crée des poussées, comme on le sait dans l'architecture des églises, alors que tout le protocole de formation d'une mêlée doit concourir à la rendre rigide. À l'époque romane, on opposait à la poussée des voûtes la masse

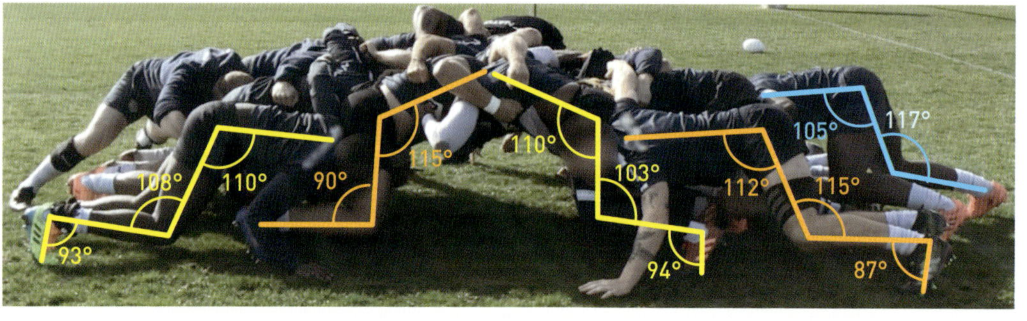

Arrondir les angles

Une mêlée faite des deux packs du Racing 92 à l'entraînement, et vue de profil. On admire les règles de construction qui assurent la stabilité de l'édifice. Par exemple, l'angle optimal entre cuisse et mollet est d'environ 115° pour pousser efficacement. Cet angle est à peu près observé à l'arrière de la mêlée, mais moins vers l'avant, à cause de l'encombrement humain. C'est un des mécanismes qui explique que le collectif est moins fort que la somme de ses constituants.

des contreforts disposés le long des murs extérieurs. Plus raffinée est la solution gothique, qui est celle adoptée par nos rugbymen : en disposant des arcs-boutants à l'endroit de la poussée, on décharge cette dernière en direction du sol et on stabilise l'édifice.

Dans la mêlée, on remarque que les deux extérieurs de la deuxième ligne se détachent un peu de leurs voisins, arc-boutés vers eux, et ne participant donc qu'imparfaitement à la poussée axiale. Seul à l'arrière, le huitième homme, le troisième ligne centre, joue un rôle similaire, empêchant la paire de deuxième ligne devant lui de s'effondrer. On en déduit que 3 des 8 avants du pack ne participent qu'imparfaitement à la poussée, et, poussant justement le raisonnement à l'extrême, qu'on a ainsi perdu ³⁄₈, soit 40 % de la force, en accord avec les mesures faites avec la machine de Marcoussis… Bien sûr, un tel raisonnement sursimplifie une réalité plus complexe, mais il a le mérite de produire le bon ordre de grandeur et de dégager une interprétation rustique, qui a le charme rugueux du travail à l'emporte-pièce.

On comprend ainsi que la géométrie modifie la force du collectif, avec des poussées latérales qui amoindrissent la force axiale – contrastant avec la lutte à la corde, où chaque équipier peut être vu, littéralement, comme un franc-tireur. Si l'union fait la force, la promiscuité la limite. Il reste admirable que la mêlée, malgré des contraintes si fortes, produise une poussée équivalente à 1 t, le poids d'une voiture, la force la plus extrême engendrée par de simples corps humains dans le monde du sport.

MOTION/COMMOTION

Le taekwondo, la boxe et le rugby sont des exemples évidents de sports à risque, dont l'un des plus sérieux est la commotion cérébrale.

Malgré les protections mises en place pour limiter les blessures, les accidents sont de plus en plus fréquents, ce qu'on explique par la puissance et la vitesse toujours accrues des athlètes : ainsi, les rugbymen ont vu en quarante ans leur taille augmenter de 10 cm et leur masse de 20 kg, les rendant plus lourds et plus rapides, ce qui augmente la dangerosité des chocs. Et, de fait, on dénombre environ 40 commotions par an dans le championnat de l'élite française, le Top 14.

Comme dans un accident de voiture, le danger vient des accélérations subies au moment du choc, qui atteignent communément quelques dizaines de fois l'accélération *g* de la pesanteur. Leur donnée n'est toutefois pas suffisante : la durée compte aussi, et un choc sera plus nocif s'il se produit sur un temps plus long. On dispose depuis les années 1960 d'une courbe de dangerosité qui donne les conditions d'accélération et de durée pour lesquelles un choc risque d'être fatal. La courbe de Wayne, du nom de l'université du Michigan, aux États-Unis, où a été menée l'étude, résulte d'un travail empirique d'analyse de lésions sur des vivants et des morts ayant subi des chocs aux caractéristiques à peu près connues. Tracée en noir sur le graphe page suivante, elle sépare une région rouge périlleuse d'une verte considérée comme bénigne.

Coups durs
Dans un sport de combat, la violence est liée à l'accélération et à la durée de l'impact. Ici, la Russe Kristina Kim assène un puissant coup de pied à la Thaïlandaise Chanatip Sonkham, durant une épreuve de taekwondo féminin (poids mouches, moins de 49 kg) aux Jeux olympiques de Londres en 2012.

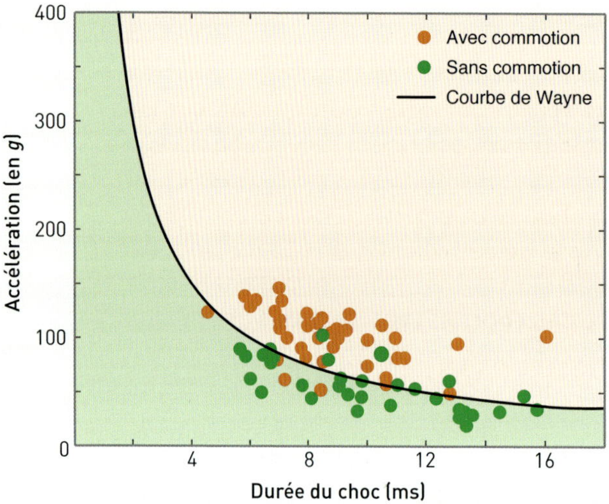

La courbe de Wayne

La courbe de Wayne, en noir, montre la frontière entre chocs bénins (région verte) et chocs avec commotion, un accident qui implique une perturbation des fonctions cérébrales (région rouge). On lui superpose des données issues de deux études consacrées au football américain : quand les points sont verts, il n'y a pas eu commotion, au contraire des points rouges. Le spectre des données est large : l'accélération, qui dépend surtout de la vitesse à laquelle les joueurs se percutent, varie de 25 *g* à 150 *g* ; quant à la durée du choc, elle est fonction de la masse des joueurs et de la dureté des contacts, et elle est comprise entre 4 et 16 ms.

La courbe a l'allure d'une hyperbole, suggérant une première interprétation : le produit de la décélération critique (autour de 100 *g*) par la durée critique (autour de 10 ms) vaut environ 10 m/s, qui est la vitesse maximale à laquelle un homme peut courir ; c'est un résultat logique, d'un point de vue évolutif, un homme devant survivre à un choc subi à (sa) pleine vitesse. *A contrario*, le choc de deux hommes courant l'un vers l'autre peut être létal, et la figure confirme qu'une discipline comme le football américain, où de telles situations se produisent, sont d'une dangerosité extrême. Les données issues de ce sport de percussion montrent les caractéristiques d'impacts violents ayant eu lieu pendant un match, la couleur indiquant leurs conséquences, commotion cérébrale diagnostiquée sur la base d'un protocole (données rouges), ou non (données vertes). La courbe de Wayne sépare de façon plutôt convaincante les chocs bénins des chocs invalidants, témoignant de sa pertinence.

Tous ces heurts préservent le plus souvent la boîte crânienne elle-même. En revanche, on sait par des autopsies faites sur plus de 100 joueurs de football américain que des coups répétés contribuent à réduire à long terme le volume du cerveau, et ce, dans certains cas, jusqu'à le diviser de moitié. La question n'est donc pas seulement d'établir ce qui fixe les valeurs critiques de l'accélération et de la durée de l'impact, mais aussi de proposer un scénario rendant compte de ces effets dramatiques.

L'enquête sera d'abord expérimentale. De la même façon qu'on a tenté de condenser les lois théoriques avec des arguments « essentiels » d'échelle, il est instructif de considérer un système modèle, aussi élémentaire, aussi dépouillé, donc aussi générique que possible : ici, une bonbonne de verre remplie d'eau, simplification extrême d'une boîte crânienne et de son liquide cérébrospinal. L'expérience consiste à frapper la bonbonne à l'aide d'un marteau (exceptionnellement dans ces pages, le bon vieil outil, pas celui qu'on envoie à l'autre bout du stade), avec un temps et une accélération de choc comparables à ceux de la courbe de Wayne.

Observant ce qui se passe à la caméra rapide, on a la surprise de voir le verre casser en général aux antipodes de là où on a tapé, dans la région dite du contrecoup. En se penchant davantage sur les images, on découvre les indices qui vont nous donner la clé de ce qui s'est passé : 0,5 ms après l'impact, un nuage de bulles se forme dans la région antipodique ; puis ces bulles grossissent en 1 ms à peine et disparaissent, et c'est alors que le verre éclate.

Qui dit bulles dans l'eau dit ébullition, un phénomène qui se produit quand on élève la température de l'eau à 100 °C (ce n'est pas le cas ici) ou quand on abaisse la pression de quelque 100 000 pascals (Pa), la pression atmosphérique P_0. Or on sait depuis Bernoulli que pression et vitesse sont liées dans un fluide : plus l'écoulement est rapide, plus la pression est faible. La célèbre formule de Bernoulli stipule que la chute de pression est de l'ordre de ρV^2, en notant ρ la masse volumique du fluide et V sa

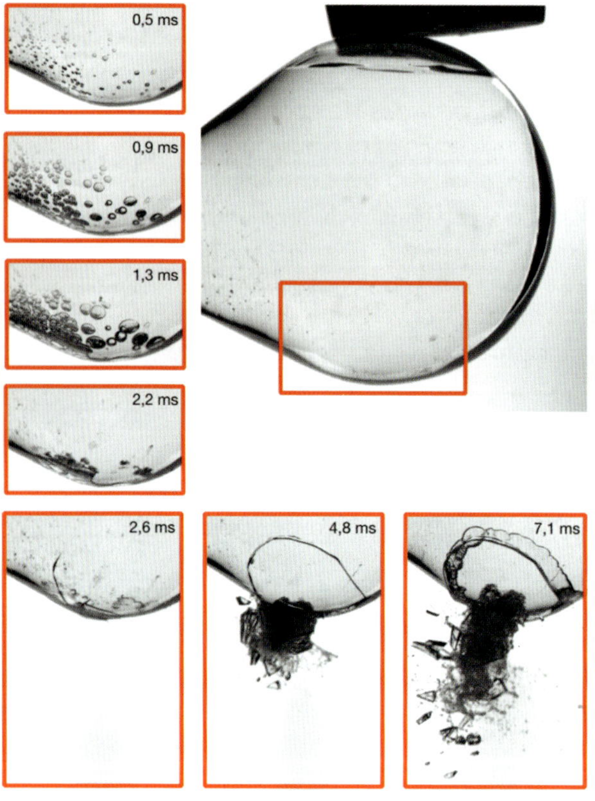

Le marteau et la bonbonne

Coup sur un crâne modèle : une bonbonne en verre remplie d'un litre d'eau est frappée avec un marteau (la masse noire au sommet). Si on ne voit rien dans la région du coup, celle du contre-coup, aux antipodes et encadrée en rouge, est le siège d'événements inattendus. En moins de 1 ms, des bulles apparaissent, croissent, se résorbent, ce qui fait se fissurer puis exploser le verre – suite à l'effondrement des bulles et aux jets puissants qui en résultent.

vitesse. Pour un liquide soumis à une accélération ou une décélération a sur une taille L, V^2 est de l'ordre de aL, ce qui crée une dépression ρaL. Pour un récipient d'une contenance d'un litre ($L \approx 10$ cm), l'accélération $P_o/\rho L$ qui engendre une ébullition est donc en théorie de l'ordre de 100 g, comparable à la fois à ce que l'on inflige à la bonbonne et à un seuil typique de commotion sur la courbe de Wayne.

Il se crée alors ce que l'on appelle des *bulles de cavitation*, qui disparaissent dès que le calme revient. Leur vie est éphémère mais spectaculaire : en implosant près d'une paroi solide, les bulles expulsent un petit jet de liquide dont la vitesse atteint communément les 100 m/s (350 km/h). C'est, pendant ce temps très court, comme un Kärcher de précision qui pulvérise la matière alentour. Ce phénomène se produit au voisinage des hélices de bateau, qui se voient ainsi piquetées de petits trous alors même qu'elles sont en métal. Nous supposons que cet effet provoque l'explosion du verre, qui se produit de fait au moment précis de la disparition des bulles. Le Kärcher sera d'autant plus nocif que le temps du choc a été long, car les bulles ont pu alors grossir et engendrer un jet plus intense en s'effondrant.

Ce scénario permet de comprendre tout à la fois les seuils de dangerosité, en termes de décélération (un liquide moins décéléré ne produira pas d'ébullition) et de durée du choc, mais également l'ordre de grandeur des valeurs sur la courbe de Wayne, la localisation des lésions dans la région du contrecoup et l'effrayante nature des dommages (réduction de la masse du cerveau soumis à des chocs intenses et répétés). Il donne aussi une feuille de route pour mettre au point des protections plus efficaces vis-à-vis d'un choc brutal et ainsi mieux protéger les adeptes des sports violents.

Un de ces adeptes est le pivert, qui survit à sa manie de se cogner furieusement la tête contre les arbres, tout au long des sept années de sa vie. Certes, sa tête a une taille L environ 10 fois plus petite que celle des humains, ce qui tend à diminuer la dépression $\rho a L$, mais cela est compensé par la valeur de la décélération a au niveau du bec, qui peut atteindre la valeur de 1 000 g. Or l'oiseau a un truc, une sorte de casque aussi intégral qu'intégré, les os spongieux de son cerveau étant conçus pour amortir les chocs. Et il en use : plus de 10 000 fois par jour, il frappe son tronc, creusant un trou pour déposer ses œufs ou atteindre les insectes cachés sous l'écorce – dont on s'étonne juste qu'ils patientent stoïquement sous ce marteau-piqueur…

SOUS LE SIGNE DU SAGITTAIRE

L'origine de l'arc reste débattue. Il était déjà employé à la fin du Paléolithique et communément au Néolithique – comme en témoignent l'arc en if inachevé, le carquois et les quatorze flèches plus ou moins complètes retrouvées avec Ötzi, la célèbre momie congelée du glacier du Hauslabjoch, à la frontière italo-autrichienne.

L'arme est mythique. Apollon, Artémis et Cupidon l'utilisèrent pour vaincre le cruel Python, chasser les bêtes sauvages (et collatéralement Orion) et propager l'amour. On fonda les Jeux pythiques pour commémorer l'exploit d'Apollon. Et Héraclès, qui inventa (selon Pindare) d'autres Jeux promis à un bel avenir, consacra le cinquième de ses travaux à abattre avec son arc les oiseaux anthropophages du lac Stymphale – juste retour des choses, puisque ces oiseaux faisaient de leurs plumes acérées

Tiré du zodiaque

Le Sagittaire, tel qu'on le voit au tympan du narthex de Vézelay : c'est un centaure qui tire une flèche vers le ciel. Selon l'auteur latin Hygin, ce centaure serait Chiron, et il aurait participé à l'éducation d'Héraclès. Souffrant affreusement d'une flèche malheureuse reçue de son fils adoptif, il demanda à devenir mortel, ce que Zeus accepta – avant de le transformer en constellation (Centaure ou Sagittaire, selon les sources).

des flèches pour tuer les hommes. Au Moyen Âge, il devint boutant. Puis Guillaume Tell fut le héros d'un mythe suisse, et Robin des Bois celui d'une geste anglaise. Quant à Jeanne d'Arc, sa carrière militaire est susceptible de nous induire en erreur. Car elle devait son *surnom* (comme on disait à l'époque) à une arche ou à un pont, et Jeanne Dupont, donc, le dit à son procès : elle ne portait « qu'une épée que [lui] donna Robert de Baudricourt, sans autre arme ».

La précision de l'arc lui permit de supplanter la sagaie ou le propulseur, et c'est l'image la plus prégnante qu'on en a : Cupidon vise le cœur avec une sûreté (et une régularité dans la performance) sans égale, et pas un cheveu de Walter Gessler ne bouge quand la pomme sur sa tête est coupée en deux. Ce riche passé a rendu inéluctable la présence de l'arc aux Jeux, de 1900 jusqu'à nos jours, avec une regrettable éclipse de 1924 à 1968. L'épreuve consiste à viser des anneaux concentriques placés à 70 m de distance, dont les derniers sont, par paire, bleus, rouges et jaunes – azur, gueules et or, est-on tenté de dire en langage héraldique, puisqu'on qualifie également la cible de blason. Son cœur, ou *bull's eye*, qui rapporte la note de 10, a un diamètre de 12 cm, si bien qu'il faut pour l'atteindre une maîtrise de 0,1° sur l'angle de départ de la flèche, un angle obtenu en divisant la taille du cœur de cible par la distance – un novice ayant plutôt une précision de l'ordre du degré…

Il est utile de comparer ce chiffre à celui d'autres sports de précision : 0,1° est aussi ce que vise le biathlète au tir debout, mais l'exigence est 10 fois supérieure pour faire mouche à la carabine à 50 m. À l'inverse, cette exigence est divisée par 3 pour le tir laser au pentathlon, par 5 pour un carreau à la pétanque et par 50 pour un lancer franc au basket. On le comprend, car chaque cas est différent : le pentathlète partage cette épreuve avec 4 autres, le carreau doit se produire assez souvent pour

Le duel

Duel entre une Biélorusse et une Géorgienne, dans un concours de tir à l'arc avant les Jeux de Londres en 2012. Est affichée la force du vent, un paramètre important dans une épreuve de plein air. L'arc est une spécialité coréenne. La Corée du Sud a en effet gagné les 4 médailles d'or du concours de Rio en 2016 (individuel ou par équipe, masculin ou féminin) ; et 4 encore cinq ans plus tard, à Tokyo, où il y avait en outre une épreuve mixte.

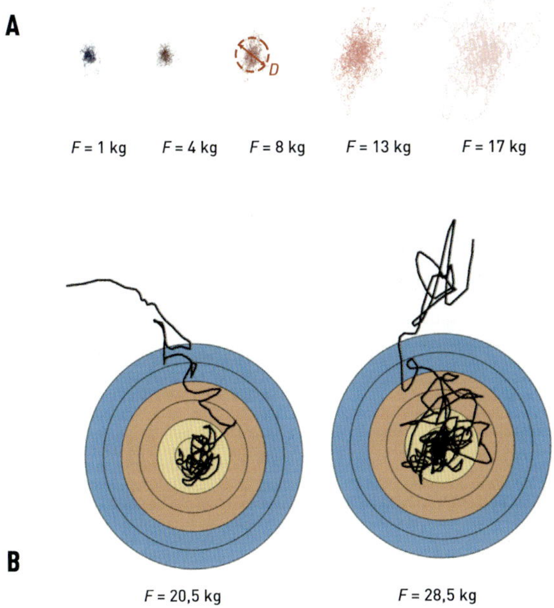

Force et tremblement

A. Un tireur armé d'un pointeur laser vise une cible à 3 m pendant 30 s. La précision angulaire de ce novice est de 0,5°. On note *D* la taille du cercle dans lequel s'inscrit le point de lumière. On remarque que la précision se dérègle de façon dramatique quand la force *F* qui s'exerce sur le bras du tireur dépasse 10 kilos. B. Pour un archer professionnel (image du bas), la trajectoire du point laser est montrée à partir du moment où il abaisse le pointeur équipant l'arc vers la cible : sa précision est remarquable jusqu'à une charge d'une vingtaine de kilos ; au-delà, la visée se met à fluctuer de manière rédhibitoire.

que le jeu de boules soit intéressant, et le basketteur est plutôt censé réussir un lancer après une faute adverse. De façon plus générale, le choix des distances de tir et des tailles de cible a évolué de façon empirique au cours du temps pour rendre le spectacle attrayant : au tir à l'arc, on a sélectionné l'exacte distance qui permet de distinguer les tout meilleurs.

La précision n'est pas tout, il existe une différence clé entre les épreuves de tir : certaines se font avec une contrainte de temps, comme au pistolet laser ou au biathlon, où la durée du séjour sur le stand compte dans la performance ; d'autres, comme l'arc, sont plutôt soumises à une contrainte de force : il faut bander l'arme avec une tension considérable, de l'ordre de 20 kg. Or force et précision sont antinomiques, comme on le constate en demandant à un novice de braquer un pointeur laser sur une cible dessinée sur un mur. Pour approcher les conditions du tir à l'arc, on soumet son bras à une tension de plus en plus grande à l'aide d'un élastique, et on relève la trace du laser.

Un bras sous tension perd son adresse : la visée se disperse, et d'autant plus que la force imposée à la main est grande (figure A). Contracter ses muscles fait trembler, à cause du caractère alternatif des commandes nerveuses qui modifient le recrutement des fibres musculaires afin de ne pas épuiser celles qui travaillent. Malgré son flegme apparent, l'archer n'a donc rien d'une momie congelée, et il doit composer avec cette contradiction inhérente à son geste : vigoureusement armer l'arc pour que la flèche suive une trajectoire tendue, mais au prix d'une visée moins sûre... La figure B le montre : un archer professionnel conserve sa précision jusqu'à des charges d'une vingtaine de kilogrammes. Au-delà, comme le novice, mais à charge bien plus élevée, il la perd.

Comme souvent, tout est affaire de compromis. Si la recherche d'un angle de visée précis exige de ne pas trop tendre l'arc, il faut néanmoins envoyer les flèches à 70 m, ce qui demande une force de tension supérieure à 5 kg. En outre, la trajectoire des projectiles n'est pas rectiligne : ce sont des objets effilés (le rapport longueur sur diamètre est proche de 100), dont les 30 grammes rendent la course parabolique, comme celle de la boule de pétanque que rien ne semblait prédestiner à être jamais comparée à la gracile flèche – quoique le terme de carreau vienne du latin médiéval *quadrellus*, qui désigne le trait de l'arbalète, pour dire la précision du coup et son bruit sec (*tac*).

Cette trajectoire est calculable, et elle est fonction de deux variables indépendantes, la vitesse et l'angle donnés au projectile. Aux vitesses usuelles où l'on tire, l'angle initial vaut environ 4° par rapport à l'horizontale, quatre fois moins que ce que le centaure applique à sa flèche dans l'image qui ouvre ce chapitre. Ces 4° peuvent paraître peu, quoique ce soit déjà une pente de route de montagne ; mais la distance est grande, si bien que le trait se retrouve, à mi-chemin de sa course, environ 2 m au-dessus de son point de départ (hauteur dans une trajectoire qu'incidemment on appelle sa *flèche*), avant de redescendre vers la cible.

Quant à la vitesse initiale, elle est élevée, environ 60 m/s (200 km/h), ce qui implique un temps de vol un peu supérieur à la seconde. Cette vitesse est déterminée par la tension de l'arc : en se courbant, il emmagasine de l'énergie élastique qu'il communique au projectile sous la forme d'énergie cinétique. Si l'on diminue la tension de l'arc, dans le but louable de moins trembler, il faudra modifier la trajectoire et augmenter l'angle de tir vers le haut – faisant incongrument ressembler le trajet de la flèche à celui d'une boule de pétanque quand on pointe. Or, quand on tire aux boules, on abaisse cet angle, l'impératif de précision étant plus grand. À l'arc, où cet impératif atteint des proportions extraordinaires, on recherchera la trajectoire la plus tendue, ce qui veut dire la vitesse initiale la plus grande – gage d'un temps de vol et donc d'une incertitude moindre sur le point d'arrivée. Avantage collatéral, on subira moins l'influence du vent, les compétitions se faisant en extérieur.

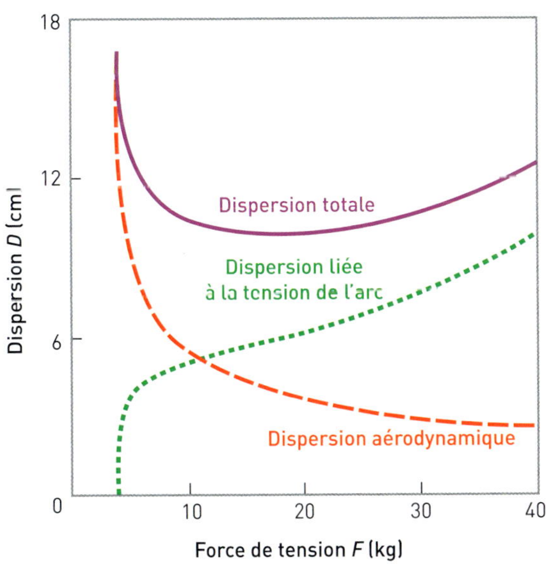

La force optimale

L'origine de la dispersion *D* des flèches dans la cible peut être le tremblement lié à la force de tension *F* de l'arc (pointillé) ; elle s'augmente de la dispersion aérodynamique sur le trajet de la flèche, qui diminue quand sa vitesse croît (tirets). La somme de ces deux courbes (trait plein) donne la dispersion totale, établie ici avec un archer de haut niveau : elle est minimale pour une force de l'ordre de 20 kg, manifestant le compromis à trouver pour optimiser son tir.

On précise ainsi le type de compromis que demande le tir à l'arc : il importe de maximiser la vitesse initiale pour tendre la course de la flèche, et donc d'augmenter la force sur l'arc, mais sans perdre le contrôle de l'angle de visée, comme risquent de le faire des muscles trop sollicités. Nous avons résisté dans ce chapitre à la tentation des équations, mais, si l'on formule mathématiquement ces injonctions, on prédit que l'optimum de force est autour de 20 kg, très comparable à ce que les archers professionnels appliquent à leur arme. C'est une masse considérable, celle de 28 boules de pétanque, alors qu'il faut y adjoindre un doigt de fée – ou de héros mythologique. D'ailleurs, pas de compromis dans le chant XXI de l'*Odyssée* : l'épreuve que Pénélope imagine pour retrouver un époux exige une force surhumaine *et* une adresse souveraine. Douze haches sont placées en série, et, parmi les prétendants, seul Ulysse, encore déguisé en mendiant, parviendra à bander l'arc – et, sans trembler, à faire passer la flèche par l'œil de chacune d'elles (ces trous par lequel le manche de l'outil s'insère dans le fer) : iiiii-tac, fit-elle, en fendant l'air avant de se ficher dans le mur de la cour où l'épreuve avait lieu.

DE LA BOUCHE À LA MOUCHE

Nombre de sports olympiques tirent leur origine de la chasse ou de la guerre. On songe au javelot et à l'escrime, ou encore aux sports de tir – arc, carabine, pistolet ou fusil.

Une des épreuves des Jeux consiste à tirer avec une carabine. 22 long rifle sur une cible située à 50 m. La cible est faite d'anneaux concentriques numérotés de 1 à 10, du cercle le plus grand jusqu'à la mouche centrale, dont le diamètre est de 5 mm, la taille de l'insecte. *Faire mouche*, c'est atteindre le cœur de la

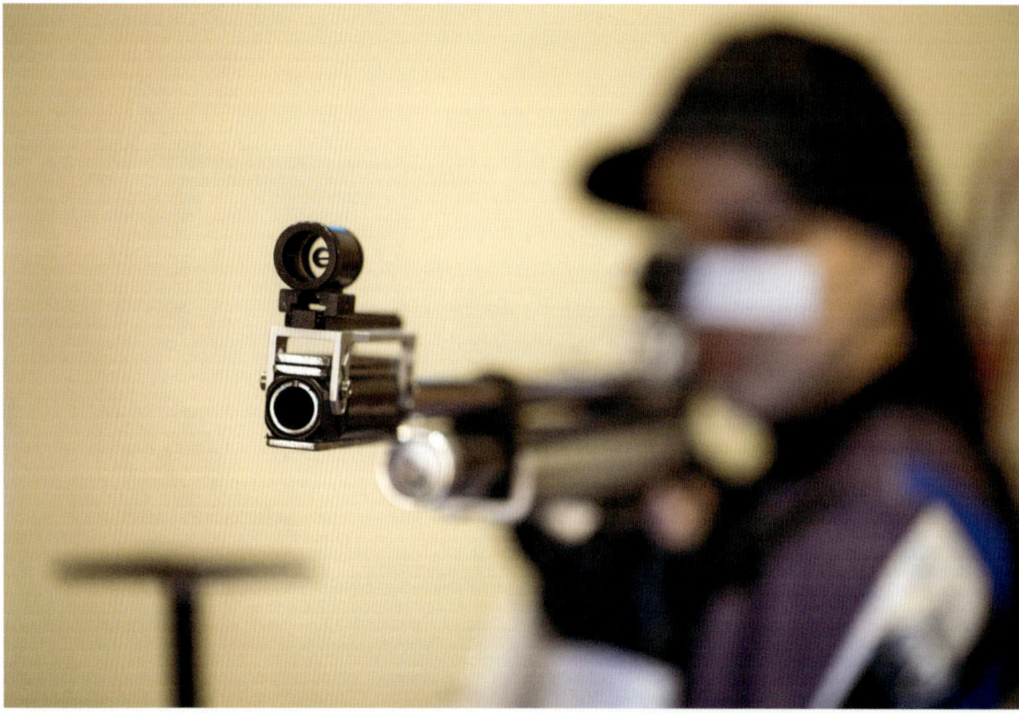

En joue
Bouche d'une carabine de compétition sportive, surmontée de son viseur.

cible, ce qui demande une maîtrise de l'angle de tir inférieure au centième de degré. Et *ne pas faire de mal à une mouche* est l'exact contraire du programme du tireur olympique.

On attribue à chaque essai les points correspondant au numéro du cercle touché, à quoi on ajoute des dixièmes qui rendent compte de la précision du tir. Un 10 parfait (la fameuse mouche) rapporte donc 10,9 points, faisant de 654 points le maximum absolu après les 60 tirs qui sélectionnent les finalistes du concours. En finale, on tire à 20 reprises, et le record olympique appartient depuis les Jeux de Rio, en 2016, au Coréen Jin Jong-Oh : il a marqué 193,7 points, qui, si on les divise par 20, donnent presque 10, témoignant de l'extrême constance des meilleurs tireurs.

Au moment du tir se produit pourtant un événement susceptible de perturber la performance. La quantité de mouvement acquise par la balle, suite à l'explosion de la poudre, est compensée par un recul de l'arme. Comme le tireur bloque sa crosse au creux de l'épaule, ce recul engendre une rotation du canon vers le haut. On appelle *saut de bouche* ce déplacement millimétrique de l'extrémité de l'arme, effet perceptible à l'œil que les athlètes redoutent être une cause de dérèglement du tir : la balle sort d'un canon dont il leur semble avoir momentanément perdu le contrôle. Les tireurs suivent des entraînements spécifiques pour minimiser le saut de bouche, par exemple en accroissant leur stabilité corporelle. Certains s'inquiètent aussi en imaginant que leurs adversaires bénéficient d'armes ne présentant pas, ou moins, ce problème.

Il est utile d'observer ce qu'il se passe à l'aide d'une caméra rapide focalisée sur la bouche du canon et réglée à 10 000 images par seconde, contre les 25 d'une caméra traditionnelle. On voit d'abord la balle sortir à environ 300 m/s (1 000 km/h), se hâtant vers son but – la cible.

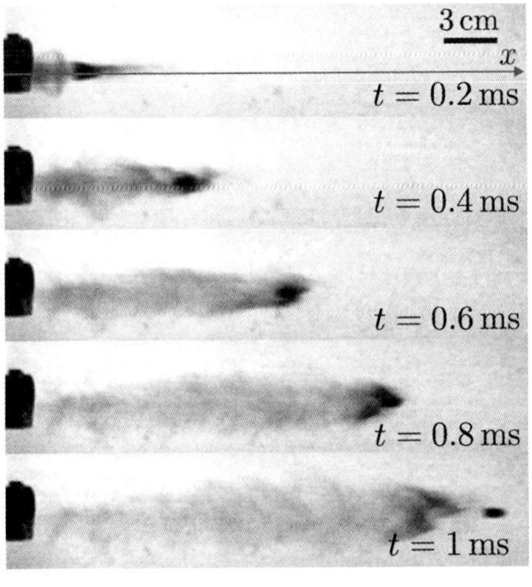

22 centipouces

Vue à la caméra rapide d'une balle sortant d'une carabine. 22 long rifle, arme qui doit son nom au diamètre de la balle : 0,22 pouce, soit 5,6 mm. On déduit des images la vitesse de la balle (environ 300 m/s) ; mais il faut être minutieux pour remarquer que la bouche (en noir, sur la gauche) a légèrement reculé et qu'elle est montée d'une distance comparable.

Un examen scrupuleux montre aussi de très légers déplacements de la bouche, à la fois selon l'axe du canon (recul) et selon la verticale (saut). L'observation des vingt premières millisecondes du tir permet d'affiner ces observations. Dans l'axe de la carabine, d'abord (points noirs), la bouche recule (déplacement négatif), conséquence de la conservation de la quantité de mouvement : le départ de la balle, certes légère mais aussi très rapide, propulse l'arme en arrière, un recul limité à environ 1 mm par le tireur qui a calé son arme contre son corps. Le phénomène s'amorce dès la mise à feu, à $t = -2$ ms, et la sortie de la balle, au temps $t = 0$, est sans incidence sur l'allure de la courbe.

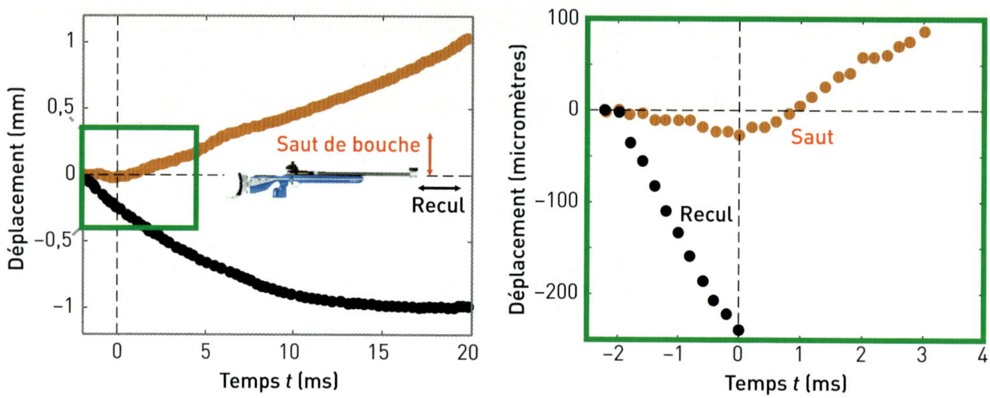

Saut et contre-saut

Un suivi précis des positions horizontale et verticale de la bouche confirme qu'elle a bougé (diagramme de gauche). Le recul commence dès la mise à feu, à $t = -2$ ms (points noirs), tandis que le saut de bouche ne se produit qu'après la sortie de la balle, à $t = 0$ (points rouges). Un zoom sur les temps ultracourts (diagramme de droite) révèle un contre-saut modeste en amplitude et se produisant dans la direction opposée à celle du saut : le canon, que la mise à feu a fait osciller, voit sa bouche s'incliner vers le bas d'environ 25 µm avant la sortie de la balle.

Il en va différemment dans la direction verticale (points rouges), où le saut est bien visible : la bouche du canon monte de 1 mm en 20 ms. Mais cela s'accompagne de deux surprises : d'abord, le saut de bouche ne se produit qu'après que la balle est sortie du canon (au temps $t = 0$, marqué par des traits verticaux), suggérant que le saut si redouté est sans conséquence sur le tir; puis un zoom sur les temps ultracourts (diagramme de droite) montre que le canon se déplace en réalité un peu quand la balle est encore dans le canon ($t < 0$), mais *vers le bas*. Il le fait sur 25 µm (un quarantième de millimètre), ce qui dévie la balle, 50 m plus loin, d'environ 5 mm. C'est petit dans l'absolu, mais suffisant pour faire perdre les quelques dixièmes de points qui assurent le titre olympique.

Le finalement inoffensif saut de bouche est donc précédé par un inattendu et plus dommageable contre-saut. Trois tireurs utilisant la même carabine engendrent le même effet, ce qui suggère qu'il est lié à l'arme seule. On le confirme en confiant à un tireur trois armes différentes : l'amplitude du contre-saut est modifiée, de sorte que son origine semble liée aux vibrations du canon qu'engendrent la mise à feu et la déformation de la chambre où l'explosion se produit. L'extrême régularité de l'effet, pour une arme donnée, montre qu'un tireur peut résoudre ce problème sans même en être conscient : si un effet est systématique, le réglage de la mire permet de s'en affranchir.

Et la pesanteur dans cette histoire, cette force avec laquelle tant d'athlètes composent, la défiant (saut en hauteur ou à la perche), l'exploitant (plongeon) ou la contrôlant (sports de balle, ici au sens guerrier) ? Un premier réflexe est de l'ignorer, en arguant de la vitesse extrême des projectiles. Or un raisonnement élémentaire insinue le contraire : une balle émise à 300 m/s met un temps t d'un dixième de seconde (en ordre de grandeur) pour atteindre sa cible, pendant lequel elle tombe en chute libre d'une distance de l'ordre de gt^2, c'est-à-dire de 10 cm environ – la taille totale de la cible ! Certes, il conviendrait de corriger ce

Le doigt sur la gâchette
La double championne d'Europe Océanne Muller à la carabine, à Tokyo en 2021. Aux Jeux, on tire aussi au pistolet et au fusil, à 10, 25 ou 50 m de distance de la cible, et on est à genoux, couché ou debout – au total, ce ne sont pas moins de 15 médailles d'or qui sont distribuées.

résultat de possibles effets aérodynamiques (la balle non seulement est rapide, mais elle tourne en avançant), mais le point essentiel est que l'effet est systématique : il suffit pour le corriger au viseur d'incliner vers le haut la carabine d'environ 0,1°, un peu comme si la mouche, assez mollement, avait pris son envol.

PRESSÉ D'EN FINIR ?

Le pentathlon constituait le point d'orgue des Jeux antiques, le champion recevant même le titre de vainqueur des Jeux d'Olympie.

Ses cinq disciplines définissaient le soldat idéal, dont on attendait qu'il sache courir, sauter, lutter et lancer deux armes, le javelot et le disque. Pierre de Coubertin, qui admirait l'exercice, y voyait « le véritable sacrement de l'athlète complet ». Il précisait : « Le pentathlon moderne doit comprendre une course à pied, une course à cheval, une course de natation, un assaut d'épée et finalement une épreuve de tir », un concours qui fut introduit à Stockholm en 1912.

Le caractère composite des disciplines et la difficulté à lire la compétition ont rendu le pentathlon moins glorieux qu'il n'a été, au point de voir sa présence aux Jeux contestée à plusieurs reprises. Il est vrai que l'*athlète complet* rêvé par Coubertin est plutôt de nos jours le décathlonien ou l'heptathlonienne. La discipline, consciente que sa survie était en jeu, a réagi en modernisant le concours : après les trois premières épreuves (natation, escrime, équitation), une dernière, construite sur le modèle du biathlon, combine désormais course et tir. Les concurrents

Drôle de pistolet
Élodie Clouvel sur le pas de tir, lors de l'épreuve de pistolet laser du pentathlon aux Jeux olympiques de Tokyo, en 2021.

doivent courir cinq fois 600 m et intercaler une séance de tir entre chaque course. Ils partent avec un handicap de temps défini à partir des trois épreuves précédentes, de façon que le gagnant du dernier 600 m soit le vainqueur de l'épreuve, rendant celle-ci plus lisible (la médaille d'or pour le premier qui passe la ligne) et plus palpitante (les concurrents sont lancés à la poursuite de celui qui est en tête).

À chaque passage sur le pas de tir, les athlètes font face à une cible électronique de six centimètres placée à 10 m qu'ils visent à cinq reprises avec leur pistolet laser. Ils ne peuvent reprendre la course qu'après avoir validé les cinq touches, les contraignant donc, en cas de raté, à prolonger leur séjour sur le stand pour effectuer autant de tirs supplémentaires que nécessaire. Les cinq premiers mondiaux ont besoin de tirer sept fois en moyenne pour atteindre l'objectif, ce qui implique un temps de 12 s pour les hommes et de 13 s pour les femmes. Comme il importe d'écourter autant que possible le temps sur le stand, les athlètes vont chercher à minimiser à la fois le nombre de tirs et l'intervalle entre chacun. Voilà qui pose la question d'une cadence optimale : il s'agit d'aller vite, mais pas trop, un tir hâtif risquant de se payer par un défaut de précision.

Le problème posé ici est très général : si nous avons à accomplir un geste précis à intervalles répétés, notre adresse ne dépend pas de la durée de l'intervalle dès lors que celui-ci est assez long – on fait alors du mieux possible, tout simplement. En revanche, la performance s'effondre si l'on précipite les tentatives. On le voit sur la figure qui suit, qui montre la dispersion des impacts sur une cible de pentathlon pour différentes cadences imposées à l'athlète. Dans chaque cas, celui-ci effectue une centaine de tirs, un nombre suffisamment élevé pour établir une statistique fiable.

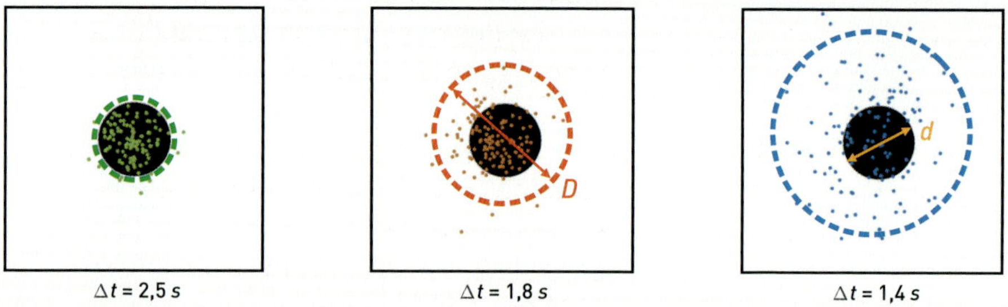

Le temps retrouvé

Impacts d'une centaine de tirs effectués sur une cible (en noir) par un tireur de pentathlon à qui on impose un intervalle Δt entre chacun de ses tirs. Si la performance est exemplaire quand Δt est assez grand (impacts verts), la précision du tir se dérègle nettement quand on diminue Δt sous une valeur de l'ordre de 2 s. Le diamètre D du cercle qui contient les impacts mesure la qualité de la performance.

Le résultat de l'expérience est spectaculaire : quand l'intervalle de temps Δt entre deux tirs décroît de 2,5 à 1,4 s, soit une augmentation de 80 % de la cadence du tir, le taux de succès (balle dans la mouche) chute presque d'un facteur 4, de 93 % à 26 %. On en déduit qu'un athlète frénétique (Δt = 1,4 s) aura besoin pour atteindre ses cinq touches d'une vingtaine de tentatives, donc d'une trentaine de secondes, contre une petite quinzaine pour un tireur plus philosophe (Δt = 2,5 s) qui fait mouche presque à chaque coup. La dégradation de la performance se quantifie en superposant au relevé des impacts le cercle qui les contient. Son diamètre D est une mesure de la qualité du tireur que l'on compare à celui de la cible d. En le portant en fonction de Δt, on établit comment la qualité du tir dépend de sa cadence, comme l'illustre la figure qui suit pour un champion (points bleus) et pour un novice (points verts).

Les courbes sont décalées, mais elles ont la même allure. Quand Δt est « grand », d'abord, les données s'alignent sur un plateau qui correspond au plus petit diamètre D dont on est capable, la précision à son meilleur, en somme. L'idéal est d'atteindre la valeur $D = d$ (toutes les balles font mouche), ce que le champion approche de près, tandis que le novice a encore de nets progrès à faire : pour lui, D vaut au mieux environ $5d$. Une autre différence entre champion et novice est que le premier atteint son plateau de tir idéal à des cadences deux fois plus grandes que pour le second : il est donc à la fois plus précis et plus rapide que le novice, ce qui ne nous étonne pas vraiment... Mais la courbe

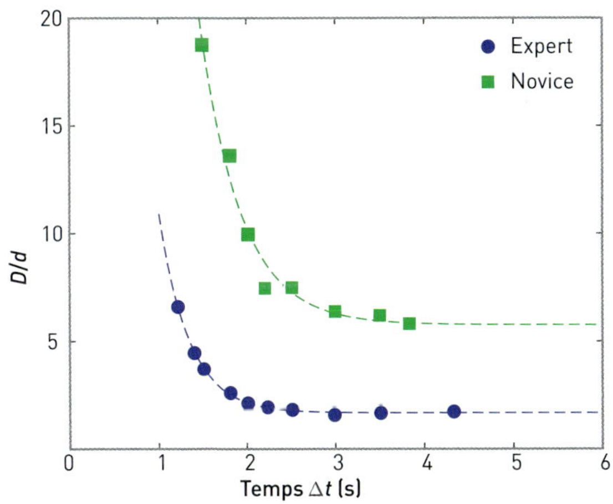

Prendre la mouche

Taille D du lieu des impacts après une centaine de tirs sur une cible de diamètre d, en fonction du temps Δt imposé entre deux tirs. Que l'on soit champion (points bleus) ou novice (carrés verts), les courbes ont la même allure, mais pas les mêmes valeurs. Quand Δt est assez grand, on observe un plateau qui dit le mieux que le tireur puisse faire, puisque D est alors à son minimum ; quand Δt se réduit, la performance chute très fortement (D croît très vite), ce que décrivent des fonctions exponentielles, tracées en pointillé.

$D(\Delta t)$ constitue surtout une véritable carte de la performance, qui montre au champion à quelle fréquence caler ses tirs : le plus faible Δt du plateau, de façon à optimiser à la fois le temps et la précision ; quant au novice, nous lui conseillons de travailler encore son tir.

À petit Δt, on quitte le plateau de façon brutale : la performance chute de façon catastrophique, les tirs s'éparpillant sur une surface de plus en plus grande, qui a jusqu'à 6 fois la taille de la cible pour le champion et près de 20 fois pour le novice, alors que l'on n'a fait que doubler la cadence. Il se trouve que ces deux courbes sont décrites par une fonction mathématique célèbre, l'exponentielle décroissante, tracée en pointillé. Cette fonction comporte deux paramètres ajustables (et ajustés sur la figure), qui sont le temps caractéristique de la décroissance et la hauteur du plateau. Mais l'objet mathématique est le même, ce qui traduit le caractère universel du comportement et suggère une interprétation.

On reconnaît là une variante de la loi établie en 1954 par le psychologue américain Paul Fitts sur le conflit qui existe entre vitesse et précision – une question très générale, puisqu'elle concerne l'ensemble de nos activités motrices, et tout spécialement nos mouvements dirigés. L'extrême simplicité du protocole de Fitts permet de faire l'expérience soi-même (on vous y invite). On dessine sur un papier une cible de taille centimétrique d et l'on demande au cobaye (soi-même, par exemple) de pointer cette cible avec le doigt ou avec un stylet en partant d'une distance A. Facile, pense-t-on, si d n'est pas trop petit ! En effet, si A est de l'ordre de d, c'est un jeu d'enfant de laisser tomber sa main sur la cible ; mais c'est moins vrai quand on s'éloigne ($A \gg d$) : atteindre une cible centimétrique quand on vient ne serait-ce que de dix centimètres exige de l'application, donc du temps. On mesure dans tous les cas le temps T (moyen) nécessaire pour atteindre le but. Le résultat de Fitts est remarquable : T augmente avec la distance A, une évidence, pourrait-on dire, puisqu'on met plus de temps en partant de plus loin ; mais ce temps d'exécution est négligeable devant celui qu'il me faut pour régler mon cerveau, et la loi trouvée, de fait, est loin d'être une loi de proportionnalité : T croît comme le logarithme de A (et plus précisément de A/d). On en déduit que la qualité du pointé, que caractérise le rapport d/A, diminue exponentiellement avec le temps dédié à la tâche – l'exponentielle étant la fonction réciproque du logarithme.

Cette loi extraordinaire, équivalente à celle que montraient les données, se justifie grâce aux travaux de Claude Shannon et Warren Weaver sur la théorie de l'information, quand ils discutent la transmission d'un signal parasité par du bruit, c'est-à-dire par des perturbations aléatoires. Or ces systèmes artificiels sont analogues au dispositif perceptivo-moteur de l'homme. Plus nous cherchons à être précis, plus notre système central a besoin d'informations. Si le canal qui les transmet est « bruité » – et il l'est nécessairement –, le temps requis pour extraire le signal (l'information) du bruit augmente. Ce temps croît donc avec la difficulté de la tâche, et le théorème de Shannon établit de manière rigoureuse les lois logarithmiques et exponentielles décrites ici.

Ces fonctions sont non linéaires, et elles échappent donc à notre intuition. Ce ne sont pas des lois d'échelle, c'est-à-dire des lois de puissance, l'exponentielle étant, comme l'attestent les expressions qui utilisent ce mot, une sorte d'accroissement vertigineux qui traduit une perte de contrôle ou un emballement : un virus qui se propage ou une population de rats dans une ville pourront croître exponentiellement ; et le tireur olympique, déréglant sa cadence sous l'effet de la panique ou de la course qu'il vient d'effectuer, doit donc affronter, pour le pire, une inflexible muraille exponentielle…

Moralité : il faut garder son calme ; mais, au contraire du joueur de pétanque, le pentathlète doit pointer *et* tirer du même coup.

CÉCI-DÉRANT

La peinture et la photographie sont les arts visuels par excellence, et il n'est donc pas inattendu que les aveugles en soient l'un des grands sujets : donner à voir ceux qui ne voient pas, de Brueghel à Poussin et La Tour, d'August Sander à Sophie Calle.

Les aveugles nous impressionnent souvent pour leur aptitude à enjamber leur handicap en développant des sens restés atrophiés chez les voyants. Aux Jeux paralympiques, ils ou elles participent avec les déficients visuels à un large éventail d'épreuves, dont la liste nous surprend quand on imagine ces disciplines dans le noir – ou dans la « blancheur lumineuse » dont nous parle José Saramago dans *L'Aveuglement*. À l'exception du judo, art martial où l'on reste au contact de l'adversaire, cette liste comporte un ensemble de sports où la vision paraît indispensable, comme le football ou même le tir au biathlon.

En miroir
Jusqu'en 1996, les non-voyants couraient le 100 m un à un, orientés par la voix de leur guide posté sur le bord de la piste. Aujourd'hui, guide et athlète sont liés par une cordelette, faisant preuve d'une synchronisation parfaite, au point qu'ici le guide (Farah Clerc) éclipse presque l'athlète (Delya Boulaghlem) pendant le 100 m, catégorie déficients visuels, du meeting Handisport Open Paris en 2022.

Dans une première catégorie (100 m, 200 m, 400 m, cyclisme en tandem, aviron, triathlon), les athlètes sont accompagnés d'un guide (voyant) avec lequel ils courent, pédalent, rament ou nagent. À la course, par exemple, le guide progresse à leur côté, lié au non-voyant par une corde élastique d'une trentaine de centimètres. Cela exige un entraînement très rigoureux, les deux sportifs devant être parfaitement synchronisés, au point de ne sembler faire qu'un quand on les regarde de profil.

Nous nous intéressons ici à une seconde catégorie de sports où le guide donne de la voix. Au saut en longueur, il se place tout près de la zone blanchie à la chaux où l'impulsion du saut est donnée, indiquant la direction à suivre pendant la course d'élan et la position de cette « planche » de 1 m de long. La longueur du saut est comptée de l'empreinte du pied sur la chaux jusqu'à l'endroit de la réception dans le sable. Au cécifoot, qui se joue à cinq sur un terrain de hand-ball, le ballon est rendu audible par

Voy ! Voy !
Instantané du match France-Chine de cécifoot aux Jeux paralympiques de Londres, en 2012. Les quatre joueurs de champ de chaque équipe ont des bandeaux sur les yeux, pour que malvoyants et aveugles aient strictement le même handicap. Seul le goal (en arrière-plan) est voyant, mais il doit rester confiné dans une zone de 5 × 2 m près de sa cage. On aperçoit à l'arrière, sur la gauche du but, vêtu d'une chasuble rose, le guide de l'équipe chinoise qui donne de la voix quand les joueurs de son équipe attaquent.

des grelots dans le cuir, et trois « guides » ont le droit de parler : le goal (voyant, mais non-volant, c'est-à-dire confiné près de son but) quand ses partenaires sont en défense, l'entraîneur quand ils occupent la zone médiane du terrain et un « arrière-goal », posté derrière la cage adverse, qui les guide de la voix quand ils attaquent. Comme à la Bourse, c'est une cacophonie, puisque les joueurs de cécifoot eux-mêmes s'annoncent d'un « Voy » (me voici) quand ils avancent vers la balle, à quoi il faut ajouter le public, bruyant par nature.

Il est ainsi crucial d'exercer sa capacité à distinguer l'origine d'un son. Or, quand on entend un aboiement (ou un ronflement) dans la nuit, sa localisation est très difficile si la source n'est pas proche. Le grand Lord Rayleigh, dont une des spécialités était l'acoustique (lui qui a par ailleurs identifié l'argon dans l'air et compris pourquoi le ciel est bleu), s'est penché sur ce problème en 1907. En premier lieu, si notre tête est légèrement tournée par rapport à la direction de propagation du son, ce dernier parviendra à l'oreille droite et à l'oreille gauche à des instants légèrement différents – un écart qui permet (idéalement) au cerveau de déduire d'où il provient. Ce mécanisme est plus efficace quand le son est grave (de basse fréquence) et si la vitesse de propagation du son n'est pas trop grande. Dans l'eau, où le son se propage quatre fois plus vite que dans l'air, localiser l'origine d'un son devient en effet impossible…

En second lieu, on entend mieux du côté de la source, et la différence de niveau sonore entre les deux oreilles aide aussi à déduire direction et distance – entre l'athlète et son guide, dans notre contexte. Or ce processus est plus performant aux hautes fréquences. Un dernier effet concerne les masses qui nous entourent. Les parois qui circonscrivent un terrain de cécifoot font rebondir le ballon, comme le palet au hockey sur glace, mais elles réverbèrent aussi les bruits ambiants, de sorte que les non-voyants parviennent ainsi à « sentir » leur présence et à ne pas les heurter – une des surprises que l'on a en assistant à un match de cécifoot, où les joueurs semblent presque « voir » ces parois, pourtant non sonores à première vue, ralentissant quand ils s'en approchent.

Les aveugles de naissance ont couramment développé ce sens de la localisation des sons, mais ce dernier s'accompagne d'un certain degré de « flou » qui le rend moins efficace que l'œil. On ne s'attend donc pas à trouver dans la liste des cécisports le tir, peut-être celui des sports où la vue semble la plus indispensable. Pour un voyant, la visée est contrariée par une forme de « bruit », le bruit musculaire, cause du tremblement de celui qui vise – une agitation toujours présente et qu'amplifient le stress engendré par l'enjeu ou la fatigue (au paralympique biathlon, course et tir s'enchaînent). Demandant à un novice de pointer au laser pendant 60 s une cible placée à une petite dizaine de mètres de distance, on voit que la tache de lumière s'inscrit dans un cercle de 10 cm de diamètre, très supérieur à celui de la mouche centimétrique qui occupe le centre de la cible.

Mais si celui qui fait l'expérience ferme les yeux une fois qu'il a pointé la cible, le bruit musculaire, à présent privé de la correction que lui apportait la vision, l'entraîne sur des distances qui peuvent atteindre le mètre, même sur un temps aussi court que la minute, comme le montre la figure. L'analyse de cette trajectoire montre qu'elle suit une marche aléatoire, c'est-à-dire purement hasardeuse, dont une signature est que la taille de la région qu'elle occupe croît comme la racine carrée du temps – ce que l'expérience permet de vérifier, en multipliant les essais.

Dans le céci-tir, le sportif dispose d'un système qui va remplacer la lumière par du son. Une diode attachée à la cible envoie un faisceau lumineux sur une caméra placée sur l'arme ; le tireur, qui porte un casque lié à cette caméra, reçoit un sifflement dont la fréquence indique la proximité de sa visée avec le centre

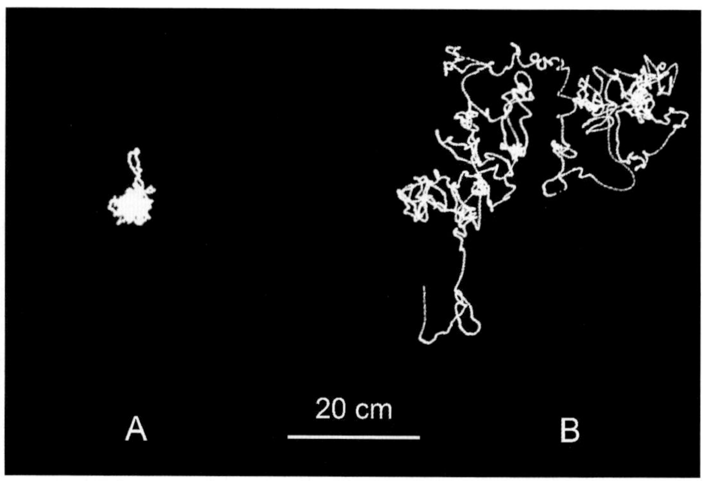

Le bruit et la fureur

Un cobaye humain vise au moyen d'un laser une cible sur un mur, à 10 m de lui. L'expérience dure 1 min. Comme le bras tremble, la tache laser bouge, dessinant une région lumineuse d'une petite dizaine de centimètres (image A), grande devant le centimètre de la cible, qu'on ne voit pas sur l'image : la visée n'est pas stable, en raison du « bruit musculaire », cause de tremblement. Si, ayant pointé la cible, on ferme les yeux, la région explorée devient dix fois plus grande (image B), le tremblé n'étant plus corrigé par la vision.

L'oreille absolue
À la carabine à 10 m, le biathlète non-voyant Anthony Chalençon est coiffé du casque qui guide sa visée par le son.

de la cible. Ainsi guidé par le son, il trouve la mouche, que lui indique un son nettement plus grave. Elle vaut 10, et c'est alors qu'il tire, sans être cependant débarrassé du tremblé qui fausse le tir de tous, voyants ou non-voyants.

Un système aussi sophistiqué (que complètent les indications d'un guide pour lui communiquer son score) autorise, pour une série de 60 tirs, des scores aussi élevés que 620, où les 20 au-delà de 600 (le score parfait *a priori*) quantifient la qualité du tir dans le 10, comme si la mouche était elle-même une toute petite cible avec des anneaux concentriques très fins. Ces 620 sont légèrement inférieurs à ce que font les meilleurs voyants (record du monde à 637,9), mais à peine. Et dans la mesure où le réservoir d'athlètes non voyants est bien plus réduit, on peut considérer que le système de visée par le son est d'une efficacité comparable à celui donné par la vue. La différence principale est peut-être dans la cadence : alors que la vue permet d'enchaîner des tirs rapides, la visée par le son est plus lente à converger. Or le temps ne compte pas dans cette épreuve, la rendant finalement « équitable » entre athlètes olympiques et paralympiques. En somme, au royaume des tireurs, les aveugles sont rois !

PROLONGATIONS

NOS HÉRAÏNES

On a souvent lu dans ces pages que tel sport a été ouvert aux femmes trente, soixante ou même cent ans après l'avoir été aux hommes. Ce constat mérite qu'on s'y arrête. Et puis, n'est-ce pas une promesse du titre de ce livre, qui désigne aussi bien le physique que la physique ? Le physique, d'ailleurs, a parfois été discuté, comme quand nous avons comparé la taille des athlètes qui sautent à la perche ou en hauteur, ou leurs poids dans les disciplines du lancer ou en haltérophilie. Or la question du genre apparaît plus centrale, et nous l'évoquerons au moyen de quelques statistiques.

À Olympie, la question est vite tranchée : n'y concourrent que des hommes ou, pour quelques courses, de jeunes garçons qui constituent l'autre catégorie des compétiteurs. Au bout de deux siècles apparaissent néanmoins des Jeux réservés aux femmes. Les *Héraia*, dédiés à la déesse Héra (qui a donné son nom à Héraclès), avaient lieu deux semaines après les Jeux masculins, et ils ne comportaient que des épreuves de course. La compétition resta plus confidentielle que son pendant masculin. Quand Pierre de Coubertin relança les Jeux en 1896, pas d'état d'âme : on s'inscrirait dans la continuité des Jeux d'Olympie. Coubertin, rétrograde jusqu'à ses derniers jours, continuait à affirmer en 1935, alors que l'olympisme féminin, déjà un peu mieux accepté, était irrésistiblement voué à se développer, que *le rôle des*

À la mode de chez nous
Éventail publicitaire du parfumeur Piver réalisé à l'occasion des Jeux de Paris en 1924. Les tenues sportives évoquent l'alpinisme, le tennis, la course à pied, l'escrime et le rugby (!) – faisant plus référence à la mode, et spécialement à Suzanne Lenglen, connue pour s'habiller en orange, qu'aux disciplines pratiquées par les femmes cette année-là.

femmes devrait être surtout, comme aux anciens tournois, de couronner les vainqueurs. On note toutefois dans cette phrase le *surtout*, qui insinue que Coubertin, s'évertuant à défendre ses Jeux comme *l'exaltation solennelle et périodique de l'athlétisme mâle* (1912), avait commencé à se résigner à l'idée que les femmes allaient sans doute gagner du terrain.

On les trouve cependant en piste dès la deuxième olympiade moderne, à Paris, dans cinq disciplines, tennis, voile, croquet, équitation et golf, qui sont en 1900 plutôt des distractions chics que des sports. Les femmes ne représentaient que 2 % de la population des athlètes, chiffre qui restera à peu près constant jusqu'en 1920. Il n'empêche, le ver est dans le fruit, aurait pu dire le baron, et les combats de la nageuse, hockeyeuse et rameuse Alice Milliat, née Million (qui aura tenté de tout porter au féminin, même son nom) vont être déterminants : choquée de l'absence des femmes aux Jeux, elle ressuscite les Jeux héréens en créant les Jeux olympiques (ou mondiaux) féminins qui se tiennent en 1922 et à nouveau en 1926. On lui interdit d'user du mot *olympique*, mais le succès de sa compétition fera un peu reculer les caciques, qui autorisent cinq épreuves féminines d'athlétisme aux Jeux d'Amsterdam en 1928 : le 100 m, le relais 4 × 100 m, le 800 m, le saut en longueur et le disque. Le chemin reste néanmoins ardu :

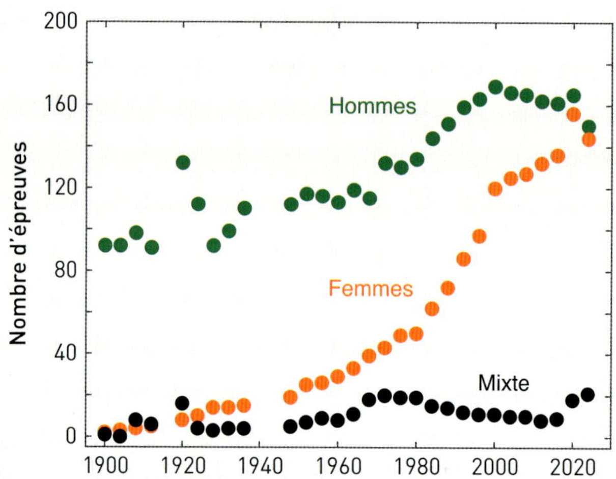

La dure égalité

Nombre d'épreuves olympiques proposées aux hommes, aux femmes et mixtes de 1900 à nos jours. À quelques accidents près, la courbe pour les hommes montre une croissance légère, puis plus forte entre 1972 et 2000, quand le sport se professionnalise et que les Jeux deviennent un spectacle mondial. La courbe pour les femmes est très différente : la croissance, d'abord très lente, double entre 1948 et 1980, mais les chiffres restent modestes. Le rattrapage débute véritablement après 1980, et on est aujourd'hui parvenu à une quasi-équité entre les deux sexes. On note aussi l'augmentation récente des épreuves mixtes, une autre manière de lutter contre le sexisme sportif.

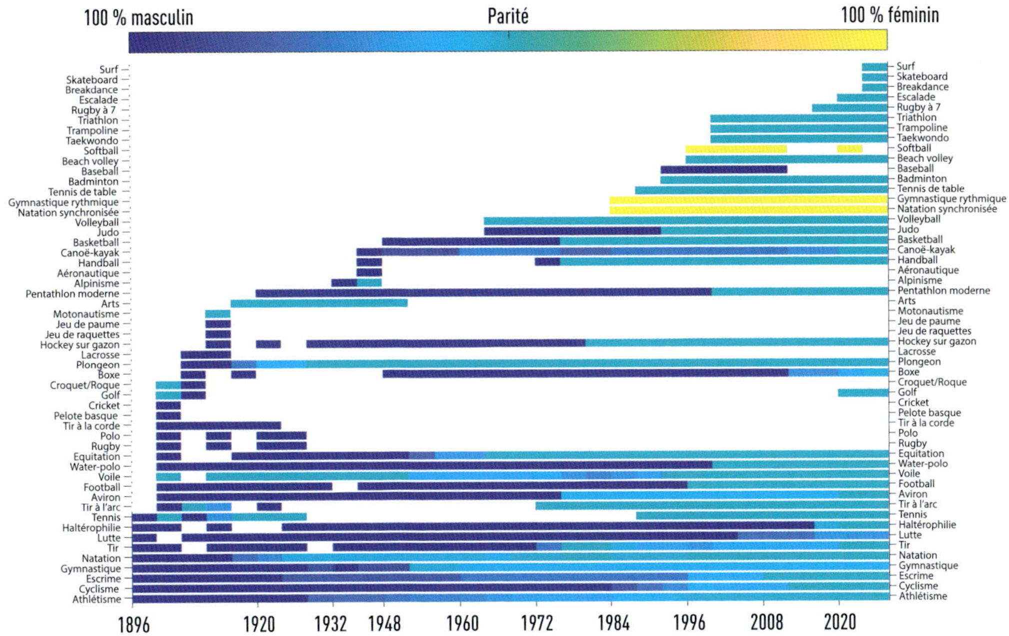

L'horizon bleu-vert

Diagramme montrant la présence hommes/femmes dans les différents sports olympiques en fonction du temps. Le bleu ou le jaune indique si la domination est masculine ou féminine, tandis que le vert émeraude traduit l'équité. Du bleu hégémonique d'avant 1960, on glisse vers l'émeraude à partir des années 1980, après une période de transition. On note aussi la présence sporadique de sports inattendus comme la pelote basque, le cricket, le jeu de paume, la crosse, le polo, le *racquet* (ancêtre du squash), le roque (variante américaine du croquet), la lutte à la corde et même l'aéronautique, tous masculins, sauf le croquet, mixte.

reprochant une prétendue incapacité à courir une telle distance aux compétitrices du 800 m qui s'effondrent après avoir tout donné, on limitera désormais leurs courses à 200 m – et ce, jusqu'en 1960 !

L'accroissement imperceptible du nombre des épreuves féminines entre 1900 et 1920 (une par olympiade) nous amènerait en 2024 à une quarantaine de concours féminins, contre 160 pour les hommes. Or une quasi-parité a été atteinte en 2021 à Tokyo, où 48 % des athlètes étaient des femmes. Deux accélérations successives ont assuré ce rattrapage : entre 1948 et 1980, on institue 4 nouvelles épreuves féminines par olympiade, un chiffre qui saute à 15 entre 1980 et 2000 : la pleine présence des femmes aux Jeux est un phénomène récent. Fausse coïncidence et vraie première, deux femmes sont justement entrées au Comité international Olympique en 1981 seulement...

Après 2000, on converge vers l'équité, au prix d'ailleurs d'une diminution du nombre d'épreuves pour hommes : les femmes conquièrent le dernier pré carré masculin, où figurent la perche, la boxe, la lutte, l'haltérophilie ou encore le marteau, le taekwondo et le rugby. Seule la lutte gréco-romaine reste offerte aux seuls garçons, comme en souvenir d'Olympie, tandis que la natation synchronisée en duo et la gymnastique rythmique ne sont que féminines; persistent aussi, résidus du passé, des différenciations, plus que des inégalités, comme aux haies (110 m pour les hommes, 100 m pour les femmes), dans des épreuves de canoë (là aussi, les distances ne sont pas identiques), en gymnastique (barres asymétriques et poutre pour les filles, anneaux, barre fixe, barres parallèles et cheval d'arçons pour les garçons), sans oublier cette forme de couronnement qu'est le *n*-athlon : la reine y est heptathlonienne ($n = 7$) et le roi décathlonien ($n = 10$). On note enfin le nombre accru d'épreuves mixtes, où ce mot a deux sens : dans les sports équestres, d'abord, femmes et hommes concourent les uns contre les autres, mixité absolue; et dans les relais (au triathlon ou au 4 × 400 m), mais aussi dans les doubles mixtes (tennis ou badminton), les équipes sont faites à parts égales des deux sexes, le tennis de table n'ayant même de double que le mixte...

La question des performances est parfois avancée pour distinguer le sport masculin. On suppose en général que celles des femmes sont inférieures, ce qui, présume-t-on aussi, rend le spectacle moins attrayant. Rien d'évident dans ces assertions, et, sans aborder en profondeur un sujet aussi vaste (et glissant), nous nous bornerons à quelques remarques, tout en soulignant que comparer les performances des femmes et des hommes est déjà en soi discutable.

1) Un premier cas est celui où il n'y a pas d'avantage de genre, voire où il y en a un pour les femmes. Ainsi, dans les sports équestres, les performances sont si semblables que hommes et femmes participent au même concours. Au dressage, par exemple, c'est une cavalière allemande, Isabell Werth, qui est la plus titrée de l'Histoire, avec 12 médailles olympiques, dont 7 en or. Une autre allemande a gagné à Tokyo le concours individuel, tandis qu'un Anglais remportait celui du saut d'obstacles. Dans l'épreuve de 470 où l'équipage est mixte, on trouve aussi bien la femme à la barre et l'homme équipier que l'inverse. En gymnastique, les concours féminins sont les plus recherchés en termes d'audience, par exemple, et ils ont engendré de véritables stars, comme Olga Korbut, Nadia Comaneci ou Simone Biles.

2) Pour d'autres sports, les performances ne sont pas directement comparables. Dans les concours de lancer, par exemple, aucun des projectiles n'a la même masse : 4 kg pour le poids et le marteau féminin au lieu des 7,26 kg pour les hommes, 600 g contre 800 g au javelot, et 1 kg contre le double au disque. On pourrait dire naïvement qu'une sagesse supérieure a choisi d'avantager les femmes, mais, comme on l'a souligné à maintes reprises, changer un paramètre, ici la masse du projectile, modifie le sport – faisant qu'en effet on ne peut simplement confronter les performances des hommes et des femmes dans les épreuves de lancer. Il en va de même pour les courses dont les longueurs diffèrent, ou pour les voiles des planches, qui font 8 m^2 pour les femmes contre 9 m^2 pour les hommes.

3) Dans de nombreuses autres épreuves, les concours sont les mêmes, et la différence de performance est souvent de l'ordre de 10 % : 9 % au 100 m, 10 % au 100 m nage libre ou au marathon, 16 % au saut en hauteur, etc. Nous sommes tentés de mettre la taille des athlètes au premier rang des causes de ces écarts. Calculant des moyennes sur les podiums des trois dernières olympiades, on constate que les hommes sont systématiquement plus grands que les femmes, de 13 % au 100 m, de 10 % au 100 m

nage libre, de 6 % au marathon, mais de seulement 4 % à la hauteur – une discipline où la taille compte pour plus de moitié dans la performance et où la sélection de grandes et de grands est donc cruciale. En outre, les hommes ont un cœur et un volume sanguin supérieurs à ceux des femmes, d'environ 20 % en moyenne ; et les muscles représentent 35 % de la masse des hommes (qui produisent huit fois plus de testostérone), contre 28 % chez les femmes. À l'inverse, des études récentes suggèrent que les femmes seraient biologiquement plus ultra-endurantes que les hommes. Ainsi, Laurianne Plaçais a gagné le titre mondial d'ultracyclisme (1 000 km et 20 000 m de dénivelé) sur une course mixte nommée, de manière significative, le *BikingMan*. Comment comparer avec autant de biais ? Et surtout, pourquoi ?

Il y a d'ailleurs d'autres biais : ainsi, le « bassin de recrutement » des athlètes peut ne pas être identique. Un nombre plus faible de sportives, c'est une probabilité plus faible d'engendrer des championnes. Le graphe qui suit montre le nombre d'athlètes par discipline sportive, tous sexes confondus, et la répartition femmes/hommes pour chacune d'entre elles. Cinq sports sont principalement masculins (football, rugby, tir, cyclisme et tennis de table), deux nettement féminins (équitation et gymnastique). Quant aux autres, les données y sont plus équilibrées, avec une moyenne générale de deux tiers d'hommes contre un tiers de femmes, nous permettant de conclure que, le plus souvent, la pratique sportive est plus masculine que féminine, avec toutefois de fortes disparités selon le sport.

4) Les épreuves avec des équipes mixtes gagnent du terrain : il ne s'agit alors plus de comparer les genres mais d'assister à une compétition où la mixité est de mise. Dans le 4 × 400 m mixte, une nouvelle course née à Tokyo, chaque équipe est composée de 2 femmes et de 2 hommes qui se relaient à chaque tour de stade. Or les équipes sont libres de choisir leur ordre de passage, si bien que les 6 s de différence moyenne entre hommes et femmes sur un tour deviennent un élément tactique et une

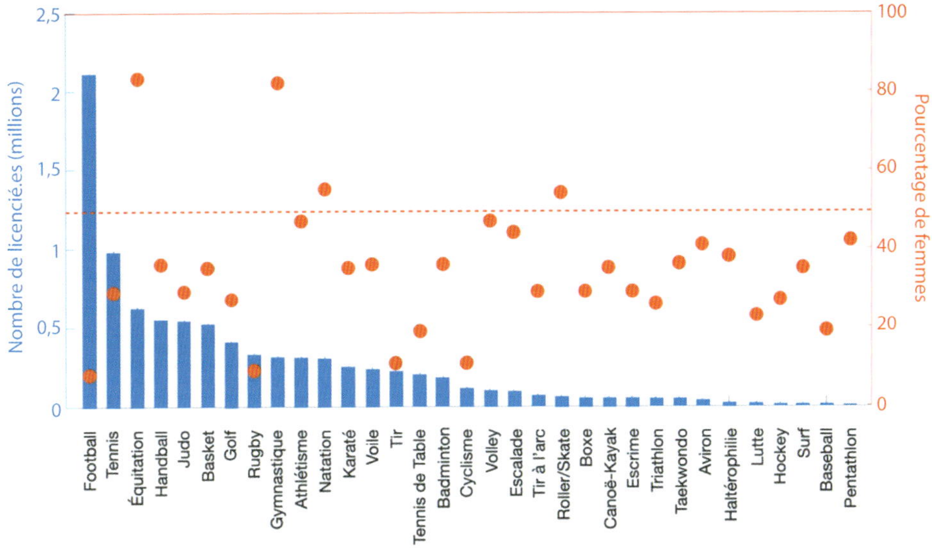

Le sexe des sports

Nombre d'athlètes licenciés par les Fédérations françaises, pour les sports olympiques, et proportion (en rouge) de femmes par rapport aux hommes (données de 2018). Il y a de fortes disparités entre sports et, au total, environ deux fois plus d'hommes que de femmes licenciés.

raison de rendre la course plus palpitante : ce ne sera vraiment pas la même chose d'envoyer les deux hommes d'abord, ou au contraire les deux femmes, ou encore d'alterner. Ce format inédit pourrait s'imposer comme un modèle pour l'avenir, pour la variété et la finesse qu'elle apporte, et pour sa manière de conjuguer performances féminines et masculines, plutôt que de les opposer.

Il apparaît donc difficile de comparer les performances des hommes et des femmes, mais cette comparaison explique sans doute les différences de traitement (à tous les sens du mot) entre les deux sexes; pour prendre un exemple exorbitant, Serena Williams, la sportive la mieux rétribuée en 2023, est précédée par 48 hommes. Une hiérarchie entre les sexes a aussi des conséquences sur le spectacle des Jeux. Ce sont les fédérations internationales qui établissent les règlements des différentes disciplines, allant jusqu'à décider ce que doivent être, dans un louable motif d'équité, les maillots portés par les uns et par les autres.

Or cette équité bute sur le genre : les maillots des femmes, tout particulièrement en athlétisme, sont souvent bien moins couvrants que ceux des hommes – sans nécessité sportive et dans le but évident d'élargir la couverture médiatique. La situation est ambivalente : soucieuses d'éviter tout soupçon de masculinisation de leur corps, à l'instar des nageuses est-allemandes jadis, certaines sportives choisissent de surenchérir dans la féminisation (maquillage, ongles, coiffures). Désireuses au contraire de protester contre la société du spectacle, d'autres refusent de se plier aux injonctions des fédérations : en 2021, l'équipe de *beach handball* (non olympique) de Norvège a ainsi refusé de jouer en *bas de bikini échancré* (la recommandation officielle), alors que les garçons arborent shorts et maillots. Les sportives ont été punies pour ce refus de 1 500 euros d'amende par la commission de discipline de la Fédération européenne de handball… On s'interroge : des femmes qui mettent des shorts comme les hommes, ça ferait *mauvais genre* ?

LE GRAND PUBLIC

Tout sport peut être vu par le filtre de la physique, comme il pourrait l'être par ceux de la biomécanique ou de la psychologie, autres approches spécialement fécondes. Le sujet de cet ouvrage était donc encyclopédique, le condamnant à être lacunaire. Mais il n'est pas encore trop tard pour ajouter quelques lignes sur un grand absent de ces pages : promoteur des performances sportives, partenaire indispensable de leurs joutes, il est celui sans lequel le sport ne serait qu'un jeu. On l'appelle au football le douzième homme – c'est le public.

Au stade

Spectateurs du match Allemagne-Canada en ouverture de la Coupe du monde féminine de football en 2011. Les supporters allemands sont en blanc. Ils dominent, mais l'Allemagne est justement le pays organisateur…

Le public est d'abord là pour soutenir une équipe ou un athlète. Il vibre, il gronde, il se lamente, il explose de joie – et sort du stade rincé et aphone. Mais il vient aussi pour la beauté d'une forme de théâtre. Lumières, couleurs, mouvements, le spectacle sportif a quelque chose d'abstrait, et même des non-initiés éprouveront un grand plaisir à y assister. Ainsi, Nicolas de Staël, en 1952, ébloui par un match pourtant médiocre (un France-Suède conclu par la victoire 0-1 du pays visiteur), passera le reste de la nuit à tenter de fixer dans son atelier les impressions de cette première pour lui. Il en résulte une quinzaine de petites peintures de *Footballeurs* et le vaste *Parc des Princes*, qui signent son retour à la figuration. Cette histoire illustre magistralement un principe énoncé par son ami et gardien de but Albert Camus : *il n'y a pas d'endroit dans le monde où l'homme est plus heureux que dans un stade de football.*

Il y aurait aussi beaucoup à dire sur les mouvements de foule, qui s'apparentent à ceux d'un fluide dont les molécules (ou les atomes crochus) seraient des individus ; ou sur les phénomènes de synchronisation qui se produisent quand on applaudit ou quand on propage une *ola* ; ou encore, d'un point de vue sociologique, sur la féminisation progressive du public – combien de femmes pour constituer le douzième homme ? Mais nous choisirons de discuter plutôt la question du suspense l'autre raison, quelque peu masochiste celle-là, pour laquelle on va au stade, contrebalançant la magie du moment par de l'angoisse et du frisson. La nature de ce suspense dépend toutefois de celle du sport, que nous diviserons en trois grandes catégories.

1) Dans les *sports à essais* (sauts, lancers, etc.), le suspense est lié à la performance individuelle : l'athlète va-t-il passer la barre, va-t-il dépasser son adversaire ? Le nombre d'essais est limité, parfois construit subtilement, quand un succès ouvre la porte à de nouvelles tentatives (hauteur, perche), et la tension monte au fur et à mesure que l'horizon se rétrécit.

Et la tension monte avec raison… Considérons en effet les sports où les finalistes disposent de 6 essais en tout et pour tout (longueur, triple saut, javelot, poids, marteau et disque). On constate que les athlètes du podium ont, dans 40 % des cas, réalisé leur meilleure performance à l'occasion d'un de leurs deux derniers essais, et chez les femmes encore plus que chez les hommes – alors qu'on aurait pu penser que cette proportion serait d'un tiers, le rapport de 2 sur 6, ou même moins, les athlètes étant fatigués par leurs premières tentatives. Le rétrécissement de l'horizon semble donc donner un surcroît d'énergie à des sportifs conscients de tirer leurs dernières cartouches. Le temps de trouver leurs marques ou l'énergie du désespoir ? En tout cas, cette statistique contribue à entretenir un réel suspense…

2) Dans les *sports de course*, le suspense existe dès que l'écart est faible entre les concurrents ou qu'il le devient : l'échappé à vélo sera-t-il rattrapé par le peloton qui l'a pris en chasse ? Un peloton s'expliquant au sprint sur les 300 derniers mètres d'une course est un spectacle haletant, mais bref ; et on augmente beaucoup l'intérêt d'une fin de course avec un cycliste solitaire chassé à courre par une meute, le suspense s'étirant dans la durée.

On y trouve même des formes de lois, par exemple ce qu'on appelle (officiellement) le *théorème de Chapatte*. Ce célèbre commentateur sportif énonçait en effet qu'*un échappé ayant 1 min d'avance à 10 km de l'arrivée ne sera pas rattrapé*. Il est de notre devoir, dans ces pages, de tenter de démontrer (ou d'infirmer) cet énoncé – car un théorème est une proposition qui se démontre.

On suppose que le coureur de tête produit sur les derniers 10 km une puissance de l'ordre de 420 watts. Le peloton, qui remplace son leader toutes les 30 s, pourra développer une puissance 25 % supérieure, le reste du groupe qui s'abrite du vent de la course étant capable de suivre ces hommes de tête interchangeables et toujours fringants. Par les lois qui lient vitesse et puissance (p. 286), on en déduit que le franc-tireur avance à 56 km/h et le

Moins une

Le cycliste Thomas Voeckler gagnant une étape du Tour de France à Perpignan, le 8 juillet 2009. À 12 km de l'arrivée, il avait 1 min et 20 s d'avance sur le peloton, des conditions proches du théorème de Chapatte. On voit la meute à ses trousses, il était moins une.

groupe à 62 km/h – la vitesse étant la puissance (physique) à la puissance (mathématique) un tiers : nettement plus de puissance physique, c'est seulement un peu plus de vitesse, ce qui sauve notre échappé. Bref, en 10 km, le peloton ne grignote que 58 s sur le fugitif qui, par hypothèse, avait 1 min d'avance… (Ouf!) Les chiffres peuvent varier, bien sûr, mais l'idée est là, et le théorème semble validé. On mesure en passant la confiance qu'il faut avoir pour les spécialistes : Robert Chapatte était un ancien coureur de talent, qui participa à cinq reprises au Tour de France entre 1948 et 1952, terminant 16e du Tour 1949 – il savait de quoi il parlait.

3) Dans les *sports à score*, on va pouvoir compter… Et les matchs les plus captivants seront ceux où l'écart entre adversaires est faible et où des retournements de situation sont susceptibles de se produire : cas très rares de coup de théâtre massif, alors que tout semblait joué ; cas plus fréquents où une ou plusieurs inversions de score dramatisent l'affaire. Pour les sports où les points sont nombreux (basketball, handball), tout se joue souvent à la fin. C'est le *money-time*, quand les téléspectateurs se connectent pour ne suivre d'un match que ses dernières minutes : les recettes publicitaires explosent, et le moment mérite son nom : *money-time is money*. Dans d'autres sports, les événements sont rares – au football, par exemple, où un but est marqué

toutes les demi-heures : peu de suspense s'il y a 3-0 à quinze minutes de la fin ; mais une atmosphère suffocante si c'est 0-0, tout avantage risquant alors d'être décisif.

Comment se le représenter ? Les graphes ont joué un rôle important dans cet ouvrage, et il s'agit ici d'inventer une forme qui résumerait ou, mieux, donnerait à voir la dramaturgie d'une rencontre. On prendra l'exemple du rugby et du Tournoi des Six Nations 2024, une édition qui ne fut pas avare en suspense. On porte l'évolution des scores d'un match, tout en coloriant l'écart de points de la couleur de l'équipe qui mène – livrant une image de sa domination sur l'autre. Allons *crescendo*. Dans un premier cas, France-Irlande, le graphe montre sans ambiguïté l'ascendant gaélique : c'est tout vert, de la couleur des prairies du Connemara, et la surface qu'occupe la couleur croît inéluctablement avec le temps : passé l'incertitude du début, on comprend sans même avoir vu le match qu'il n'y eut aucun suspense.

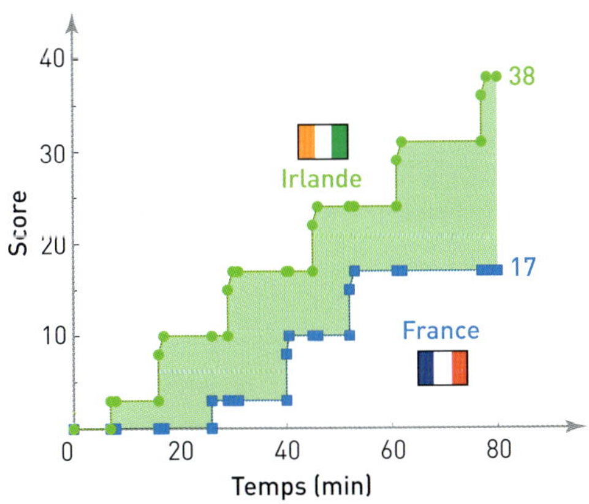

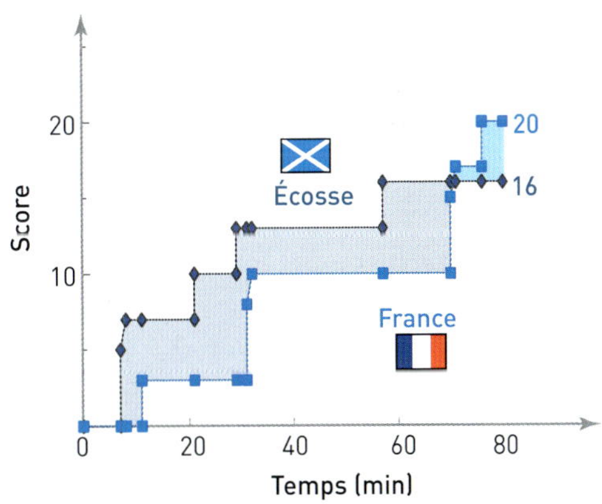

Trois des six nations

Évolution du score de deux matchs de rugby du Tournoi des Six Nations 2024. Le score de la France est en bleu, celui de l'Irlande en vert et celui de l'Écosse en gris. On colore de la couleur du pays qui mène au score les rectangles sous-jacents, ce qui permet de mettre en évidence qui domine, et de combien. Les scores progressent par bonds de 3 points (pénalité, *drop*), 5 points (essai) ou 2 points (transformation de l'essai).

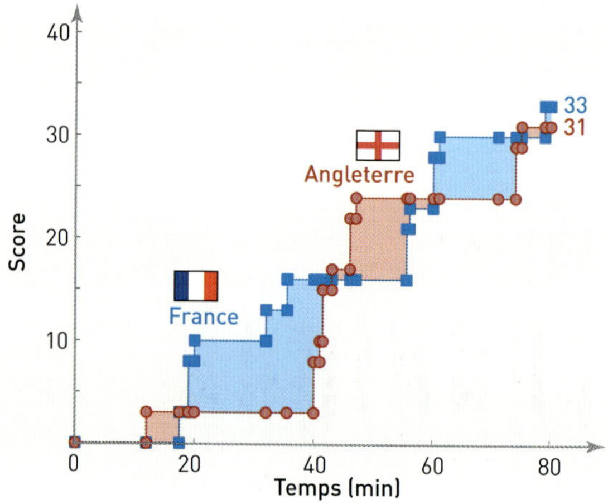

Un match renversant

Évolution du score de France-Angleterre, au Tournoi des Six Nations 2024. Le score de la France est en bleu et celui de l'Angleterre en rouge. Un seul coup d'œil suffit pour comprendre combien le match fut passionnant, avec de nombreuses inversions de score (5 !) et un retournement final dans les dernières secondes : cas d'un suspense qui se dilate à l'échelle des 80 minutes d'un match !

Plus intéressant est le cas d'Écosse-France où les pavés de couleur se font minces : on en déduit que le pays hôte domina légèrement, tout en laissant l'espoir aux Français (et l'angoisse aux Écossais) d'un retournement de situation. Il se produisit dans les dernières minutes du match et le suspense fut même amplifié par une incertitude ultime, longue à se dénouer, quand l'arbitre décida après d'interminables minutes de ne pas accorder aux Écossais un dernier essai *in extremis*. Cet essai aurait à nouveau renversé le score, nous rappelant combien les aléas sont un élément important du suspense.

Mais que dire de France-Angleterre, à la dernière journée du Tournoi, où l'enjeu était d'atteindre une honorable deuxième place ou au contraire de dégringoler à une peu glorieuse quatrième ? Le graphe fait apparaître que le match fut palpitant : pas moins de cinq inversions de score, des alternances manifestes de conquête par l'une ou l'autre des deux équipes, et un *flip* final (là où on craignait un *flop*) qui fit exploser le stade quand une pénalité de Thomas Ramos passa entre les poteaux une minute avant la fin du match – circonstance idéale pour se souvenir que ce sont également des moments de communion que le public vient chercher dans ces enceintes.

FICHE TECHNIQUE

Unités

La mesure en sport rencontre les trois unités fondamentales de la mécanique physique : les haltères que soulèvent les athlètes se traduisent en kilogrammes (kg), le temps qu'ils courent en secondes (s) et la barre qu'ils effacent en mètres (m). Puis on combine : la vitesse est une distance que divise un temps (m/s), où la division est essentielle : parcourir une distance donnée en moins de temps, c'est aller plus vite (pourtant, on l'oublie souvent, appelant km.h les km/h). Quant à l'accélération, dont celle de la pesanteur, si souvent rencontrée dans ces pages, c'est une vitesse que divise un temps (m/s^2) : accélérer c'est augmenter sa vitesse à chaque instant. Puis ça se complique : une force, produit d'une masse par une accélération, s'exprime en $kg.m/s^2$ ou newtons, une énergie, produit d'une force par une longueur, en $kg.m^2/s^2$ ou joules, et une puissance, énergie que divise un temps, en $kg.m^2/s^3$ ou watts – des expressions qui combinent en effet nos trois unités de base, et dont la complexité justifie qu'on leur attribue des noms propres.

Recourir à une unité, c'est dire de quoi on parle, et on ne comparera que des quantités qui ont la même. Des vitesses moyennes, par exemple : celle du 100 m féminin, qui est de 34 km/h à celle du 50 m à la nage, presque 8 km/h : on court environ quatre fois plus vite qu'on ne nage. Et alors que l'idée ne viendrait à personne de confronter les 9,58 s d'Usain Bolt sur 100 m aux 225 kg arrachés par Lasha Talakhadze, on déduit en revanche de leurs performances leurs puissances respectives, qu'on trouve être de l'ordre de 4 000 watts – très élevées, mais rendues possibles par la brièveté de leurs exploits.

Trois unités ! Or voilà le scientifique obtus brusquement tenté d'appliquer cette discussion aux règles du théâtre classique énoncées par Boileau : l'unité de temps, c'est la seconde ; l'unité de lieu, le mètre ; j'en déduis, conclut-il émerveillé, que l'unité d'action est le kilo !

Force, énergie, puissance

Discutons à présent trois mots communément rencontrés dans ces pages qui ont, dans la vie de tous les jours, un sens multiple, flou mais surtout différent de celui que leur prescrit la physique : la force, l'énergie et la puissance. Plutôt que d'infliger un cours magistral à un lecteur à qui on avait semblé promettre un livre peu scolaire, montrons par l'exemple ce qui distingue ces notions.

On choisira le poids comme modèle de force. Il agit sur nous, nous attirant vers le centre de la Terre, dont la fermeté heureusement entrave son action – poser le pied sur la gazeuse Jupiter paraît beaucoup plus risqué. La force de gravité F se déduit de notre masse M en la multipliant par g, l'accélération de la pesanteur (environ 10 m/s^2 sur Terre, 6 fois moins sur la Lune, 2,5 fois plus sur Jupiter). Un objet soumis à son poids $F = Mg$ pourra rester là où il est dès lors que quelque chose l'équilibre – la réaction du sol, par exemple. Mais, si on le soulève puis le lâche, l'existence de F devient patente, puisque l'objet tombe. L'objet peut être une pomme, nous dit-on, même si l'on doute un peu de cette histoire : pourquoi un serpent aurait-il voulu enseigner à Ève les lois de la gravité ?

Passons à l'énergie : elle n'est pas la force, et, pour bien le signifier, on change d'unité : des newtons (N), on passe aux joules (J). Il faut, pour soulever notre objet d'une hauteur H, fournir une énergie E, qui est le produit de la force de pesanteur, le poids Mg, par le déplacement vertical H. À masse donnée, $E = MgH$ augmente si l'objet est plus haut, ce qui est bien normal : il faut dépenser plus de calories pour monter six étages que deux. Et à hauteur donnée, E croît avec la masse, et c'est en effet plus fatigant de hisser une enclume qu'un marteau… Une caractéristique majeure de l'énergie est de se conserver, quitte à changer de nature : celle de pesanteur décroit quand H diminue, mais cette décroissance implique sa conversion dans un autre type d'énergie, la cinétique : l'objet en tombant acquiert de la vitesse. *Où est passée l'énergie ?* est la question un peu vaine du parent à sa progéniture vautrée dans un canapé, mais que le physicien se posera constamment avec plus de profit la réponse étant *quelque part* – par exemple dans la chaleur produite par les frottements.

Quant à la puissance, elle n'est pas l'énergie. Car manque la vitesse dans la description que nous avons faite du mouvement, ou, de manière équivalente, manque le temps qu'on a mis pour élever l'objet. La puissance P, que l'on mesure en watts (W), permet de distinguer le quidam qui hissera l'enclume en s'arrêtant à tous les étages du fort des Halles qui la traitera en fétu de paille, galopant dans les escaliers : par définition, la puissance P est l'énergie E que divise le temps t. Plus puissant est celui qui monte plus vite, alors que force (le poids de l'enclume) et énergie (le produit de ce poids par la hauteur) sont les mêmes. Comme la puissance s'écrit alors MgH/t, on voit aussi qu'elle est le produit de Mg par H/t, c'est-à-dire de la force par la vitesse (ascensionnelle).

On pourra ainsi dire sans craindre l'accumulation de synonymes qu'Héraclès ramenant l'énorme sanglier d'Érymanthe est fort, énergique et puissant. Fort parce qu'il le porte malgré son poids, énergique parce que sa route vers Mycènes comporte des

Héraclès, héros singulier

Selon certains récits mythologiques, Héraclès fonda les Jeux d'Olympie après avoir nettoyé les écuries d'Augias. On le voit ici peint par Eugène Delacroix entre 1852 et 1854 et portant le sanglier d'Érymanthe, le troisième de ses travaux. Selon Pindare, il trouva en poursuivant la biche de Cérynie (son travail suivant) l'olivier sauvage dont les rameaux tressés firent les couronnes pour les vainqueurs des épreuves olympiques.

ascensions et puissant parce qu'il galope pour passer à autre chose – capturer la biche de Cérynie, probablement.

Nous sommes en principe très attentifs à affecter à chacune des quantités l'unité qui lui est propre – ne serait-ce que pour bien les distinguer. Pourtant, nous semblons parfois avoir eu moins de scrupules, en exprimant force ou énergie avec une unité qui n'est pas la leur, mais qui en offrait un équivalent plus concret. Si l'on dit d'un lanceur de marteau que son boulet tournoyant le soumet à 3 500 newtons, ce n'est pas très parlant pour la plupart d'entre nous : le newton est plutôt absent de notre vie quotidienne. Or, divisant cette valeur par *g*, nous en obtenons un équivalent en masse, et il devient soudain tangible que le marteau tire sur l'athlète avec une force qui équivaut à 350 kg. Cela est d'ailleurs tellement vrai que chacun donne son poids en kilos (abréviation impropre mais banale de kilogrammes, kilo signifiant simplement mille), alors que c'est de notre masse qu'il s'agit. Page 29, nous avons décrit un perchiste en train de s'envoler et faire croître son énergie de pesanteur MgH. Préciser qu'à un certain moment de son ascension il a acquis 3 200 joules ne nous dit pas non plus grand-chose. Mais, si on les divise par Mg, on comprend soudain que ce perchiste de 80 kg est monté de 4 m, et il est en effet judicieux de remplacer dans ce cas les joules par leur équivalent en hauteur.

Frictions

Quand nous nageons ou pédalons, quelque chose nous résiste. La preuve : si on cesse de se propulser, on continue sur sa lancée, un peu à la nage, nettement plus à vélo, mais en ralentissant jusqu'à l'arrêt, freiné par l'eau (très efficacement) dans le premier cas, par l'air et le sol dans le second.

Il y a deux sources principales de frottement et d'infinies variations sur ce thème. Nous nous en tenons ici à la base. D'abord, la force de friction dans un fluide n'existe que si l'on bouge ; on attend donc qu'elle soit une fonction de la vitesse. Si son origine est dans ce qu'on appelle la viscosité du fluide (sa difficulté à couler), elle est proportionnelle à V, $F = kV$, où k est d'autant plus grand que le fluide est visqueux. Une bactérie, par exemple, se bat principalement contre le frottement visqueux. À notre échelle et à nos vitesses, c'est plutôt une friction dite inertielle qui nous bride, et qui est proportionnelle au carré de la vitesse, $F = KV^2$. Comme nous sommes aussi soumis au frein visqueux (ne serait-ce que parce que Pascal nous a comparés à des cirons), la force totale est ainsi $kV + KV^2$. Deux cas se présentent. Si la vitesse est faible ($V < k/K$), le frottement visqueux domine : on entre dans un monde gluant, sans inertie, dont nous avons d'ailleurs peu l'idée. Ainsi, une bactérie satisfaite de la pâture qu'elle trouve dans son errance s'immobilise en un seul nanomètre, la taille d'un gros atome. Un milliard de fois moins que le mètre sur lequel s'arrête un nageur ! On peut dire que la réalité dépasse la friction…

À notre échelle, c'est l'inverse ($V > k/K$), et on croisera souvent dans ces pages la formule KV^2, que ce soit pour un cycliste dans un vélodrome ou pour un nageur dans son couloir. K est le produit de la masse volumique ρ du fluide (environ 1 kg/m^3 pour l'air, 1 000 fois plus pour l'eau) par la surface du corps en mouvement, celle du nageur ou de l'ensemble cycliste/vélo, par exemple. La façon dont le fluide contourne l'objet est aussi à considérer : mieux profilée, une voiture frotte moins dans l'air (et consomme moins) ; et notre main à la fenêtre éprouve une force très différente selon qu'on l'aligne avec la voiture ou qu'on la redresse, quoiqu'elle ait la même surface, que la vitesse soit la même et que ce soit le même air.

On comprend ainsi qu'il faille préciser la formule générale pour K. On écrira $K = \rho C_D S$, où l'on a introduit un nombre C_D qui rend compte de l'aérodynamisme (ou de l'hydrodynamisme) de l'objet. Dans l'exemple du conducteur du dimanche, on montre (on mesure aussi) que le C_D change d'un facteur 50 quand on relève

200 km/h

Un parachutiste dans sa phase de chute libre atteindra une vitesse limite qui résulte de l'équilibre de son poids et de la friction de l'air. En se mettant sur le ventre (ou sur le dos, mais c'est moins prudent), il maximise sa friction et donc minimise sa vitesse – mais la faible densité de l'air fait qu'elle vaut tout de même environ 200 km/h.

la main. La formule du frottement est donc finalement $F = \rho C_D S V^2$, où S est la surface de l'objet en mouvement.

Lois d'échelle

Dans les chapitres où nous avons produit des formules pour expliquer les observations, nous avons privilégié, pour leur économie de moyen, des approches en loi d'échelle, qui ne conservent dans les formules que les quantités dotées d'une unité, tout en supprimant les nombres, qui n'en ont pas. Le volume d'une sphère de rayon R, par exemple, sera pour nous R^3, et sa surface R^2 – là où nous savons pourtant qu'il y a des coefficients, $4\pi/3$ pour le volume et 4π pour la surface. Ce faisant, notre formule ne fournira pas la valeur exacte du volume mais son ordre de grandeur : 1 mm^3, 1 cm^3, 1 litre, etc. Cela est souvent suffisant, tout particulièrement si l'on compare, cas où les coefficients s'avèrent superflus.

Prenons un exemple candide. On se demande, question comparative, combien de balles de ping-pong on peut placer dans un ballon de football. Le volume de ces deux sphères étant, respectivement, r^3 et R^3, on trouve un nombre $N = (R/r)^3$, formule que donnerait aussi l'écriture scrupuleuse des volumes. Avec $r = 2$ cm et $R = 11$ cm, le résultat surprenant de ce calcul pourtant modeste est : on peut disposer environ 160 balles de ping-pong dans un ballon de foot. Si l'on prend en compte les vides entre les balles, ce nombre est divisé par 2, mais son ordre de grandeur ne change pas, restant de l'ordre de la centaine. Cent ! Notre intuition est très handicapée quand les lois ne sont pas de proportionnalité, comme ici, où tout se règle par une puissance 3, un cube (quoiqu'on vous parle de sphère). Et si c'est un ballon de *kinball* ($R = 61$ cm) qui englobe les balles de ping-pong, le nombre de ces dernières (vides compris) devient environ 15 000. Déterminer ces exposants et en tirer les conséquences, telle est la mission des lois d'échelle. Elles peuvent être vues comme une gymnastique de l'esprit où l'étymologie du mot, le grec *gymnos* qui signifie *nu*, convient tout spécialement :

c'est de la science mise à nu, puisque pratiquée dans le plus simple appareil mathématique.

Cet exemple était élémentaire, et un deuxième nous conduira plus loin. Nous voudrions comprendre pourquoi la résistance qui s'exerce sur un nageur ou un cycliste a la forme qu'on lui a donnée plus haut, ρSV^2. Le point de départ, c'est Newton en personne : *puisque vous cherchez F*, nous souffle-t-il à l'oreille à travers les siècles (un privilège de ces géants), *apprenez que c'est le produit de la masse par l'accélération* : $F = Ma$, conclut-il plus sèchement.

D'une façon générale, un objet de taille L et de volume L^3 qui avance dans l'eau en déplace une masse ρL^3 : là où il avance, l'eau recule, si l'on peut dire. Elle le fait avec la vitesse V imposée à l'objet, et dans un temps t, celui requis pour couler de l'avant à l'arrière de l'objet : t vaut donc L/V. Puisque l'eau passe d'une vitesse nulle à une vitesse V dans un temps t, son accélération a est V/t, soit $a \sim V^2/L$. comme nous le disait Newton il n'y a pas huit lignes, $F = Ma$, c'est à dire, en utilisant ce que nous venons de trouver, $F \sim \rho L^3 V^2/L$, ou encore $F \sim \rho L^2 V^2$. L'écriture proposée plus haut sans la justifier est démontrée : un fluide résiste à l'objet qui s'y meut avec une force qui multiplie sa masse volumique ρ par la section $S \sim L^2$ de l'objet et par V^2, le carré de sa vitesse…

Qu'avons-nous fait ? (Question accablée d'une bande d'enfants qui viennent de briser un vase précieux.) Nous sommes partis d'une équation générale, celle de Newton, et avons exprimé par sa valeur caractéristique chacun de ses termes, en les ramenant à quelque chose d'insécable : la masse M, par exemple, est exprimée en fonction de ρ, une donnée du fluide, et de L, la dimension de l'objet. Ce faisant, on a produit à l'économie une loi mais sans en explorer les détails : pas de chiffre dans la loi (il s'avère qu'un calcul complet l'orne d'un facteur ½), et pas de calcul du C_D, ce nombre qui exprime l'effet de la forme de l'objet, supposé isotrope dans notre description. On a gagné en vue d'ensemble ce qu'on a perdu dans un détail parfois digne d'intérêt.

Puis on peut appliquer ces formules. Ainsi, un navire devra vaincre pour avancer la force $F \sim \rho S V^2$ et développer une puissance $P = FV \sim \rho L^2 V^3$, ultra-sensible à la vitesse : doubler cette dernière requiert une puissance 2^3, c'est-à-dire 8 fois plus grande, presque décuplée, expliquant pourquoi la vitesse des navires reste modeste sur les océans comme sur les plans d'eau olympiques. Voitures ou vélos peuvent, eux, aller plus vite, la formule étant la même, mais la masse volumique étant 1 000 fois plus faible dans l'air que dans l'eau. Inversée, la formule donne la vitesse, $V \sim (P/\rho S)^{1/3}$ – formule qui nous indique comment elle augmente (lentement) quand on monte un moteur en puissance. Et un petit tour de passe-passe mathématique nous indique que sa variation relative (le nombre de pourcents qu'on gagne alors) est le tiers de la variation relative de puissance, où ce tiers est l'exposant de la loi. 30 % de puissance en plus, ce sera donc 10 % de vitesse gagnée.

Le travail d'échelle est avant tout celui-là : déterminer les exposants d'une loi (dans notre exemple, la relation entre vitesse et puissance) après avoir identifié ses ingrédients (la densité de l'eau et la surface immergée du bateau), pour en connaître les leviers. Comment faire aller le bateau plus vite ? En diminuant la surface immergée jusqu'à sa limite de stabilité, ou en imaginant des solutions plus baroques, comme gazéifier l'eau pour qu'elle soit moins dense. Et les lois comparatives (rabotant la surface d'un certain pourcentage, on souhaite savoir de combien la vitesse augmente) sont des lois exactes, quantitatives – puisqu'elles procèdent de divisions qui font disparaître les coefficients que

Trois balles

Balles de *kinball*, de football et ping-pong, dont les rayons respectifs sont 61 cm, 11 cm et 2 cm. On voit directement leur taille (la figure est à l'échelle), mais il n'est pas facile d'en déduire que les volumes de la plus grosse et de la plus petite sont dans un rapport proche de 30 000 !

l'on n'a pas calculés. Le meilleur tour d'un magicien n'est-il pas d'escamoter un lapin qu'il ne nous aura jamais montré ?

Signes

Dans les cinq parties de ce livre, nous distinguons loi exacte et loi approchée, la première donnant des valeurs absolues et la seconde des ordres de grandeur. Des signes différents les signalent, le signe « = » gardant son aura mathématique (la même chose, exactement) et le signe « ~ » ayant pour sens varie comme. Le tilde, dans les inscriptions antiques, indique qu'une lettre a été omise pour économiser de l'espace : c'est une marque abréviative, donc idéale pour marquer un raisonnement que l'on s'est justement efforcé d'abréger. Dans notre dernier exemple, on a noté la relation entre vitesse et puissance $V \sim (P/\rho S)^{1/3}$, alors que les variations relatives $\Delta V/V$ et $\Delta P/P$ qu'on en déduit, quand elles ne sont pas trop grandes, obéissent à l'équation (un mot qui vient de l'adjectif égal) $\Delta V/V = (1/3)\ \Delta P/P$.

Un dernier signe, « ≈ », est employé pour dire qu'une grandeur vaut à peu près ceci ou cela – le calcul d'un ordre de grandeur n'exigeant pas une précision maniaque. On écrira $g \approx 10\ \text{m/s}^2$ et non $g = 9{,}81\ \text{m/s}^2$ (qu'en toute rigueur il faudrait écrire $g \approx 9{,}81\ \text{m/s}^2$), nous permettant de calculer de tête des valeurs pour lesquelles il est inutile d'être plus précis, puisqu'on est parti d'une loi approximative (~). Le lecteur sourcilleux pourrait s'inquiéter qu'une accumulation d'erreurs minimes conduise à un résultat absurde, mais nous le rassurons : ces erreurs étant petites et peu nombreuses, on ne s'éloigne jamais trop de la réalité, au point que calculer un ordre de grandeur et le comparer à des données est toujours indispensable pour tester et affermir nos lois.

Quant aux lecteurs parvenus au terme de cette fiche, ils seront d'accord avec nous : désormais nul n'est censé ignorer la loi d'échelle !

QUELQUES SOURCES

ÉCHAUFFEMENT

Des chiffres et des êtres p. 11

Churilov, L. & Flitman, A., « Towards fair ranking of Olympics achievements: The case of Sydney 2000 », *Computers & Operations Research*, vol. 33, n°7, 2006, p. 2057.

ATHLÉTISME

La parabole du champion p. 20

Ce travail a bénéficié de l'apport de plusieurs étudiants en stage, en particulier Paul Frapart, Jérôme Hugues et Eva Filleur, de discussions avec Jean Slawinsky, chercheur à l'INSEP, ainsi que de la participation des sportifs Marie-Amélie Le Fur et Dimitri Pavade, et de leurs entraîneurs Olivier Pauly et Jean-Baptiste Souche de la Fédération française handisport.

Junqua, A., « Le saut record de Beamon : une analyse mécanique », *Revue EP & S*, n° 223, 1990.

Tendre la perche p. 25

Cette étude est associée au stage de recherche de Quentin Lustig défendu en 2021 à l'École centrale Paris et au travail de Rémi Carmigniani et Sébastien Brisard, en collaboration avec le référent scientifique du saut à la perche Sébastien Homo.

Frère, J. *et al.*, « Mechanics of pole vaulting: A review », *Sports Biomechanics*, vol. 9, 2019, p. 123.

Linthorne, N.P., *Energy transformations in the pole vault* dans *Sports Physics*, Les Éditions de l'École polytechnique, 2013, p. 358.

Notre angle d'attaque p. 35

Le texte a bénéficié des explications de Guillaume Laffaye, biomécanicien à la Faculté des sciences du sport de l'université Paris-Saclay et ancien sauteur en hauteur, qui nous a expliqué les différentes techniques de saut. Les interactions se sont ensuite poursuivies sur le badminton, la musculation et l'escalade, toujours avec une complémentarité entre biomécaniciens et physiciens.

Dapena, J., « The High Jump », dans *Biomechanics in Sport: Performance Enhancement and Injury Prevention*, Blackwell Science, 2000.

À bout de souffle p. 43

Pietro di Prampero est un physiologiste Italien issu de l'École de Milan et élève du professeur Rodolfo Margaria. Nous l'avons invité à l'école d'été *Sports Physics and Technology* qui s'est tenue à Udine en septembre 2022. C'est lui qui nous a éclairés sur la physiologie des courses. Laurent Messonnier, chercheur à l'université Savoie-Mont-Blanc et spécialiste du lactate, a permis d'actualiser notre compréhension de la dépense énergétique et de la fatigue.

Keller, J. B., « Optimal velocity in a race », *The American Mathematical Monthly*, vol. 81, n° 5, 1974, p. 474.

Di Prampero, P.E. *et al.*, « The energetics of endurance running », *European Journal of Applied Physiology*, vol. 55, n° 3, 1986, p. 259.

Dans un fauteuil p. 55

Ce texte est inspiré des interactions que nous avons eues avec les membres de la Fédération française handisport, à l'initiative de Sandra Mauduit, directrice de la mission expertise de la FFH.

Nous remercions les sportifs Mathieu Bosredon et Riad Tarsim (handbike), Nicolas Brignonne et Pierre Fairbank et leurs entraîneurs Olivier Deniaud et Serge Robert (course fauteuil), Stéphane Houdet (tennis) qui nous ont fait découvrir ce monde. Les sujets discutés sont inspirés des travaux des biomécaniciens Marjolaine Astier, Arnaud Faupin, Thierry Weissland et des physiciens Laura Lemahieu, Vincent Dolique, Jean-Christophe Géminard et Vance Bergeron.

Astier, M. *et al.*, « Effects of synchronous versus asynchronous push modes on performance and biomechanical parameters in elite wheelchair basketball », *Sports Engineering*, vol. 21, 2018, p. 43.

Lemahieu, L., *De la physique à la pratique physique : la promotion du sport chez les personnes en situation de handicap*, thèse de doctorat, École doctorale physique et astrophysique de Lyon, 2020.

Mauduit, S. & Robert, S., *Athlétisme : le fauteuil et ses réglages*, Les Cahiers des Experts, vol. 6, 2019.

En chasse – de l'auroch au record p. 60

Seo, K. *et al.*, « Measurement of aerodynamic force and moment acting on a javelin using a magnetic suspension and balance system », *Scientific Reports*, vol. 13, n° 391, 2023.

À la centrifugeuse p. 65

Les données présentées dans ce texte ont été récoltées lors d'un projet d'élèves de l'École polytechnique, avec un marteau instrumenté par Romain Labbé (start-up Phyling), et grâce à la participation d'Hugo Maciejewski, référent scientifique, et Giuseppe Cecchelli, doctorant à la Fédération française d'athlétisme.

Castaldi, G.M. *et al.*, « Biomechanics of the hammer throw: Narrative review », *Frontiers in Sports and Active Living*, vol. 4, 2022.

SPORTS DE BALLE

To hit or not to hit p. 74

Notre passion pour l'élégance des volants de badminton est née de discussions avec Michael Phomsoupha en thèse avec Guillaume Laffaye au STAPS d'Orsay. William Gilbert et Ali Bozetine des TreX de mécanique de Polytechnique ont instrumenté des raquettes, et Christian Gaubert, DTN adjoint de la FFTT, a partagé sa passion et ses questions sur le tennis de table.

Cohen, C., *La Physique du Sport*, thèse en mécanique des fluides, École polytechnique, Paris, 2014.

Droit dans le mur p. 82

Le Lieutenant-colonel Guyot, alors conservateur du musée de l'Artillerie, nous a accueillis à Draguignan pour les recherches sur la taille des champs de bataille. Yves Couder nous a alertés sur une citation de Sterne dans ***Vie et opinions de Tristam Shandy*** : « Mon oncle Tobie [...] lut pour cela les œuvres de Tartaglia. Il passe pour le premier qui ait découvert qu'un boulet de canon, dans sa course progressive, ne décrit pas une ligne droite [...] La recherche de la vérité est sans fin. »

Clanet, C., « Sports ballistics », *Annual Review of Fluid Mechanics*, vol. 47, 2015, p. 455.

Cohen, C. *et al.*, « The aerodynamic wall », *Proceedings of the Royal Society A*, vol. 470, 2014.

Darbois-Texier, B. *et al.*, « On the size of sports fields », *New Journal of Physics*, vol. 16, 2014, p. 033 039.

La spirale du succès p. 91

C'est au cours de la thèse d'Anne Le Goff que le travail sur les trajectoires de balles a commencé, avec une observation fortuite. Les applications sportives de ces trajectoires seront creusées dans un premier temps avec Guillaume Dupeux et Baptiste Darbois-Texier.

Dupeux, G. *et al.*, « The spinning ball spiral », *New Journal of Physics*, vol. 12, 2010, p. 093 004.

Filer droit, filer doux p. 100

Laurent Jacquin, directeur du département d'aéronautique fondamentale et expérimentale de l'ONERA, nous a mis en contact avec la soufflerie verticale SV4 de l'ONERA à Lille, où Eric Brunel et son équipe nous ont accueillis pour caractériser l'aérodynamique des particules sportives : balles, ballons et volants. Caroline Frot, ingénieure de recherche au LadHyX, nous a aussi aidés à construire un robot frappeur de balles.

Darbois-Texier, B., *Tartaglia, zigzag & flips : les particules denses à haut Reynolds*, thèse en physique, université Paris-Diderot – Paris VII, 2013.

Darbois-Texier, B. *et al.*, « Physics of knuckleballs », *New Journal of Physics*, vol. 18, 2016, p. 073 027.

Trente-six chandelles p. 108

Benjamin Lallemand, en thèse Cifre avec le Racing 92, Sylvain Blanchard et Philippe Doussy, du Racing 92, nous ont permis de faire quelques prises de vue de chandelles à la fin d'un entraînement.

Vance, A.J., Buick, J.-M., & Livesey, J., « Aerodynamics of a rugby ball », *Journal of Applied Mechanics*, vol. 79, 2012, p. 1020.

CYCLISME

Les études sur le cyclisme ont été menées dans le cadre du Programme prioritaire de recherche THPCA2024 dont le chef de projet était Jean-Christophe Péraud. Ce projet sur la « très haute performance en cyclisme et en aviron » a été initié par Emmanuel Brunet, manager recherche & performance à la Fédération française de cyclisme, et Hugo Maciejewski, responsable de la mission d'aide à la performance à la Fédération française d'aviron. Nos textes sont inspirés des travaux de plusieurs doctorants et post-doctorants du LadHyX (Hector Abel, Simon Giraud, Samy Ben Hamoudi, Jean-François Rysman et Alice Boillet) réalisés avec la collaboration de l'Institut aérotechnique du CNAM, de Basile Pottier et de Philippe Odier de l'ENS Lyon et de Clodoal Robert et d'Antoine Evard de l'IAT de Saint Cyr.

Œuf maillot p. 114

Malizia, F. & Blocken, B., « Cyclist aerodynamics through time : Better, faster, stronger », *Journal of Wind Engineering and Industrial Aerodynamics*, vol. 214, 2021, p. 104 673.

Éloge de la fuite en avant p. 120

Florian Rousseau et Grégory Baugé sont deux grands champions français devenus respectivement directeur du programme olympique à la Fédération française de cyclisme et entraîneur national du sprint. C'est avec eux que la question du sprint décollé a été étudiée dans le cadre du Programme prioritaire de recherche très haute performance en cyclisme et aviron. Les coureurs associés à ces recherches sont Mathilde Gros, Marie-Divine Kouamé, Julie Michaux, Marie-Louisa Drouode pour les femmes et Rayan Helal, Sébastien Vigier, Florian Grengbo, Melvin Landerneau et Timmy Gillion pour les hommes.

Van Druenen, T., & Blocken, B., « Aerodynamic impact of cycling postures on drafting in single paceline configurations », *Computers & Fluids*, vol. 257, 2023, p. 195, p. 63.

Contractions p. 127

Jean Moiroud, mécanicien de l'équipe de France de cyclisme sur piste de 1986 à 2007, était le responsable de l'architecture des vélodromes français auprès de la FFC. Sa passion pour les vélodromes, sa connaissance de leurs formes et du lien avec les courses nous font regretter de ne pas avoir eu la chance de le connaître. Nous souhaitons associer ici tous les mécanos et les analystes de la FFC qui nous ont permis de mesurer la géométrie des différents vélodromes rencontrés en compétition : Cyrille Perrin, William Denise, Claude Cherod, Thibaud Mauduit, Antony Baré, Iris Sachet, Rémi Anasse, Quentin Rousseau ; et les responsables techniques du vélodrome national de Saint-Quentin qui nous ont toujours permis d'y travailler : Gaétan Salon, Alain Menardy, Christian Goupil et Franck Lavedrine.

Ardin, G., *Le Grand Livre des vélodromes français en 600 tours de piste*, Les Éditions du Volcan, 2021.

Altius : citius, fortius ? p. 132

Les bienfaits de l'altitude ont été mesurés *in situ* à Tignes lors de regroupements de l'équipe de France d'endurance avec les entraîneurs Steven Henry (hommes) et Samuel Monnerais (femmes). Les coureurs impliqués dans les recherches sur les épreuves d'endurance sur piste sont Marion Borras, Valentine Fortin, Clara Copponi, Victoire Berteau et Marie Le Net pour les femmes ; Benjamin Thomas, Corentin Ermenault, Thomas Denis, Valentin Tabellion, Thomas Boudat, Quentin Lafargue, Adrien Garel et Oscar Nilsson-Julien pour les hommes.

Di Prampero, P.E., & Ferretti, G., « Cycling, swimming and other forms of locomotion on land and in water », dans *Exercise, Respiratory and Environmental Physiology : A Tribute from the School of Milano*, Springer, 2023, p. 171.

Force mentale p. 140

Les séminaires donnés par Mathias Pessiglione au colloque Maths et sports organisé par Amandine Aftalion et par Frédéric Dehais devant les référents scientifiques de *Sciences*[2024] ont stimulé notre réflexion sur la mesure de la force mentale et de la motivation des sportifs de haut niveau.

Crust, L., « Mental toughness in sport: A review », *International Journal of Sport and Exercise Psychology*, vol. 5, n° 3, 2007, p. 270.

SPORTS NAUTIQUES

Rémi Carmigniani, chercheur à l'École nationale des ponts et chaussées, est co-responsable du Programme prioritaire de recherche sur la natation intitulé NEPTUNE. Dans ce cadre, il a dirigé la thèse de Charlie Pretot et il dirige celle de Thomas Brunel, toutes deux menées en collaboration avec Michel Chrétien, entraîneur national de natation, et Maxime Grousset, sprinteur. Il a inspiré directement tous les textes relatifs à la natation. Roxana Maracineanu, ancienne nageuse de l'équipe de France, médaillée olympique en dos, était enseignante de natation à l'École polytechnique jusqu'au jour de sa nomination comme ministre des Sports le 4 septembre 2018. Elle avait été recrutée par le chef du service des sports de l'X, le colonel Renan Cuzon. Tous deux ont œuvré pour que les sportifs de haut niveau s'associent au projet *Sciences*[2024].

En nage p. 146

Les référents scientifiques de la Fédération française de natation David Simbana et Robin Pla ainsi que Jean-François Robin, chargé de l'animation du Réseau national d'aide à la performance à l'INSEP ont permis d'avoir des interactions privilégiées avec les sportifs et les entraîneurs tout au long du projet.

Prétot, C., *Étude physique des courses de natation, thèse de doctorat*, École des ponts ParisTech, 2023.

Anecdotique ou accessoire ? p. 154

Haake, S., *Advantage play: Technologies that changed sporting history*, Arena Sport, 2018.

Le bassin parisien (et autres bassins) p. 161

Cloteaux, A., Gérardin, V., & Midoux, N., « Influence of swimming pool design on hydraulic behavior: A numerical and experimental study », *Engineering*, vol. 5, 2013, p. 511.

Où l'on va ramer un peu p. 169

Certains de nos élèves ingénieurs sont sportifs de haut niveau en équipe de France et participent activement à faire grandir les liens entre sciences et sport : citons Augustin Reboul, en canoë-kayak, qui a participé à cette étude, et Baptiste Mourrain, en escrime. Renan Cuzon et Éric Le Leuch, head-coach du para-canoë, nous ont fait découvrir la course en ligne.

Prétot, C. *et al.*, « On the physics of kayaking », *Applied Sciences*, vol. 12, 2022, p. 8 925.

Longueurs et pointes p. 177

Le travail sur l'aviron a été initié par les thèses de Jean-Philippe Boucher et de Romain Labbé, co-encadrées avec Michael Benzaquen et soutenues en 2018, puis poursuivi avec le post-doc de Graham Benham et la thèse d'Antoine Dode, co-encadrée par Lydéric Bocquet. Ces premières études nous ont permis de rencontrer Hugo Maciejewski, alors référent scientifique à la Fédération française d'aviron (FFA). Avec Emmanuel Brunet de la FFC, Hugo est l'initiateur du Programme prioritaire de recherche THPCA2024. À la suite d'Hugo, nous avons travaillé avec Allison Diry, Christine Gossé et Thibaut Colard à la FFA, et le texte sur l'aviron leur doit beaucoup.

Boucher, J.-P., *Optimisation problems at the air/water interface: From ship hulls to rowing propulsion*, thèse en mécanique des fluides, université de Paris-Saclay, 2018.

Économies d'échelle p. 186

McMahon, T. A., « Rowing: a similarity analysis », *Science*, vol. 173, 1971, p. 349.

La folie du foile p. 192

Le travail sur les disciplines de voile a été effectué au sein du Programme prioritaire de Recherche CToOr (du carbone à l'or olympique) dont les animateurs ont été Benoît Augier (Ifremer), Patrick Bot (École navale), Paul Lachkine (ENVSN), Erwan Le Roux, Marc Rabaud (université Paris-Saclay) et Jacques Saury (Nantes Université). Ce travail concentré sur les disciplines à foil (iQFOil et kitefoil) s'est fait en collaboration avec les entraîneurs nationaux et plus particulièrement Ariane Imbert, Bertrand Dumortier, Pierre Noesmoen, Julien Bontemps et Nicolas Hughet, et les athlètes de l'équipe de France avec une mention particulière pour Lauriane Nolot, Axel Mazella, Théo de Ramecourt, Benoît Gomez, Poema Newland et Alexia Fancelli pour le kitefoil, Hélène Noesmoen, Lola Sorin, Lucie Belbeoch, Nicolas Goyard, Thomas Goyard, Louis Giard et Clément Bourgeois pour l'IQFoil.

Püschl, W., « High speed sailing », *European Journal of Physics*, vol. 39, n°4, 2018.

Garrett, R., *The symmetry of sailing: The physics of sailing for yachtsmen*, Sheridan House, 1996.

Le bateau ivre p. 197

Fossatti, F., *Aero-hydrodynamics and the performance of sailing yachts*, Adlard Coles Nautical, 2009.

Dualité onde-corpuscule p. 204

Les études sur le surf sont issues de la thèse d'Éline Dehandschoewercker et du stage recherche de Marc de Gennes.

Dehandschoewercker, E., *Physique du surf, ou sur l'entraînement de particules par des ondes*, thèse en physique, université Pierre-et-Marie-Curie – Paris VI, 2016.

De haut vol p. 211

Les plongeons de haut vol et leurs dangers ont été discutés avec le plongeur David Colturi en 2017 lors d'une visite du centre d'entraînement Red Bull à Los Angeles, organisée par Per Lundstam, manager de la haute performance, et Peko Hosoi, professeure au MIT. Les images sous-marines ont été obtenues lors d'une séance d'entraînement à Area47 au cours du stage de Mélanie Mouchet et Simon Perdrix et avec les doctorants Juliette Amauger et Thibault Guillet.

Guillet, T. *et al.*, « The hydrodynamics of high diving », *Proceedings*, vol. 49, n° 1, 2020, p. 73.

Pandey, A. *et al.*, « Slamming dynamics of diving and its implications for diving-related injuries », *Science Advances*, vol. 8, n° 30, 2022.

FORCE ET COMBATS

Trop fort… p. 222

Noureddine, haltérophile amateur, et Guillaume Laffaye nous ont ouvert les portes du club de Gennevilliers.

Cohen, C. *et al.*, « Weightlifting and the actomyosin cycle », *Proceedings of the Royal Society A*, vol. 471, 2015.

Tous pour un ! p. 229

Benjamin Lallemand et Antoine Garcia du LadHyX, Sylvain Blanchard, Patricio Noriega, Dimitri Szarzewski du Racing 92 ainsi que Julien Piscione, Olivier Chaplain et Didier Retière de la Fédération française de rugby nous ont permis d'avoir des discussions passionnantes sur la mêlée et le rugby en général. Les joueurs des clubs de Versailles et du Racing 92 se sont prêtés aux expériences à l'atelier de la mêlée.

Lallemand, B. *et al.*, « Peak compression

force physics in rugby union scrum », *Proceedings*, vol. 49, 2020, p. 151.

Motion/commotion p. 236

Le travail sur la cavitation et son lien avec les commotions cérébrales a été initié dans la thèse de Thibault Guillet et terminé dans celle de Juliette Amauger. Les applications médicales ont fait l'objet de discussions avec Philippe Decq, professeur à l'hôpital Beaujon, et Sylvain Blanchard, médecin du Racing 92. Les échanges se sont poursuivis dans le consortium commotions, notamment avec Sébastien Laporte et Baptiste Sandoz de l'ENSAM. Nous remercions les boxeurs de l'équipe de France et leurs entraîneurs ainsi que John Dovi et Lionel Brézéphin, successivement référents scientifiques de la FFBoxe, de nous avoir accueillis sur les rings de l'INSEP pour faire des mesures d'accélération et de temps de contact lors des impacts. Les travaux ont été financés par le CNRS et la Région Île-de-France.

Amauger, J., *Cavitation induced by acceleration and possible link to brain concussion*, thèse en mécanique des fluides, Institut polytechnique de Paris, 2022.

Sous le signe du Sagittaire p. 242

Les travaux sur le tir à l'arc, partis d'un projet étudiant dans le cadre du Tournoi international de physique, ont ensuite été menés par Tom Maddalena avec l'aide de plusieurs membres de la FFTir à l'arc : Florian Billoué, archer infiniment patient, Nicolas Riffault et Jean-Manuel Iizzonni, entraîneurs, et Anne Reculet et Benoît Bimon, DTN. Le travail s'est poursuivi avec Martin Ferrand, Aurélien Faucheux, Yannick Lefranc du Céréa, avec le financement de la Fondation EDF.

Maddalena, T., *La physique des sports de tir*, thèse de doctorat, École polytechnique, Paris, 2020.

De la bouche à la mouche p. 249

Les travaux sur les sports de tir et plus généralement les interactions entre sciences fondamentales et sport de haut niveau doivent beaucoup à l'intuition de Patrick Roult, responsable du haut niveau à l'INSEP, et Jean-François Robin, responsable adjoint de la recherche à l'INSEP. Le travail sur le tir à la carabine a été initié avec Nicolas Taberlet et Nicolas Plihon de l'ENS Lyon, puis mené par Tom Maddalena avec l'aide d'Émeric Daniau de la DGA, et prolongé par Juliette Amauger et Tom Marzin. Nous avons pu compter sur le concours de Rémi Moréno-Florès, d'une fiabilité digne du tireur de haut niveau qu'il est, et cadre à la FFTir. Nous remercions aussi tous les tireurs et présidents des clubs de tir qui nous ont accueillis, ainsi que Renan Cuzon qui, une nouvelle fois, a facilité nos expériences.

Moréno-Florès, R., *Conception d'un dispositif d'analyse de performance en tir à la carabine : l'exemple de l'épreuve olympique du tir à 50 m « 60 balles couché »*, thèse de doctorat, université de Créteil, 2023.

Pressé d'en finir ? p. 255

Les questions sur le contrôle du mouvement et la précision ont été initiés au jardin d'agronomie tropicale avec Loïc et Marie-Hélène Auvray. Le travail a ensuite été réalisé dans le cadre de la thèse de Tom Maddalena sur les sports de tir, puis épaulé par Vincent Bacot et Timothée Mouterde. Nous remercions le pentathlète Brice Loubet et ses entraîneurs Jean-Maxence Berrou et Jean-Paul Guyomarch de nous avoir accueillis à l'INSEP.

Maddalena, T., *La physique des sports de tir*, thèse de doctorat, École polytechnique, Paris, 2020.

Maddalena, T. *et al.*, « Optimal shooting cadence in the laser-run trial of modern pentathlon », *Proceedings*, vol. 49, 2020, p. 46.

Céci-dérant p. 262

Après avoir expérimenté un dispositif de cécitir lors d'un meeting d'athlétisme, la question de la visée sans vision nous a passionnés. Les travaux de François Alouges et Sylvain Ferrand sur le guidage binaural, ainsi que la rencontre avec l'équipe de France de cécifoot et son entraîneur Charlie Simo, à l'initiative de Sandra Mauduit, ont permis d'enrichir ce texte.

Ferrand, S., *Techniques de spatialisation binaurale pour le guidage de sportifs non-voyants*, thèse de doctorat, Institut polytechnique de Paris, 2021.

PROLONGATIONS

Nos héraïnes p. 270

La conscience collective sur les différences de traitement entre sports féminin et masculin a mis du temps à émerger. Nous ont été précieuses les aides d'Anaïs Bohuon, pour son travail de pédagogie à l'école d'été Sciences 2024, et des créatrices de contenu de podcasts passionnants tels que « Raffut », de Pascaline Sordet et Célia Héron.

Clément, A., *Recensement annuel des licences sportives auprès des fédérations sportives agréées par le ministère en charge des Sports*, Institut national de la jeunesse et de l'éducation populaire, 2023.

Cowley, E.S. *et al.*, « Invisible sportswomen: The sex data gap in sport and exercise science research », *Women in Sport and Physical Activity Journal*, vol. 29, 2021, p. 1.

Klimek, T., *Women of Olympic Games*, Kaggle, 2018, disponible sur : www.kaggle.com/code/kl13mk/women-of-olympic-games

Le grand public p. 279

L'analyse des données prend tout son sens lorsqu'il s'agit de quantifier des phénomènes qu'on ne saurait a priori mesurer. Jean-François Rysman, Daniel Vito Papa et Sacha Douet nous ont aidés en ce sens.

Comisky, P., & Bryant, J., « Factors involved in generating suspense », *Human Communication Research*, vol. 9, 1982, p. 49.

Remerciements

Nos recherches sur la physique du sport ont débuté en 2008 (avec des trajectoires de balles) et leur virage « olympique » s'est produit à 2015 avec une étude sur le fart pour l'équipe de France de biathlon, en vue des Jeux d'hiver de PyeongChang. Et c'est avec le soutien de Martin Fourcade que le programme Sciences[2024] a été lancé en 2018, quelques mois après l'attribution des Jeux d'été à la France par le CIO.

Ce programme de recherche, imaginé par Frank Pacard[1] et piloté par l'École polytechnique, regroupe actuellement 14 grandes écoles[2] et bénéficie de l'appui du CNRS[3], de l'INSEP[4] et du CNSD[5]. Les représentants de ces établissements doivent être remerciés pour leur engagement sans faille dans l'aventure : Jacques Prioux, François Alouges, Lydéric Bocquet, Philippe Odier, Jean-Christophe Géminard, Vincent Dolique, Charles Pontonnier, Rémi Carmigniani, Romain Vuillemot, Floren Colloud, Fabien Szmytka, Jean-François Semblat, Lionel Manin, Fabrice Ville, Patrick Bot, Elizabeth Colin, Laurie Conteville, Katarzyna Wolska, Vincent Chapin, Jean François Robin, Vincent Nougier, Renan Cuzon et David Larousserie.

Les travaux menés dans Sciences[2024] ont été soutenus dès 2018 par la fondation EDF, grâce à Jean-Paul Chabard, puis par le Programme prioritaire de recherche Sport de très haute performance lancé en 2019 par les ministres Roxana Maracineanu[6] et Frédérique Vidal[7]. Une dizaine de thèses financées par les établissements membres ont été menées en lien étroit avec le monde sportif, notamment grâce à Patrick Roult[8] à l'initiative des discussions sur les sports de tir. Le rôle précis des très nombreux partenaires de ces recherches, sportifs ou scientifiques, a été rappelé dans la section précédente. Nous redisons à tous notre gratitude, en particulier aux doctorants et aux nombreux étudiants qui ont participé aux travaux.

Nous remercions également nos tutelles, le CNRS, l'École polytechnique et l'ESPCI-Paris, nos laboratoires, le LadHyX et le PMMH, et nos collègues pour leur soutien constant.

Nous avons bénéficié à l'occasion de l'écriture de cet ouvrage d'un séjour à la Fondation des Treilles, puis de relectures partielles (si ce n'est complètes) d'Éric Chevillard, d'Annabelle Courtois, de Romain Jalabert, d'Annie Marlufyer, d'Amélie Petit et d'Yves Quéré. Qu'ils en soient très chaleureusement remerciés. Nous avons aussi profité d'aides multiples dans notre collecte d'images et remercions tous les contributeurs, et spécialement Thierry Spitzer et Bernar Venet.

Un grand merci final à Christian Counillon (Albin Michel), qui a suscité cet ouvrage et l'a ensuite accompagné avec générosité, ainsi qu'à Gilles Haéri, qui en a accepté le principe.

1. Directeur général de l'enseignement et de la recherche à l'École polytechnique de 2013 à 2019.
2. École polytechnique (X), ENS Paris, ENS Lyon, ENS Rennes, ENPC, École centrale de Lyon, ENSAM, ENSTA, INSA Lyon, École navale, ESPCI, EFREI, ISAE, ENSAIT.
3. Centre national de la recherche scientifique.
4. Institut national du sport, de l'expertise et de la performance.
5. Centre national des sports de la défense.
6. Ministre des Sports et des Jeux olympiques et paralympiques de France de 2020 à 2022.
7. Ministre de l'Enseignement supérieur, de la Recherche et de l'Innovation de 2017 à 2022.
8. Responsable du haut niveau à l'INSEP depuis 2016.

Crédits

6 © Georges Demeny. 7 © Bernar Venet, 2018 et © Photo : François Fernandez - ADAGP, Paris 2018. 9 © Photo12/ Alamy/ Tribune Content Agency LLC. 12, 14 DR. 17, 119, 237 © PA Images/Alamy Banque D'Images. 18, 19, 43, 57, 60, 72, 73, 74, 82, 91, 100, 108, 112, 113, 114, 130, 144, 146, 154, 161 © iStock/OSTILL. 18, 25, 35 © iStock/technotr. 19, 20 © iStock. 19, 65 © Pixabay/domeckopol. 21 © 2024 Museum of Fine Arts, Boston. All rights reserved/ Bridgeman Images. 22 Photographies © Pierre Blois/revue EPS © Kinogramme d'A. Junqua. 27 © DPA/Photononstop. 29, 150, 152 données : R. Carmigniani, Laboratoire d'Hydraulique Saint-Venant (LHSV). 32 © R. Carmigniani, LHSV. 33 © Photo12/Alamy/dpa picture alliance archive. 34, 70, 89, 173, 182, 238, 245, 247, 252, 258, 259, 266 données : LadHyX. 36 © Raymond Depardon/Magnum Photos. 38 © Jesus Dapena. 40 © Sébastien Boué/Presse Sports. 44 © Photo12/Alamy/CTK. 46 © C. Cohen, LadHyx. 50 © Photo12/Alamy/PCN Photography. 54 © Reuters/Lisi Niesner. 55 © iStock/staticnak1983. 56 © Wellcome Collection. 57 © iStock/AzmanL. 57 © iStock/Kiwis. 61 © Photo12/Alamy/Picture Partners. 66 © iStock/nickp37. 68 © C. Cohen, LadHyX, M. Fermigier, PMMH, G. Cecchelli, ENSAM. 75 © Bridgeman Images. 78 © 2024 MIT. Courtesy of MIT Museum. 80, 97, 98, 111, 233, 283, 284 données : C. Cohen, LadHyX. 81, 83, 127, 174, 225, 226, 240, 251, 266 © LadHyX. 84 © SLUB Dresden/Digital Collections/Optica.31. 87 données : C. Cohen, LadHyX © Pixabay/Pexels. 90 © Photo12/ Alamy/IanDagnall Computing. 92 © Pixabay/jfurber. 94 données : M. Fermigier, PMMH. 101 © Paul Bernhardt/Alamy Banque D'Image. 102 © Le Golf National/Alexandre Lamoureux. 104 données : J. Achenbach. 107 © Katsumi Aoki. 109 © Baptiste Paquot/Presse Sports. 110 données : C. Cohen, LadHyX, M. Fermigier, PMMH. 112, 125 © iStock/Dmytro Aksonov. 113, 120 © iStock/Clerkenwell. 113, 140, 220, 255 © iStock/ilbusca. 115 © Alain Landrain/Presse Sports. 116 © Bruno Fablet/Presse Sports. 121 © Patrick Pichon. 126 © Photo12/Alamy/SWpix. 129 données : LadHyX, Fédération Française de Cyclisme (FFC). 130 © Jacob Wackerhausen/iStock. 133 © 1980/Kishimoto/IOC. 134 © J.-F. Rysman, LadHyX. 137 © Alex Martin/Presse Sports. 141 © Paris, BnF. 142 © Battle Mountain: Graeme Obree's Story. 144, 169 © iStock/petesaloutos. 144, 177 © iStock/vansmuk. 145, 204, 221, 236 © iStock/4x6. 145, 186 © iStock/nikolay100. 145, 197 © iStock/Wirestock. 148 © David J. Phillip/AP/SIPA. 155, 205 © Smithsonian Institution. 159 © Richard Martin/Presse Sports. 162, 165 © Smith Archive/Alamy Banque D'Images. 167 © Mike_shots/Shutterstock. 168 © Photo12/Alamy/Sean Xu. 170 © Stephen Orlando/Motion Exposure. 178 © iStock/Benjamin Osullivan. 180 © iStock/dzalcman. 181 © Onera/Henri Werlé © Hassan Nagib. 185, 250 © iStock/miodrag ignjatovic. 187 © Valérie Delafosse/Boulogne 92 Aviron. 191 © iStock/Luisa Vallon Fumi. 192 © iStock/Worledit. 193 © Marc Fermigier. 195 © Robert Hajduk. 196 © P. Bot, F. Hauville (École Navale), B. Malas (École Centrale Nantes). 198, 202 © FFVoile/Lionel Cottin. 199 © SAP Sailing Analytics. 206 gauche © Photo12/Alamy/Cavan Images. 206 droit © Jessica Blacklow. 211 © iStock/PeopleImages. 213 © Photo12/Alamy/Simone Crespiatico. 215 © blickwinkel/Alamy Banque D'Images. 218 © Alex Voyer. 220, 229 © iStock/Jacob Wackerhausen. 220, 249 © iStock/South_agency. 221, 222 © iStock/Anton Vierietin. 221, 242 © iStock/ miljko. 223 © André Lecoq/Presse Sports. 230 © Dan Mullan/Getty Images. 232 © LadHyX/Fédération Française de Rugby (FFR)/Racing92. 234 © LadHyX/Racing92. 243 © Micheletb. 244 © Action Plus Sports Images/Alamy Banque D'Images. 254 © Alain Mounic/Presse Sports. 256 © Pierre Lahalle/Presse Sports. 262 © iStock/Rudi Silva. 263 © Florent Pervillé. 264, 267 © Grégory Picout. 268, 270 © Shutterstock/Leonard Zhukovsky. 269, 279 © iStock/william87. 269, 285 © Pixabay/TheDigitalArtist. 269, 295 © Shutterstock/Morakod1977. 271 © Palais Galliera, musée de la Mode de la Ville de Paris. 273 données : T. Klimek, Kaggle. 277 données : A. Clément, INJEP, C. Cohen, LadHyX. 279 © Photo12/ Alamy/Jonathan LarsenDiadem Images. 282 © Photo12/Alamy/Pete Goding. 288 © Photo12/Alamy/PWB Images. 290 © Shutterstock/Rick Neves.

Infographies : Laurent Blondel © Albin Michel.
Édition : Christian Counillon assisté de Pauline Chayla.
Correction : Laurence Godec.
Mise en pages : offparis.fr
Iconographie : Solenne Pinault-Leclerc et Agnès Calvo.
Fabrication : Alix Willaert.
Gravure : IGS.
Achevé d'imprimer en mai 2024 par GPS Group, Slovénie
ISBN : 978-2-2264-9334-7